EXAM PRESS® オラクル認定資格試験学習書

ORACLE
Certification
Program

Javaプログラマ
Silver SE 11
スピードマスター問題集

1Z0-815試験 対応

日本サードパーティ株式会社　著

SE
SHOEISHA

本書内容に関するお問い合わせについて

このたびは翔泳社の書籍をお買い上げいただき、誠にありがとうございます。弊社では、読者の皆様からのお問い合わせに適切に対応させていただくため、以下のガイドラインへのご協力をお願い致しております。下記項目をお読みいただき、手順に従ってお問い合わせください。

●ご質問される前に

弊社Webサイトの「正誤表」をご参照ください。これまでに判明した正誤や追加情報を掲載しています。

正誤表　https://www.shoeisha.co.jp/book/errata/

●ご質問方法

弊社Webサイトの「刊行物Q&A」をご利用ください。

刊行物Q&A　https://www.shoeisha.co.jp/book/qa/

インターネットをご利用でない場合は、FAXまたは郵便にて、下記"翔泳社 愛読者サービスセンター"までお問い合わせください。
電話でのご質問は、お受けしておりません。

●回答について

回答は、ご質問いただいた手段によってご返事申し上げます。ご質問の内容によっては、回答に数日ないしはそれ以上の期間を要する場合があります。

●ご質問に際してのご注意

本書の対象を越えるもの、記述個所を特定されないもの、また読者固有の環境に起因するご質問等にはお答えできませんので、予めご了承ください。

●郵便物送付先およびFAX番号

送付先住所　〒160-0006　東京都新宿区舟町5
FAX番号　　03-5362-3818
宛先　　　　（株）翔泳社 愛読者サービスセンター

はじめに

　本書は、日本オラクル株式会社が実施している「Oracle Certified Java Programmer, Silver SE 11 認定資格」の対策問題集です。Java SE 11 Programmer I 試験（1Z0-815）の合格を目指している方が対象となります。

　本書の構成はJava SE 11 Programmer I 試験（1Z0-815）の項目と同じになっていますので、試験対策として学習する上で得意な分野、不得意な分野を確認していただくことができます。その結果、各項目に対する理解がより深まるかと思います。

　Java SE 11 Programmer I 試験（1Z0-815）は、従来のバージョンの試験でも中心に出題されているオブジェクト指向、ラムダ式（Java SE 8）やLocal-Variable Type Inference（Java SE 10）、モジュール・システム（Java SE 11）など幅広く出題されます。

　オブジェクト指向の概要については、本書の問題やプログラミングを確認していただき、学ぶことが試験の合格につながると信じております。本書はJava SE 11 Programmer I 試験（1Z0-815）の対策問題集となりますので、本書を単独で使用するのではなく、『オラクル認定資格教科書 Javaプログラマ Silver SE11』（翔泳社）などの参考書と組み合わせて学習することで、より効果が期待できるかと思います。

　また、後続の試験Java SE 11 Programmer II（1Z0-816）の内容とも重複する部分がありますので、「Oracle Certified Java Programmer, Gold SE 11認定資格」の取得を目指す方は、まず本書の内容をベースに学習することをお勧めします。

　Java言語仕様を学ぶことで、Webアプリケーション開発や他のプログラミング言語の学習にもなります。本書の内容は、今後Javaでどのような開発をするにも必ず学ぶべき範囲を網羅しております。試験合格だけではなくJava言語自体のスキルアップの手助けになれば幸いです。

　最後に本書の出版にあたり、株式会社翔泳社の野口亜由子様をはじめ、編集の皆様にこの場をお借りして御礼申し上げます。

2019年12月
日本サード・パーティ株式会社

Java SE 11 認定資格の概要

　Java SE 11認定資格は、日本オラクルが実施しているJavaプログラマ向けの資格です。2012年にスタートしたJava SE 7認定資格から、現行試験のようなBronze、Silver、Goldの3レベルが設けられ、2015年にJava SE 8認定資格が、2019年にJava SE 11認定資格が開始されました。

　Java SE 11は、2017年9月に発表された新しいリリース・モデルへの移行後、初のLTS（Long Term Support）であり、企業システムやクラウド・サービス、スマート・デバイスなどで活用されるアプリケーション開発の生産性向上に重点をおいています。この資格を取得することで、業界標準に準拠した高度なスキルを証明します。

　Java SE 11認定資格は、Bronze、Silver、Goldの3つのレベルがあります。

Bronze

　言語未経験者向けの入門資格で、Java言語を使用したオブジェクト指向プログラミングの基本的な知識を有するかどうかを測ります。Bronze（Oracle Certified Java Programmer, Bronze SE）試験の合格が必要です。

　なお、Oracle Certified Java Programmer, Bronze SE 7/8認定資格を持っていると、自動的にBronze認定資格者として認定されます。

Silver

　Silver SE 11（Oracle Certified Java Programmer, Silver SE 11）認定資格は、Javaアプリケーション開発に必要とされる基本的なプログラミング知識を有し、上級者の指導のもとで開発作業を行うことができる開発初心者向け資格です。日常的なプログラミング・スキルだけでなく、さまざまなプロジェクトで発生する状況への対応能力も評価することを目的としています。

　Silver SE 11認定資格を取得するためには、「Java SE 11 Programmer I（1Z0-815）」試験の合格が必要です。

Gold

　Gold SE 11（Oracle Certified Java Programmer, Gold SE 11）認定資格は、設計者の意図を正しく理解して独力で機能実装が行える中上級者向け資格です。Javaアプリケーション開発に必要とされる汎用的なプログラミング知識を有し、設計者の意図を正しく理解して独力で機能実装が行える能力評価することを目的としています。

なお、Gold SE 11認定資格を取得するためには、「Java SE 11 Programmer I (1Z0-815)」試験の合格および「Java SE 11 Programmer II (1Z0-816)」試験の合格が必要です。

Silver SE 11試験の概要

Silver SE 11試験の概要は下記の表1のとおりです。

表1 Silver SE 11試験の概要

試験番号	1Z0-815
試験名称	Java SE 11 Programmer I
問題数	80問
合格ライン	63%
試験形式	CBT（コンピュータを利用した試験）による多肢選択式
制限時間	180分
前提資格	なし

▌出題範囲

Silver SE 11試験のテスト内容は次のとおりです。

表2 Silver SE 11試験のテスト内容

カテゴリ	項目
Javaテクノロジと開発環境についての理解	● Javaテクノロジと開発環境
	● Java言語の主要機能
Javaの基本データ型と文字列の操作	● 変数の宣言および初期化（基本データ型のキャストとプロモーションを含む）
	● 変数のスコープ
	● Local Variable Typeインタフェースの使用
	● 文字列の作成と操作
	● StringBuilderクラスのメソッドを使用した文字列の操作
配列の操作	● 1次元配列の宣言、インスタンス化、初期化および使用
	● 2次元配列の宣言、インスタンス化、初期化および使用
メソッドの作成と使用	● 引数や戻り値を持つメソッドとコンストラクタの作成
	● メソッドのオーバーロードとメソッド呼び出し
	● static変数とstaticメソッド

カテゴリ	項目
継承による実装の再利用	● サブクラスとスーパークラスの作成と使用
	● 抽象クラスの作成と継承
	● メソッドのオーバーライドによるポリモーフィズム
	● 参照型のキャストとポリモーフィックなメソッド呼び出し
	● オーバーロード、オーバーライドおよび隠蔽の区別
例外処理	● 例外処理の仕組みとチェック例外、非チェック例外、エラーの違い
	● try-catch文による例外処理
	● 例外をスローするメソッドの作成と呼び出し
簡単なJavaプログラムの作成	● mainメソッドを持つ実行可能なJavaプログラムの作成
	● コマンドラインでのJavaプログラムのコンパイルと実行
	● パッケージの宣言とインポート
演算子と制御構造	● 演算子の使用（演算子の優先順位を変更するための括弧の使用を含む）
	● 分岐文（if、if/else、switch）の使用
	● 繰り返し文（do/while、while、for文および拡張for文）の使用とネストした繰り返し文およびbreak、continue の使用
クラスの宣言とインスタンスの使用	● 参照型の宣言とインスタンス化、およびオブジェクトのライフサイクル（作成、再割り当てによる参照解除、ガベージ・コレクションなど）
	● Javaクラスの定義
	● オブジェクトのフィールドへの読み取りと書き込み
カプセル化の適用	● アクセス修飾子の使用
	● クラスに対するカプセル化の適用
インタフェースによる抽象化	● インタフェースの作成と実装
	● 具象クラスの継承とインタフェース、抽象クラスの継承
	● ListインタフェースとArrayListクラスの使用
	● ラムダ式の理解
モジュール・システム	● モジュール型JDK
	● モジュールの宣言とモジュール間のアクセス
	● モジュール型プロジェクトのコンパイルと実行

受験の申込から結果まで

① 受験予約

　Java Silver SE 11試験は、ピアソンVUEが運営する全国の公認テストセンターで受験します。受験の予約は、ピアソンVUEの下記Webサイトから行うことができます。

オラクル認定試験の予約
http://www.pearsonvue.com/japan/IT/oracle_index.html

　初めてピアソンVUEで試験予約をする際には、**ピアソンVUEアカウント**を作る必要があります。アカウントの作成方法は、下記をご覧ください。

アカウントの作り方
https://www.pearsonvue.co.jp/test-taker/Tutorial/
WebNG-registration.aspx

　受験料の申し込みを含む予約の仕方については、 下記も併せてご参照ください。予約の変更やキャンセルについても記載があります。

試験の予約
https://www.pearsonvue.co.jp/test-taker/tutorial/
WebNG-schedule.aspx

② 試験当日

　受験当日は1点もしくは2点の本人確認書類を提示する必要があります。基本的にはその他に必要な持ち物はありません。

　テストセンターにおける流れは次のとおりです（動画）。

受験当日のテストセンターでの流れ
https://www.pearsonvue.co.jp/test-taker/security.aspx

③ 試験結果

　受験後、試験結果はオラクルの<u>CertView</u>で確認することができます。受験当日に試験結果を確認するためには、事前にCertViewの初回認証作業をしておく必要があります。CertViewの初回認証作業を行うにあたっては、<u>**Oracle.comアカウント**</u>が必要になります。この作業手順は下記のとおりです。

CertView を利用するための手順
https://www.oracle.com/jp/education/certification/
migration-to-certview.html#Proces

Oracle.com のユーザー登録方法
http://www.pearshttps://www.oracle.com/jp/education/guide/
newuser-172640-ja.html

　受験後、試験結果がCertViewで確認可能になると、オラクルからお知らせのEメールが送信されます。メール受信後、Oracle.comアカウントでCertViewにログインし、「認定試験の合否結果を確認」から試験結果を確認できます。

　ここに記載した情報は、2019年12月時点のものです。オラクル認定資格に関する最新情報は、Oracle UniversityのWebサイトをご覧いただくか、下記までお問い合わせください。

オラクル認定資格について
日本オラクル株式会社　Oracle University
URL：https://education.oracle.com/ja/

受験のお申し込みについて
ピアソン VUE
URL：https://www.pearsonvue.co.jp/

本書の使い方

　本書では、Java SE 11 ProgrammerⅠ（試験番号：1Z0-815）試験の出題範囲に定められた内容を対象として作成された問題集です。

本書の構成

　第1章〜第8章では、出題範囲にもとづいて練習問題を用意しています。各問題には、重要度に応じて★マークが付いています。★が多いほど重要度が高くなりますので、学習する時間がない人は★★★から問題を解いていくとよいでしょう。また、各問題に設けられているチェック欄（□□□）を使用して、間違えた問題を効率よく復習するようにしましょう。

　問題を解いたら、すぐ下にある解説をよく読みましょう。特に間違えたところは繰り返し解くとよいでしょう。

　巻末は実際の試験を分析し、作成した模擬試験が2回分掲載されています。問題の後には詳しい解説もありますので、受験前の総仕上げとしてご活用ください。

表記について

　重要キーワードは**太字**で示しています。

　メソッドは基本的に「メソッド名 ()」という形式で表します。メソッドは引数を取る場合もあれば、取らない場合もあります。説明内にある図は、次のような意味があります。

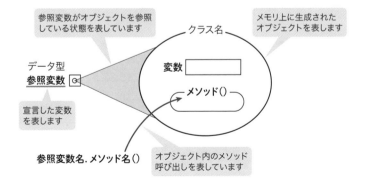

読者特典

　本書では、読者特典として、下記のものを提供しています。読者特典提供サイトから指示に従ってダウンロードしてご利用ください。

● 本書に掲載されているサンプルコード

　実際に自分でプログラムを動かしながら学ぶことができます。

> **読者特典提供サイト**
> ▶ https://www.shoeisha.co.jp/book/present/9784798162034/

※ 会員特典データのダウンロードには、SHOEISHA iD（翔泳社が運営する無料の会員制度）への会員登録が必要です。詳しくは、Webサイトをご覧ください。

※ 画面の指示に従って進めると、アクセスキーの入力を求める画面が表示されます。アクセスキーは本書のいずれかのページに記載されています。画面で指定されたページのアクセスキーを半角英数字で、大文字、小文字を区別して入力してください。

※ 会員特典データに関する権利は著者および株式会社翔泳社が所有しています。許可なく配布したり、Webサイトに転載することはできません。

※ 会員特典データの提供は予告なく終了することがあります。あらかじめご了承ください。

本書記載内容に関する制約について

本書は、Java SE 11 Programmer I 試験（1Z0-815）に対応した学習書です。日本オラクル株式会社（以下、主催者）が運営する資格制度に基づく試験であり、下記のような特徴があります。

① 出題範囲および出題傾向は主催者によって予告なく変更される場合がある。
② 試験問題は原則、非公開である。

本書の内容は、その作成に携わった著者をはじめとするすべての関係者の協力（実際の受験を通じた各種情報収集／分析など）により、可能な限り実際の試験内容に則すよう努めていますが、上記①・②の制約上、その内容が試験の出題範囲および試験の出題傾向を常時正確に反映していることを保証するものではありませんので、あらかじめご了承ください。

目次

1章

Javaプログラ
ミング基礎

本章のポイント

▶ Javaテクノロジーの概要
Java SE 11における開発環境について理解します。開発環境に関連する用語についても理解します。

重要キーワード
JDK、JVM

▶ Javaプログラムのコンパイルと実行
Java言語におけるコンパイル方法や、実行時に呼び出されるmain()メソッドについて理解します。main()メソッドの定義方法についても理解します。

重要キーワード
main()メソッド、コマンドライン引数、
配列args、ソースファイルからの実行

▶ パッケージ宣言とインポート
クラスをグループ化するパッケージについて理解します。パッケージに属するクラスを使用するインポートについても理解します。

重要キーワード
package、import

問題 1-1　　　　　　　　　　　　　　重要度 ★★★

Java開発環境の説明で正しいものはどれですか。1つ選択してください。

- A. Java開発環境はJDK、JRE、IDEのセットで提供されている
- B. Java開発環境の準備を行う際、JDKの前にIDEをインストールする必要がある
- C. Java開発環境では、最初にJREをインストールする必要がある
- D. 利用中のOS用のJDKをインストールするとJava開発環境がセットアップされる
- E. Java開発環境はすべてのOSでデフォルトでインストールされている

 Java開発環境についての問題です。

Java開発環境は**JDK**（Java SE Development Kit）で提供されています。JDKには実行環境に加えコンパイラやデバッガ、各種ツールが同梱されています。各OS用のJDKをダウンロードし、インストールすることでJavaの開発環境が利用可能となります。

開発を効率良く行うために、**IDE**（Integrated Development Environment：**統合開発環境**）も提供されています。IDEは、GUIベースで実行やデバッグを行うことができる開発ツールです。代表的なものとして、Eclipse、IntelliJ IDEAやNet-Beansがあります。

したがって、選択肢Dが正解です。

参考

Java SE 11からは、Javaの実行環境であるJRE（Java Runtime Environment）は単体で提供されなくなっています。

解答 D

問題 **1-2**　　　　　　　　　　　　　　　　　　　　重要度 ★★★

実行時のパフォーマンスを高めるために行われているものはどれですか。1つ選択してください。

- A. 頻繁に実行するコードを最適化する
- B. ガベージコレクションを優先的に行う
- C. コードを自動的に並列化し実行する
- D. 基本データ型の値をラッパークラスのオブジェクトへ変換する

解説

パフォーマンスについての問題です。

各選択肢の解説は、以下のとおりです。

選択肢A

JVM (Java Virtual Machine) は繰り返し実行される処理においてコードを解析し、パフォーマンスを高めるための最適化を行います。したがって、正解です。

選択肢B

不要なオブジェクトをJVMが破棄を行うガベージコレクションは、低い優先度で実施されます。ガベージコレクションの優先度を高めてもコードの実行パフォーマンスは向上しません。したがって、不正解です。

選択肢C

順序立てて実行される逐次処理 (シーケンシャルな処理) は、自動的に並列化されることはありません。したがって、不正解です。

選択肢D

パフォーマンスを高めるために基本データ型のデータを自動的にオブジェクトへ変換することはありません。したがって、不正解です。

解答 A

JDKが提供する機能はどれですか。2つ選択してください。

- **A.** データベースエンジン
- **B.** IDE (Integrated Development Environment)
- **C.** 開発ツール (javac、jdbなど)
- **D.** バージョン管理ツール
- **E.** Java SE API

解説 <u>Java開発環境</u>についての問題です。

Javaの開発環境 (JDK) には、開発に必要なツール類が含まれています。

- JVM (Java Virtual Machine)：実行環境
- コンパイラ (javac)
- デバッガ (jdb)
- 各種ツール (監視ツールや診断ツールなど)
- API (ライブラリ)

したがって、選択肢C、Eが正解です。

参考

Java SE 8ではJava DB (Derby) がバンドルされていましたが、Java SE 11では含まれていません。

解答 C、E

問題 1-4

重要度 ★★★

main()メソッドの引数として定義した場合、適切にコンパイルと実行ができる引数はどれですか。3つ選択してください。

- **A.** `String[] args`
- **B.** `String args`
- **C.** `String args[]`
- **D.** `String... args`
- **E.** `Object[] args`

解説 main()メソッドについての問題です。

main()メソッドは、Javaプログラムで最初に呼び出されるメソッドです。つまり、Javaアプリケーションには必ずmain()メソッドの定義が1つ必要です。

定義例

```
class クラス名 {
    public static void main(String[] args) {
        // 処理
    }
}
```

引数は「String型の配列」です。配列名のargsは変更可能です。

各選択肢の解説は、以下のとおりです。

選択肢A、C

String型の配列名宣言として正しい定義です。したがって、正解です。

選択肢B、E

それぞれString型の変数argsとObject型の配列argsの定義となるため、コンパイルは成功します。ただし、Javaプログラムを実行するmain()メソッドとしては認識されません。したがって、不正解です。

選択肢D

main()メソッドの引数をString型の可変長引数として定義した場合、main()メソッドの引数として認識されます。したがって、正解です。

解答 A、C、D

問題 1-5　　　重要度 ★★★

main()メソッドとして実行可能なものはどれですか。2つ選択してください。

- **A.** `public void static main(String[] args)`
- **B.** `public static void main(String[] duke)`
- **C.** `public static final void main(String[] args)`
- **D.** `static void main(String[] args)`
- **E.** `public static int main(String[] args)`

解説　main()メソッドについての問題です。

各選択肢の解説は、以下のとおりです。

選択肢A

メソッドの戻り値の型宣言であるvoidキーワードが、static修飾子の前に定義されています。メソッドの定義としては、戻り値の型は修飾子のあとに定義するのが正しいため、コンパイルエラーが発生します。したがって、不正解です。

選択肢B、C

引数名の変更やfinal修飾子を指定した場合もmain()メソッドとして実行可能です。したがって、正解です。

選択肢D

public修飾子を定義していないため、メソッドとしてはコンパイルが成功しますが、main()メソッドとしては認識されません。したがって、不正解です。

選択肢E

main()メソッドの戻り値の型はvoidです。したがって、不正解です。

解答 B、C

問題 1-6

重要度 ★★★

次のコードを確認してください。

```java
1:  public class Test {
2:      public static void main(String[] args) {
3:          String str = "";
4:          for (int i = 0; i < 3; i++) {
5:              str += (args[i] + ":");
6:          }
7:          System.out.println(str);
8:      }
9:  }
```

このコードに対してコンパイルが成功後、下記のコマンドを実行すると、どのような結果になりますか。1つ選択してください。

```
> java Test "1 2" "3 4"
```

A. 1:2:3
B. 1:2:3:4:
C. 1 2:3 4:
D. 実行時エラーが発生する

解説 **コマンドライン引数**についての問題です。

javaコマンドでの実行時に、クラス名のあとに引数を指定すると、main()メソッドの引数に値を渡して実行することができます。この引数を「コマンドライン引数」と呼びます。

コマンドライン引数の渡し方

```
> java クラス名 引数1 引数2 引数3・・・
```

参考

Java SE 11からはソースファイルに対しても java コマンドを実行できるため、次のようにして値を渡すことができます。

```
> java ソースファイル名.java 引数1 引数2 引数3・・・
```

コマンドライン引数で渡された値は、main()メソッドの配列argsの要素として代入されます。

また、コマンドライン引数は「""」で囲むとスペースも含めた値を渡すことができます。問題の実行は、以下のとおりです。

```
> java Test "1 2" "3 4"
```

このため、"1 2"が1つ目の引数となってargs[0]へ代入され、"3 4"が2つ目の引数となってargs[1]へ代入されます。

4行目のforループ文は3回ループするため、5行目の文字列連結は、args[0]〜args[2]のコマンドライン引数を使用しますが、args[2]には値が渡されていないため、実行時エラー※が発生します。

※配列の範囲外アクセスのため、java.lang.ArrayIndexOutOfBoundsExceptionが発生します。

したがって、選択肢Dが正解です。

解答 D

問題 **1-7**　　　　　　　　　　　　　重要度 ★ ★ ★

次のコードを確認してください。

```
1:  public class Sample {
2:      public static void main(String[] args) {
3:          for(int i = 0; i < args.length; i++) {
4:              int num = Integer.parseInt(args[i]);
5:              System.out.print(num + 1);
6:          }
7:      }
8:  }
```

このコードに対してコンパイルが成功後、下記のコマンドを実行すると、どのような結果になりますか。1つ選択してください。

```
> java Sample 0 1 2
```

A. 0 1 2
B. 1 2 3
C. 0 0 0
D. 実行時エラーが発生する

解説　**コマンドライン引数**についての問題です。

　問題のコードでは、コマンドライン引数が3つ渡されています。つまり、main()メソッドの引数argsには次のように値が代入されます。

```
args[0]: "0"
args[1]: "1"
args[2]: "2"
```

　3行目のforループ文はargs.lengthの数だけ繰り返しますので、今回の実行例の場合は3回ループします。

　4行目では、Integer.parseInt()メソッドを呼び出し、配列argsに格納された文字列を数値に変換しています。

　その後、5行目でそれぞれの値に1を加えて出力しているため「1 2 3」と出力されます。

したがって、選択肢Bが正解です。

 解答 B

 問題 **1-8**

重要度 ★★★

次のコードを確認してください。

```
1:   public class Sample {
2:       public static void main(String[] args) {
3:           System.out.print(args.length);
4:       }
5:   }
```

このコードに対してコンパイルが成功後、下記のコマンドを実行すると、どのような結果になりますか。1つ選択してください。

```
> java Sample
```

A. 0
B. 何も出力されない
C. null
D. 実行時エラーが発生する

解説　**配列args**についての問題です。

　main()メソッドの引数はString型の配列argsが定義されています。実行時にコマンドライン引数が渡されたときに、argsの要素に値が代入されます。

　問題の実行例のように、コマンドライン引数を渡さなかった場合、配列argsは「要素数0の配列」を保持（参照）しています。つまり、配列argsが何も保持（参照）していないという状態にはならず、lengthキーワードで要素数を取得すると「0」となります。

　したがって、選択肢Aが正解です。

解答 A

問題 1-9　　　　　　　　　　　　　重要度 ★ ★ ★

次のコードを確認してください。

ソースファイル名：Test.java

```
1:    public class Test {
2:        public static void main(String[] args) {
3:            System.out.println("Hello");
4:        }
5:    }
```

このコードに対して下記のコマンドを実行すると、どのような結果になりますか。
1つ選択してください。

```
> java Test.java
```

A. Hello
B. 何も出力されない
C. コンパイルエラーが発生する
D. 実行時エラーが発生する

解説　　**実行コマンド**についての問題です。

Java SE 11からは、コンパイルを行わずソースファイルから直接javaコマンドで
実行できるようになりました。

ただし、以下の条件などを満たしている必要があります。

- 1つのソースファイルでプログラムが完結している
- 1つのファイル内に複数のクラスを定義する場合、main()メソッドを持つクラ
  スは先頭に定義する
- クラスパス上に同じ名前のクラスファイルが存在している場合は使用できない

したがって、選択肢Aが正解です。

解答　A

1-10

重要度 ★ ★ ★

次のコードを確認してください。

ソースファイル名：Sample.java

```
1:   class Foo {
2:       public static int func() {
3:               return 10;
4:       }
5:   }
6:   class Sample {
7:       public static void main(String[] args) {
8:           System.out.print(Foo.func());
9:           System.out.print("Sample");
10:      }
11:  }
```

このコードに対して下記のコマンドを実行すると、どのような結果になりますか。
1つ選択してください。（カレントディレクトリには問題のソースファイルのみが
存在。）

```
> java Sample.java
```

A. 10Sample
B. 何も出力されない
C. コンパイルエラーが発生する
D. 実行時エラーが発生する

解説 **実行コマンド**についての問題です。

Java SE 11からは、ソースファイルを直接javaコマンドで実行できるようになり
ました。

ただし、1つのソースファイル内に複数のクラスを定義する場合、main()メソッド
を持つクラスはソースファイルの先頭に定義する必要があります。

問題のコードでコマンドを実行すると、先頭のFooクラスにmain()メソッドが見
つからないという実行時エラーが発生します。

実行例

```
> java Sample.java
エラー：クラスにmain(String[])メソッドが見つかりません：Foo
```

したがって、選択肢Dが正解です。

参考

次のようにSampleクラスを先頭に定義すれば正しく実行され、「10Sample」と出力されます。

```
 1:  class Sample {
 2:      public static void main(String[] args) {
 3:          System.out.print(Foo.func());
 4:          System.out.print("Sample");
 5:      }
 6:  }
 7:  class Foo {
 8:      public static int func() {
 9:              return 10;
10:      }
11:  }
```

解答 D

問題 1-11　重要度 ★★★

クラス定義の際、ソースコードに定義する順序として適切なものはどれですか。1つ選択してください。

- A. `class-import-package`
- B. `import-class-package`
- C. `package-class-import`
- D. `package-import-class`
- E. `import-package-class`

解説 **クラスの定義**についての問題です。

　パッケージ宣言、インポート宣言を行うクラスを定義する場合、定義順は以下のようになります。

❶ package：クラスが属するパッケージの宣言

❷ import：クラス内で使用する別パッケージクラスのインポート

❸ class：クラス定義

　パッケージ宣言より前に定義できるものは、コメントまたは空白行（空白）のみとなります。

　したがって、選択肢Dが正解です。

解答 D

問題 1-12

重要度 ★★★

クラスのパッケージ宣言として適切ではないものはどれですか。1つ選択してください。

- A. パッケージ名は．（ドット）でつなぐことでサブパッケージの宣言が可能
- B. 1つのソースファイルに複数のパッケージ宣言が可能
- C. パッケージ名が異なっていれば同名のクラス定義が可能
- D. パッケージ宣言を行わないクラス定義も可能

解説 **パッケージ宣言**についての問題です。

　各選択肢の解説は、以下のとおりです。

選択肢A

　「package test.foo.bar;」のように．（ドット）でつないでいけば、パッケージ階層を深く宣言することができます。したがって、不正解です。

選択肢B

　1つのソースファイルに宣言できるパッケージは1つだけです。1つのソースファイル内に複数のクラスを定義した場合は、すべてのクラスは同じパッケージに属することになります。したがって、正解です。

選択肢C

　同じTestクラスでもパッケージが異なっていれば定義可能です。foo.Testクラスとbar.Testクラスは異なるクラスです。したがって、不正解です。

選択肢D

パッケージ宣言を行わないクラスは「無名パッケージ」に属するクラスとなり定義可能です。したがって、不正解です。

解答 B

問題 1-13

重要度 ★ ★ ★

以下のパッケージ階層があります。

```
pack1
├── pack2
│   ├── Blue クラス
│   │
│   └── pack3
│       └── White クラス
│
└── Red クラス
```

上記に加え、以下のクラスがあります。

```
1:  public class PackageTest {
2:      Red r;
3:      Blue b;
4:      White w;
5:  }
```

どのコードをPackageTestクラスに追加すれば、正しくコンパイルできますか。3つ選択してください。

A. `package pack3;`

B. `package pack1;`

C. `package pack1.pack2;`

D. `import pack1.pack2.*;`

E. `import pack1.Blue;`

F. `import pack1.pack2.pack3.*;`

解説 **パッケージ宣言**と**インポート宣言**についての問題です。

パッケージとは、関連するクラスやインタフェースをグループ化する仕組みのこ

とです。パッケージ名はクラス名の衝突を防ぐため、階層化された名前付けを行うことができます。

packageキーワードを使用すると、自分で作成したクラスを機能や目的ごとにパッケージに分けることができます。

package文の構文は、以下のとおりです。

構文

```
package パッケージ名;
```

異なるパッケージに属するクラスを使用するには、以下の方法で指定する必要があります。

- **完全指定クラス名** (パッケージ名.クラス名) で指定する
- **import文**を宣言し、パッケージ全体や特定のクラスを利用可能にする

import文の構文は、以下のとおりです。

構文

```
import パッケージ名.クラス名;
```

クラス名をワイルドカード (*) に置き換えると、指定したパッケージに属するクラスをすべてインポートすることができます。

PackageTestクラス内でRedクラス、Blueクラス、Whiteクラスを使用するには、以下のいずれかの条件を満たす必要があります。

❶ 使用するクラスのインポート宣言を行う
❷ 使用するクラスと同じパッケージに属するパッケージ宣言を行う

Redクラス
　　pack1パッケージに属しています。選択肢に❶は存在しません。❷を表す指定が「package pack1;」となるため、選択肢Bが正解です。

Blueクラス
　　pack1.pack2パッケージに属しています。選択肢に❷は存在しません。❶を表す指定が「import pack1.pack2.*;」となるため、選択肢Dが正解です。

White クラス

pack1.pack2.pack3パッケージに属しています。選択肢に❷は存在しません。❶を表す指定が「import pack1.pack2.pack3.*;」となるため、選択肢Fが正解です。

したがって、選択肢B、D、Fが正解です。

選択肢B、D、Fを反映したPackageTestクラスは、以下のとおりです。

```
1:   package pack1; //選択肢B
2:   import pack1.pack2.*; //選択肢D
3:   import pack1.pack2.pack3.*; //選択肢F
4:   public class PackageTest {
5:       Red r;
6:       Blue b;
7:       White w;
8:   }
```

各パッケージとPackageTestクラスの関係は、以下のとおりです。

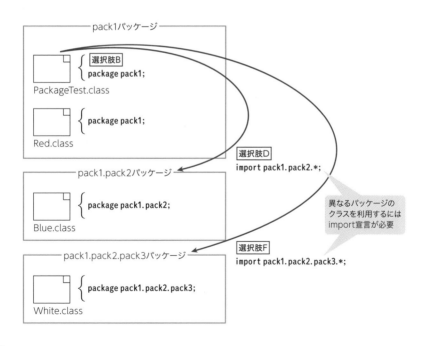

次のコードを確認してください。

ソースファイル名：Test1.java

```
 1:    package pac1;
 2:
 3:    public class Test1 {
 4:        public static void main(String[] args) {
 5:            String str = "Hello";
 6:            System.out.print(str);
 7:            Test2 test2 = new Test2();
 8:            test2.foo();
 9:        }
10:    }
```

ソースファイル名：Test2.java

```
 1:    package pac1.pac2;
 2:
 3:    public class Test2 {
 4:        public void foo() {
 5:            System.out.println("World");
 6:        }
 7:    }
```

Test1クラスをどのように変更すれば、Test1クラスをコンパイル、および実行できますか。3つ選択してください。
（3つのうちいずれか1つを変更すれば、設問の条件を満たします。）

- A. 7行目を「pac1.pac2.Test2 test2 = new Test2();」に変更
- B. 7行目を「pac1.pac2.Test2 test2 = new pac1.pac2.Test2();」に変更
- C. 7行目を「pac1.*.Test2 = new Test2();」に変更
- D. 2行目に「import pac1.*;」を挿入
- E. 2行目に「import pac1.pac2.*;」を挿入
- F. 2行目に「import pac1.pac2.Test2;」を挿入

 解説　**パッケージ**についての問題です。

異なるパッケージのクラスを使用するには、次のいずれかの条件を満たす必要があります。

❶ クラス名を、パッケージ名を含めた完全指定クラス名で指定する

❷ import文で使用するクラスをインポートする

❸ クラス名をワイルドカード（*）に置き換え、指定したパッケージに属するクラスをすべてインポートする

❶の条件を満たすには、Test2クラスをpac1.pac2.Test2とパッケージ名を含めて記述します。また、コンストラクタにもpac1.pac2.Test2()とパッケージ名を含める必要があります。この条件を満たしているのは、選択肢Bです。

❷の条件を満たすには、import文で使用するクラスの完全指定クラス名を指定します。この条件を満たしているのは、選択肢Fです。

❸の条件を満たしているのは、選択肢Eです。

したがって、選択肢B、E、Fが正解です。

解答　B、E、F

問題 **1-15**　　　重要度 ★★★

クラスファイルの依存関係をパッケージレベルやクラスレベルで表示するコマンドは、どれですか。1つ選択してください。

A. jdeps
B. jlink
C. javap
D. jshell

■ ■ ■

解説　jdepsコマンドについての問題です。

<u>jdepsコマンド</u>は、パッケージやクラス間の依存関係を表示するコマンドです。したがって、選択肢Aが正解です。

そのほかの選択肢の解説は、以下のとおりです。

選択肢B
　jlink コマンドは、アプリケーションにバンドルされる配布用のJREを作成します。したがって、不正解です。

選択肢C

javapコマンドはクラスファイルを逆アセンブルします。したがって、不正解です。

選択肢D

jshellコマンドは、Javaコードの一部を実行することができる対話型ツールです。したがって、不正解です。jshellはREPL (Read-Evaluate-Print Loop) あるいは対話型評価環境とも呼ばれます。

解答 A

アクセスキー ○
(小文字のオー)

2

章

基本データ型と
配列

本章のポイント

▶ リテラル
プログラムの中で利用される値である、リテラルについて理解します。

重要キーワード
基本データ型

▶ 変数や定数の宣言と初期化
基本データ型の「変数宣言」、値の「代入」、そして変数宣言と値の代入を同時に行う「初期化」について理解します。

重要キーワード
変数宣言、値の代入、変数の初期化

▶ 変数のスコープ
宣言した変数の有効範囲であるスコープについて理解します。

重要キーワード
メンバ変数、ローカル変数

▶ Local Variable Type インタフェース
Java SE 10で導入されたローカル変数型推論 (Local-Variable Type Inference) について理解します。

重要キーワード
var

▶ 一次元配列
複数の値をまとめて保持、管理する配列について理解します。

重要キーワード
要素、length キーワード

▶ 多次元配列
配列のそれぞれの要素で配列を保持する多次元配列 (二次元配列) について理解します。

重要キーワード
二次元配列

基本データ型の変数宣言ではないものはどれですか。1つ選択してください。

A. `int i = 0;`
B. `double d = 3.14;`
C. `boolean b = true;`
D. `char c = '¥n';`
E. `String s = "Hello";`

解説 データ型についての問題です。

データ型とは、プログラムで取り扱うデータの種類を表し、**基本データ型**と**参照型**に分けられます。基本データ型は「プリミティブ型」とも呼ばれます。

基本データ型は、以下のとおりです。

| 表 | **基本データ型**

データ型		サイズ	表現できる範囲値
整数	byte	8bit	−128～127
	short	16bit	−32,768～32,767
	int	32bit	−2,147,483,648～2,147,483,647
	long	64bit	−9,223,372,036,854,775,808～ 9,223,372,036,854,775,807
浮動小数点数	float	32bit	IEEE754に基づいた浮動小数点数表現
	double	64bit	IEEE754に基づいた浮動小数点数表現
文字	char	16bit	Unicode表現1文字
真偽値	boolean	—	true、false

基本データ型以外のデータ型は参照型です。**参照型**は複数の基本データ型や参照型を組み合わせて複雑なデータ構造を表します。参照型の種類にはクラス型、インタフェース型、配列型、列挙型があります。

選択肢EのString型は文字列を表現するクラス型であるため参照型です。

したがって、選択肢Eが正解です。

解答 E

問題 **2-2**　　　　　　　　　重要度 ★★★

変数の初期化として適切なものはどれですか。1つ選択してください。

A. char c1, char c2, char c3 = 'A'
B. int i1, i2, i3 = 10;
C. double d1 = 1.14, double d2 = 1.73, double d = 2.23;
D. x = 100, y = 'B', z = null;

解説　**変数の初期化**についての問題です。

　1つの文において複数の変数をまとめて宣言、初期化することが可能です。変数の宣言、初期化の構文は、以下のとおりです。

構文

> データ型名　変数名1,　変数名2,　変数名3,　・・・;
> データ型名　変数名1 = 値,　変数名2 = 値,　変数名3 = 値,　・・・;

複数の変数を宣言および初期化する場合は、変数を「,」(カンマ)で区切ります。

各選択肢の解説は、以下のとおりです。

選択肢A、C
　複数の変数宣言、初期化する際に、それぞれの変数にデータ型名を定義することはできません。したがって、不正解です。

選択肢B
　複数の変数宣言、初期化として正しい定義です。したがって、正解です。ただし、値の10が格納されるのは変数i3のみで、i1とi2は初期化されていない「宣言のみ」の状態となります。

選択肢D
　変数宣言時にデータ型名を定義していないためコンパイルエラーとなります。したがって、不正解です。

参考

Java SE 10からはvar型変数が導入されています。var型変数は、ローカル変数の定義を簡略化できます。

```
var i1 = 100;
```

詳細については、本章後半で紹介します。

解答 B

問題 **2-3**　　　　　　　　　　　　　　　重要度 ★ ★ ★

次のコードを確認してください。

```
 1:  public class Test {
 2:      public static void main(String[] args) {
 3:          int i1 = Integer.parseInt(args[0]);
 4:          int i2;
 5:          if(i1 > 0) {
 6:              i2 = 10;
 7:              int i3 = 20;
 8:          } else {
 9:              i2 = 0;
10:              int i3 = 0;
11:          }
12:          System.out.println(i2 + i3);
13:      }
14:  }
```

このコードに対してコンパイルし、下記のコマンドを実行すると、どのような結果になりますか。1つ選択してください。

```
> java Test 10
```

A. 30
B. 0
C. 4行目でコンパイルエラーが発生する
D. 10行目でコンパイルエラーが発生する
E. 12行目でコンパイルエラーが発生する
F. 実行時エラーが発生する

解説 **変数のスコープ**についての問題です。

ローカル変数の**スコープ**（有効範囲）のポイントは、以下のとおりです。

- ブロック内（{ }内）で宣言した変数は、そのブロック内での使用に限られる

つまり、変数を使用できる範囲は「変数宣言」を行った場所で決まります。

問題のコードでは、3行目で変数i1、4行目で変数i2を宣言しています。i1とi2は「main()メソッドのブロック内」で宣言した変数となるため、有効範囲は「3～12行目」となります。

また、7行目で変数i3が初期化されています。7行目の変数i3は「5行目からのif文のブロック内」で宣言した変数となるため有効範囲は「6～7行目」となります。

同じく10行目で7行目と同じ名前の変数i3が初期化されています。しかし10行目の変数i3の有効範囲は「8行目からのelse文のブロック内」になるため、7行目の変数i3とは別の変数として扱われます。

```
 1:   public class Test {
 2:       public static void main(String[] args) {
 3:           int i1 = Integer.parseInt(args[0]);
 4:           int i2;
 5:           if(i1 > 0) {
 6:               i2 = 10;
 7:               int i3 = 20;                  7行目宣言
 8:           } else {                          i3のスコープ (6 ～ 7行目)
 9:               i2 = 0;
10:               int i3 = 0;                   10行目宣言
11:           }                                 i3のスコープ (9 ～ 10行目)
12:           System.out.println(i2 + i3);
13:       }
14:   }
```

どちらのスコープにも属さない（コンパイルエラー）

最後に12行目で変数i2とi3を表示していますが、変数i3はどちらの変数（7行目、10行目）も有効範囲外となってしまうため、12行目の変数i3の使用でコンパイルエラーが発生します。

したがって、選択肢Eが正解です。

解答 E

2-4

重要度 ★★★

次のコードを確認してください。

```
 1:  class Customer {
 2:      int id;
 3:      public void setId(int id) {
 4:          id = id;
 5:      }
 6:      public void disp() {
 7:          System.out.println(id);
 8:      }
 9:  }
10:  public class Test {
11:      public static void main(String[] args) {
12:          Customer c = new Customer();
13:          c.setId(101);
14:          c.disp();
15:      }
16:  }
```

このコードをコンパイル、および実行すると、どのような結果になりますか。1つ選択してください。

A. 101

B. 0

C. 4行目でコンパイルエラーが発生する

D. 実行時エラーが発生する

解説　**変数のスコープ**についての問題です。

問題のコードでは2種類の変数が定義されています。以下のとおりです。

- **インスタンス変数 (メンバ変数)：2行目で宣言されている変数id**

    オブジェクトの「属性 (データ)」となる値を保持する変数です。インスタンス変数は、クラス直下に定義されているため、スコープは「クラス全体 (1〜9行目)」です。

- **ローカル変数：3行目の引数で宣言されている変数id**

    メソッドの引数やメソッド内で宣言された変数を**ローカル変数**と呼びます。ローカル変数のスコープは「宣言されたブロック内」に限られます。つまり3行目の

変数idは、メソッド内で宣言されているため、スコープは「メソッド内 (3~5行目)」です。

問題のコードでは、12行目で生成されたCustomerオブジェクトに対して、13行目でsetId()メソッドを呼び出しています。その際、引数として101を渡しており、3行目のsetId()メソッドの引数のidに格納されます。

その後、setId()メソッドの処理として4行目の代入処理が行われます。ただし、4行目は

- インスタンス変数idのスコープ (2行目で宣言)
- ローカル変数idのスコープ (3行目で宣言)

のどちらにも属します。

```
1:   class Customer {
2:       int id;
3:       public void setId(int id) {         ローカル変数
4:           id = id;                         のスコープ      インスタンス変数
5:       }                                                   のスコープ
6:       public void disp() {
7:           System.out.println(id);
8:       }       4行目はどちらの変数のスコープにも属する
9:   }           ➡ローカル変数の利用が優先される
```

このようにスコープが重複する場合は、「よりスコープが限られる (狭い) 変数」が優先的に利用されます。つまり、4行目で定義されているidは両辺とも「3行目で宣言したローカル変数」同士の代入となり、2行目のインスタンス変数には値が代入されません。

したがって、選択肢Bが正解です。

ポイント

4行目の代入式を

　左辺：インスタンス変数
　右辺：ローカル変数

と明確にさせたい場合は、**thisキーワード**を使います。

```
4:               this.id = id;
```

このようにthisキーワードを使って定義すれば、左辺のidを「インスタンス変数」として認識させることができます。

問題 2-5　　　　　　　　　　　重要度 ★ ★ ★

次のコードを確認してください。

```
1:   public class Test {
2:       public static void main(String[] args) {
3:           var v1 = 'J';
4:           var v2 = 5_23;
5:           var v3 = 3.14_15f;
6:           System.out.println(v1+" : "+v2+" : "+v3);
7:       }
8:   }
```

このコードをコンパイル、および実行すると、どのような結果になりますか。1つ選択してください。

A. J : 5_23 : 3.14_15
B. J : 523 : 3.1415
C. 3行目でコンパイルエラーが発生する
D. 4行目でコンパイルエラーが発生する
E. 5行目でコンパイルエラーが発生する
F. 実行時エラーが発生する

解説　varについての問題です。

Java SE 10で、varを使った型推論が導入されました。varは、**ローカル変数型推論** (Local-Variable Type Inference) と呼ばれ、ローカル変数を宣言する際のデータ型の部分をvarに置き換えて定義できます。

varを利用すると、右辺の値に応じてデータ型が推論されます。

したがって、選択肢Bが正解です。

参考

問題のコードの4行目や5行目の右辺に定義されている _ (アンダースコア) は、Java SE 7以降で導入されました。数値リテラルに _ (アンダースコア) を定義することで、コードの可読性が向上します。一般的な通貨表記に使われる位取りのための , (カンマ) のイメージです。

もちろん、数値リテラルに _ (アンダースコア) が含まれていても、通常の数値として計算や出力

を行うことができます。

 実行例

```
int i = 150_000;  // iにはint型の150000が代入される
double d = 1.14__14__213;  // dにはdouble型の1.1414213が代入される
```

※ _ (アンダースコア) を連続して並べても定義可能です。
※ _ (アンダースコア) は数値リテラルの先頭と末尾には定義できません (通貨などのカンマの
イメージです)。

解答 B

 問題 **2-6**   重要度 ★ ★ ★

次のコードを確認してください。

```
1:  public class Test {
2:    public static void main(String[] args) {
3:      var v1;
4:      v1 = 100;
5:      final var v2 = 123;
6:      System.out.println(v1+" : "+v2);
7:    }
8:  }
```

このコードをコンパイル、および実行すると、どのような結果になりますか。1つ
選択してください。

A. 100 : 123
B. 3行目でコンパイルエラーが発生する
C. 4行目でコンパイルエラーが発生する
D. 5行目でコンパイルエラーが発生する
E. 実行時エラーが発生する

解説 varについての問題です。

問題のコードでは、3行目でvarを使った変数宣言のみを行っています。varは「変
数型推論」となるため、値を代入しなければ変数宣言を行うことができません。な
ぜなら値を代入しないと、変数v1の型推論ができないためです。

また、varを使った変数宣言ではfinalキーワードを付与できます。final変数は「定

数」となるため上書きが禁止されます。

　　したがって、選択肢Bが正解です。

解答 B

問題 **2-7**　　　　　　　　　　　重要度 ★★★

次のコードを確認してください。

```
 1:  import java.util.*;
 2:  public class Test {
 3:      public static void main(String[] args) {
 4:          var v1 = "Java";
 5:          var v2 = new String("SE");
 6:          var v3 = null;
 7:          var v4 = new ArrayList<String>();
 8:          System.out.println(v1+" : "+v2 +" : "+ v3);
 9:      }
10:  }
```

このコードをコンパイル、および実行すると、どのような結果になりますか。1つ選択してください。

A. Java : SE : null
B. 4行目でコンパイルエラーが発生する
C. 5行目でコンパイルエラーが発生する
D. 6行目でコンパイルエラーが発生する
E. 7行目でコンパイルエラーが発生する
F. 実行時エラーが発生する

解説 **var**についての問題です。

　　varを使った変数宣言では、代入する値 (オブジェクト) をもとに型推論するため、nullを代入することはできません。

　　したがって、選択肢Dが正解です。

解答 D

問題 **2-8**　　　　　　　　　　　　重要度 ★ ★ ☆

次のコードを確認してください。

```
1:   public class Test {
2:       public static void main(String[] args) {
3:           var v1 = 10, v2 = 20;
4:           var v3 = v1;
5:           System.out.println(v1+" : "+v2 +" : "+ v3);
6:       }
7:   }
```

このコードをコンパイル、および実行すると、どのような結果になりますか。1つ選択してください。

A. 10 ： 20 ： 10
B. 3行目でコンパイルエラーが発生する
C. 4行目でコンパイルエラーが発生する
D. 実行時エラーが発生する

解説　<u>var</u>についての問題です。

varを使った変数宣言においては、複数の変数をまとめて宣言することはできません。

したがって、選択肢Bが正解です。

解答　B

2-9

重要度 ★ ★ ★

次のコードを確認してください。

```
1:   public class Test {
2:       static String num1 = "100";
3:       static int func(var v) {
4:           var f = 0;
5:           String num1 = v;
6:           f = Integer.parseInt(num1);
7:           return f;
8:       }
9:       public static void main(String[] args) {
10:          var v1 = func("200");
11:          System.out.println(v1);
12:      }
13:  }
```

このコードをコンパイル、および実行すると、どのような結果になりますか。1つ選択してください。

A. 100
B. 200
C. コンパイルエラーが発生する
D. 実行時エラーが発生する

解説 varについての問題です。

　問題のコードでは、3行目のfunc()メソッドの引数の型にvarを定義しています。varを使った引数宣言はコンパイルエラーが発生します。

　したがって、選択肢Cが正解です。

参考

問題のコードでコンパイルエラーが発生する3行目の引数を明確な型に変更すると、正常にコンパイルが成功します。

```
1:    public class Test {
2:        static String num1 = "100";
3:        static int func(String v) {
4:            var f = 0;
5:            String num1 = v;
6:            f = Integer.parseInt(num1);
7:            return f;
8:        }
9:        public static void main(String[] args) {
10:           var v1 = func("200");
11:           System.out.println(v1);
12:       }
13:   }
```

上記のコードをコンパイル、実行すると「200」が出力されます。

6行目でparseInt()メソッドの引数に渡されている変数num1は、2行目で宣言されている変数ではなく、5行目で宣言されているローカル変数となります。

したがって、5行目でnum1には"200"が代入されているので、6行目で"200"がint型の200に変換され、7行目でreturnされます。

解答 C

問題 **2-10**   重要度 ★★★

配列名の定義として適切なものはどれですか。2つ選択してください。

   A. String i[3];
   B. Byte b;
   C. Object o[];
   D. int[] i;
   E. double[0] d:

解説 **配列名の定義**についての問題です。

　　配列名の定義方法としては、2つの方法があります。配列名の定義の構文は、以下のとおりです。

構文

> 型名 配列名[];
> 型名[] 配列名;

したがって、選択肢C、Dが正解です。

解答 C、D

問題 2-11　　　　　　　　　　　　重要度 ★★★

配列の初期化として適切なものはどれですか。2つ選択してください。

A. `int i[] = new int[3]{10, 20, 30};`
B. `int[] i = {10, 20, 30};`
C. `int[] i = new int[]{10, 20, 30};`
D. `int i[3] = {10, 20, 30};`

解説　**配列の初期化**についての問題です。

配列の生成と初期値をあわせて定義することを「配列の初期化」と呼びます。配列の初期化の構文は、以下のとおりです。

構文

> 型名 配列名[] = new 型名[] {要素, 要素, 要素};
> 型名 配列名[] = {要素, 要素, 要素};

※ 左辺の[]は型名に付けても定義可能です。

各選択肢の解説は、以下のとおりです。

選択肢A
　配列の初期化を行う際には、要素数の指定はできません。したがって、不正解です。

選択肢B、C
　適切な定義です。したがって、正解です。

選択肢D

左辺の配列名宣言で要素数を定義することはできません。したがって、不正解です。

解答 B、C

問題 **2-12**

重要度 ★★★

次のコードを確認してください。

```
1:  public class Test {
2:      public static void main(String[] args) {
3:          boolean b[] = new boolean[3];
4:          int i[] = {1, 2, 3};
5:          String s[] = new String[5];
6:          System.out.println(b[2] +" : "+i[1]+" : "+s[3]);
7:      }
8:  }
```

このコードをコンパイル、および実行すると、どのような結果になりますか。1つ選択してください。

A. true : 2 : null
B. false : 2 : null
C. true : 2 :
D. false : 2 : false : 2 :
E. 6行目でコンパイルエラーが発生する
F. 6行目で実行時エラーが発生する

解説 **配列の初期値**についての問題です。

配列は作成すると各要素に初期値が格納されます。各データ型の初期値は、次の表のとおりです。

表 | データ型の初期値

データ型	初期値
byte、short、int、long	0
float	0.0f
double	0.0d
char	'\u0000'（空文字）
boolean	false
参照型（String型など）	null

したがって、選択肢Bが正解です。

解答 B

次のコードを確認してください。

```
1:   public class Test {
2:       public static void main(String[] args) {
3:           int[] ary = {10, 20, 30};
4:           int i = ary.length;
5:           while(i >= 0) {
6:               System.out.println(ary[i--]);
7:           }
8:       }
9:   }
```

このコードをコンパイル、および実行すると、どのような結果になりますか。1つ選択してください。

A. 0 : 30 : 20 : 10 :
B. 30 : 20 : 10 :
C. 20 : 10 :
D. コンパイルエラーが発生する
E. 実行時エラーが発生する

解説　**配列要素へのアクセス**についての問題です。

3行目では、要素数3個の配列aryを作成しています。4行目のary.lengthでは要素数の「3」が取得されます。lengthは配列の要素数を取得します。構文は以下のと

おりです。

構文

配列名.length

※ 取得できる要素数はint型となります。

5行目のwhile文の条件はtrueとなり6行目の出力処理が行われますが、

❶ ary[i]を出力

❷ iから1を引く（i--）

という順番で処理が行われます。

つまり、存在しない要素ary[3]へアクセスを行います。配列の範囲外にアクセスすることになるため、例外ArrayIndexOutOfBoundsExceptionが発生します。次のようなメッセージが表示されます。

実行時出力メッセージ

```
Exception in thread "main" java.lang.ArrayIndexOutOfBoundsException: Index 3
out of bounds for length 3
        at Test.main(Test.java:6)
```

したがって、選択肢Eが正解です。

解答 E

2-14

重要度 ★★★

次のコードを確認してください。

```
1:  public class Test {
2:      public static void main(String[] args) {
3:          String[] ary1 = {"A", "B"};
4:          String[] ary2 = {"A", "B"};
5:          String[] ary3 = ary1;
6:          System.out.print((ary1 == ary2) +" : ");
7:          System.out.print((ary1 == ary3));
8:      }
9:  }
```

このコードをコンパイル、および実行すると、どのような結果になりますか。1つ
選択してください。

A. true : true
B. true : false
C. false : true
D. false : false
E. 実行時エラーが発生する

解説 **配列の比較**についての問題です。

配列同士は、==演算子で比較を行うことができます。ただし、配列自体は「参照
型」データであるため、==演算子で比較する内容は「同じ配列を参照しているか?」
となります。つまり、参照している配列が同じであればtrueとなります。

問題のコードでは、3行目と4行目でそれぞれ配列を新規作成しているため、ary1
とary2は異なる参照情報の配列となります。==演算子での比較はfalseとなります。

また、5行目で宣言しているary3は3行目の配列ary1を代入しているため、ary3
とary1は同じ配列を参照します。==演算子での比較はtrueとなります。

したがって、選択肢Cが正解です。

解答 C

2-15

重要度 ★★★

二次元配列の宣言、初期化として適切なものはどれですか。2つ選択してください。

A. `int[][] i = new int[2][2]{{10, 20}, {20, 30}};`
B. `int i[][] = new int[2][];`
   `i[0] = new int[2]; i[1] = new int[3];`
C. `int[][] i = {{10, 20}, {30, 40}, {50, 60}};`
D. `int i[][] = new int[][2];`
   `i[0] = new int[2]; i[1] = new int[3];`

解説 **二次元配列の宣言と初期化**についての問題です。

配列の要素に配列を持たせることを二次元配列（多次元配列）と呼びます。二次元配列の宣言の構文および初期化の構文は、以下のようになります。

構文 二次元配列の宣言

データ型[][] 配列名 = new データ型[要素数][要素数]

構文 二次元配列の初期化

データ型名[][] 配列名 = { {値, 値, …}, {値, 値, …} };

では、二次元配列の初期化を行ってみましょう。

実行例

```
int[][] array = new int[3][2];
```

上の実行例では、ベースとなる配列を要素数3個で作成し、各要素にそれぞれ「要素数2個の配列」を持たせています。次の図で確認してみてください。

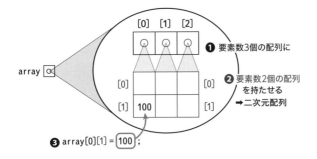

各選択肢の解説は、以下のとおりです。

選択肢A

一次元配列や二次元配列に関わらず、配列の要素数と代入する値をまとめて定義する初期化方法は定義できません。したがって不正解です。ただし、一次元配列や二次元配列に関わらず、int[] i = new int[]{1,2,3};のように、型の指定のみ行い、要素数を指定しない配列の初期化は可能です。

選択肢B、C

適切な定義です。したがって正解です。

選択肢D

ベースとなる配列の要素数を指定せずに宣言はできません。したがって、不正解です。

> **参考**
>
> 選択肢Bは、二次元配列のベースとなる配列の要素数のみをいったん定義する方法です。選択肢のコードのように、各要素に持たせる配列の要素数をそれぞれ異なる個数にすることができます。

```
int i[][] = new int[2][];
i[0] = new int[2]; i[1] = new int[3];
```

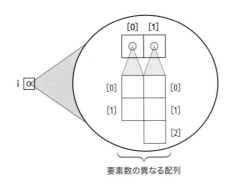

要素数の異なる配列

解答 B、C

問題 **2-16**

重要度 ★ ★ ★

次のコードを確認してください。

```
1:  class MyMAry {
2:      public static void main(String[] args) {
3:          int[][] ary = {{0},{0,1},{0,1,2},{0,1,2,3},{0,1,2,3,4}};
4:          for(int i = 0; i < ary.length ;i++) {
5:              System.out.print( /* insert code here */ );
6:          }
7:      }
8:  }
```

5行目にどのコードを挿入すれば「01234」と出力されますか。2つ選択してください。

（2つのうち、いずれか1つを挿入すれば、設問の条件を満たします。）

A. `ary[0][i]`   B. `ary[i][i]`
C. `ary[i][0]`   D. `ary[4][i]`
E. `ary[i][4]`

解説 <u>**二次元配列の各要素へのアクセス**</u>についての問題です。

3行目で生成されている配列は、以下のとおりです。

```
ary[0]={0}
ary[1]={0,1}
ary[2]={0,1,2}
ary[3]={0,1,2,3}
ary[4]={0,1,2,3,4}
```

「01234」と出力する方法は2通りあります。

1つ目の方法は、ary[i][i]を指定して、ary[0][0]、ary[1][1]、ary[2][2]、ary[3][3]、ary[4][4]の順に出力します。各配列に順番にアクセスして「01234」と出力することができます。

2つ目の方法は、ary[4][i]を指定して、ary[4][0]、ary[4][1]、ary[4][2]、ary[4][3]、ary[4][4]を順に出力します。5個目の配列内の要素に順番にアクセスして「01234」と出力することができます。

したがって、選択肢B、Dが正解です。

解答 B、D

2-17

重要度 ★ ★ ★

次のコードを確認してください。

```
1:  class MultiArray {
2:      public static void main(String args[]) {
3:          int[][] i = {{10, 20, 30}, {40, 50, 60}};
4:          System.out.println(i[0]);
5:      }
6:  }
```

このコードをコンパイル、および実行すると、どのような結果になりますか。1つ選択してください。

A. 10
B. 40
C. 何も出力されない
D. 先頭配列のハッシュ値が出力される

解説 **二次元配列の初期化と使用**についての問題です。

4行目では、二次元配列のi[0]へアクセスしています。二次元配列は配列の中に配列の参照を保持して扱います。そのため、i[0]へアクセスすると、i[0]の参照している配列への参照となるため、ハッシュ値が出力されます。

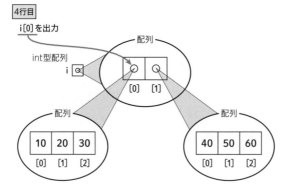

したがって、選択肢Dが正解です。

解答 D

2-18

問題

重要度 ★★★

次のコードを確認してください。

```
1:  public class Test {
2:      public static void main(String[] args) {
3:          int[][] array = {{10, 20, 30}, {40, 50}, {60}};
4:          System.out.print(array.length + " : ");
5:          System.out.print(array[1].length);
6:      }
7:  }
```

このコードをコンパイル、および実行すると、どのような結果になりますか。1つ選択してください。

A. 3 : 2
B. 6 : 2
C. コンパイルエラーが発生する
D. 実行時エラーが発生する

解説 **二次元配列の要素数**についての問題です。

3行目で「要素数3個」のベースとなる配列が作成され、各要素に「要素数3個」、「要素数2個」、「要素数1個」の配列を持たせています。

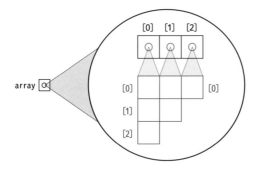

　4行目のarray.lengthは、配列array自体の要素数となるため、「ベースとなる配列の要素数」、つまり「3」が出力されます。

　5行目のarray[1].lengthは、要素array[1]に持たせている配列の要素数となるため、「2」が出力されます。

　したがって、選択肢Aが正解です。

解答 A

3章

演算子と分岐文

本章のポイント

次のコードを確認してください。

```
1:  class Calc {
2:      public static void main(String[] args) {
3:          System.out.print("Result: " + 1 + 2 + 3);
4:          System.out.print(" Result: " + 1 + 2 * 3);
5:      }
6:  }
```

このコードをコンパイル、および実行すると、どのような結果になりますか。1つ選択してください。

A. Result: 6 Result: 7

B. Result: 6 Result: 9

C. Result: 15 Result: 16

D. Result: 123 Result: 16

E. Result: 123 Result: 123

解説 　**演算子の優先順位**についての問題です。

| 表 | **演算子の優先順位**

演算子	優先度
++　--　+　-　~　!　キャスト演算子	高
*　/　%	
+　-	
<<　>>　>>>	
<　>　<=　>=　instanceof	
==　!=	
&	
^	
|	
&&	
||	
?:	
=　*=　/=　%=　+=　-=　<<=　>>= >>>=　&=　^=　|=	低

46

算術演算子を複数同時に使用した場合は、加算よりも乗算が先に計算されます。

ただし、＋演算子で文字列と数値を指定した場合は、加算ではなく文字列の結合という意味になります。

3行目のprint()メソッドでは、引数として文字列「Result: 」の後に＋演算子を指定しているため、左側から順番に文字列が結合され「Result: 123」と出力されます。

```
3行目  "Result: " + 1 + 2 + 3
       ❶文字列結合
          "Result: 1"
          ❷文字列結合
             "Result: 12"
             ❸文字列結合
             ⟶ "Result: 123"
```

4行目では乗算の2 * 3が先に計算された後に文字列が左側から結合されるため、「 Result: 16」と出力されます。

```
4行目  " Result: " + 1 + 2 * 3
       ❷文字列結合      ❶乗算
          " Result: 1"      6
          ❸文字列結合
          ⟶ " Result: 16"
```

したがって、実行結果は「Result: 123 Result:16」と出力されるため、選択肢Dが正解です。

解答) D

次のコードを確認してください。

```
1:  class DecrementSample {
2:      public static void main(String[] args) {
3:          int num = 3;
4:          num--;
5:          System.out.print(--num);
6:          System.out.print(num);
7:      }
8:  }
```

このコードをコンパイル、および実行すると、どのような結果になりますか。1つ選択してください。

A. 11　　　　　　　　B. 12
C. 21　　　　　　　　D. 22

解説　**デクリメント演算子**についての問題です。

| 表 | インクリメント演算子、デクリメント演算子

演算子	使用例	意味
++	i++ または ++i	iに1を加える
--	i-- または --i	iから1を引く

++や--は、インクリメントあるいはデクリメントしたい変数に対して、前置または後置で指定します。

他の演算子やメソッドと併用した場合には、前置の場合と後置の場合で動作が異なります。

| 表 | 前置と後置の違い

aの初期値	式	処理後のbの値	処理後のaの値
10	b = ++a;	11	11
10	b = a++;	10	11
10	b = --a;	9	9
10	b = a--;	10	9

前置の場合、他の処理より前にインクリメント/デクリメントが行われます。

後置の場合、他の処理が終了してからインクリメント/デクリメントが行われます。

3行目では、変数numに3を代入しています。

4行目のnum−−により、変数numの値が2になります。

5行目では、−−numにより、デクリメントした後に値を出力するため、「1」と出力されます。

6行目では、numにより値に変更を加えることなく値を出力しているため、「1」と出力されます。

したがって、実行結果は「11」と出力されるため、選択肢Aが正解です。

参考

5行目がnum−−と記述されている場合は、変数numを出力した後でデクリメントするため、5行目で「2」を出力し、6行目では「1」が出力されます。

解答 A

問題 3-3

重要度 ★★★

次のコードを確認してください。

```
1:  class LogicalTest {
2:      public static void main(String[] args) {
3:          boolean flag1 = (1 != 0) && (2 != 3);
4:          boolean flag2 = (4 != 4) || (4 == 4);
5:          System.out.print("flag1: " + flag1 + " flag2: " +
    flag2);
6:      }
7:  }
```

このコードをコンパイル、および実行すると、どのような結果になりますか。1つ選択してください。

A. flag1: true flag2: true
B. flag1: true flag2: false
C. flag1: false flag2: true
D. flag1: false flag2: false

解説 **論理演算子**についての問題です。

| 表 | 論理演算子

演算子	使用例	意味
!	!(a < b)	論理否定（NOT）
&&	(a > b) && (b == c)	論理積（AND）
||	(a != b) || (b > c)	論理和（OR）

「&&」は次のような結果を返します。

- 条件1と条件2が両方ともtrueのときにtrue
- 条件1がfalseなら条件2は評価しない（条件1の時点で最終的な結果はfalse
  と確定するため）

| 表 | 条件1 && 条件2

条件1 && 条件2	結果
true && true	true
true && false	false
false && true	false
false && false	false

「\|\|」は次のような結果を返します。

- 条件1か条件2のどちらか一方でもtrueのときにtrue
- 条件1がtrueなら条件2は評価しない（条件1の時点で最終的な結果はtrueと
  確定するため）

| 表 | 条件1 \|\| 条件2

条件1 || 条件2	結果
true || true	true
true || false	true
false || true	true
false || false	false

3行目では、左辺の式1 != 0の評価がtrue、右辺の式2 != 3の評価がtrueとなり、
式全体の(1 != 0) && (2 != 3)の評価はtrueとなります。

よって、変数flag1にはtrueが代入されます。

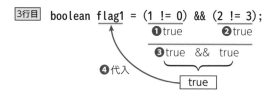

50

4行目では、左辺の式4 != 4の評価がfalse、右辺の式4 == 4の評価がtrueとなり、式全体の(4 != 4) || (4 == 4)の評価はtrueとなります。

よって、変数flag2にはtrueが代入されます。

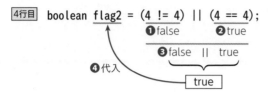

したがって、実行結果は「flag1: true flag2: true」と出力されるため、選択肢A が正解です。

解答 A

問題 3-4

重要度 ★ ★ ☆

次のコードを確認してください。

```
1:  class SampleTest {
2:      public static void main(String[] args) {
3:          int i = 10;
4:          int j = 20;
5:          int z = 20;
6:
7:          if((i < j) && (i > z) || (j == z)) {
8:              System.out.print("true : ");
9:          } else {
10:             System.out.print("false : ");
11:         }
12:         if(i < j && i > z || j == z) {
13:             System.out.print("true : ");
14:         } else {
15:             System.out.print("false : ");
16:         }
17:         if((i < j) && ((i > z) || (j == z))) {
18:             System.out.print("true");
19:         } else {
20:             System.out.print("false");
21:         }
22:     }
23: }
```

このコードをコンパイル、および実行すると、どのような結果になりますか。1つ選択してください。

A. true : true : true　　**B.** true : true : false
C. true : false : true　　**D.** true : false : false
E. コンパイルエラーが発生する

解説　**論理演算子**と**優先順位**についての問題です。

7行目の条件式は、関係演算子を使用した式に ( ) を使用しています。よって、7行目の条件式は true && false || true となります。

&& 演算子と || 演算子を使用した比較式は優先度に従い左結合で実行され、結果はtrueとなります。

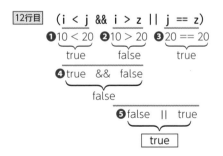

12行目の条件式は、関係演算子を使用した式に ( ) を使用していませんが、関係演算子と論理演算子では、関係演算子の優先度が高いため、7行目の条件式と同じ実行順序となり、結果はtrueとなります。

12行目 (i < j && i > z || j == z)
❶10 < 20　❷10 > 20　❸20 == 20
　true　　　false　　　true
❹true && false
　　false
　　　　❺false || true
　　　　　true

17行目の条件式は、( ) を使用しているためtrue && (false || true) と評価された後、true && true となり、結果はtrueとなります。

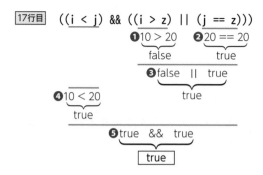

したがって、実行結果は「true : true : true」と出力されるため、選択肢Aが正解です。

解答 A

問題 **3-5** 重要度 ★★★

次のコードを確認してください。

```
1:   class EqualsTest {
2:       public static void main(String[] args) {
3:           String str1 = "Hello!";
4:           String str2 = new String("Hello!");
5:           if(str1 == str2)
6:               System.out.println("match");
7:           if(str1.equals(str2))
8:               System.out.println("really match");
9:       }
10:  }
```

このコードをコンパイル、および実行すると、どのような結果になりますか。1つ選択してください。

A. match
B. really match
C. match really match
D. really match really match
E. 何も出力されない

解説 ==演算子とequals()メソッドにおける**文字列比較**についての問題です。

- ==演算子
  参照変数が同一のオブジェクトを参照していればtrue
- Stringクラスのequals()メソッド
  オブジェクトが保持している文字列が同じであればtrue（大文字小文字を区別）

3行目では、String型の変数str1に "Hello!" という文字列の値を代入しています
が、厳密には "Hello!" という文字列を持つString型のオブジェクトを生成し、変数
str1でオブジェクトを参照しています。

4行目では、3行目と同様に変数str2に "Hello!" という文字列を持つStringオブ
ジェクトを生成し参照しています。オブジェクトのイメージは、以下のとおりです。

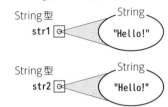

3～4行目
```
String str1 = "Hello!";
String str2 = new String("Hello!");
```

変数str1とstr2は、"Hello!" という同一文字列を
保持しているが、異なるオブジェクトを参照

String型の変数宣言に文字列を代入する式を書いた場合は、同一文字列であれば、
一度生成したオブジェクトが内部で再利用されるため、同一参照になります。

しかし、Stringクラスのコンストラクタを呼び出すオブジェクト生成を行うと、新
規にStringオブジェクトを生成し、異なるオブジェクトを参照します。

5行目では、==演算子を使用して、変数str1と変数str2を比較しています。変数
str1と変数str2は、どちらも "Hello!" という文字列を保持していますが、参照してい
るオブジェクトが異なるため、false判定になります。

7行目では、equals()メソッドを使用して変数str1と変数str2を比較していま
す。変数str1と変数str2はともに "Hello!" という同一の文字列を保持しているため、
true判定となります。

したがって、実行結果は「really match」と出力されるため、選択肢Bが正解です。

解答 B

問題 **3-6**　　　　　　　　　　　　重要度 ★★★

次のコードを確認してください。

```
1:  public class Test {
2:      public static void main(String[] args) {
3:          String s1 = "Java";
4:          String s2 = new String("Java");
5:          System.out.print((s1 == s2) + " : ");
6:          System.out.print((s1.equals(s2)) + " : ");
7:          System.out.print(s1.intern() == s2.intern());
8:      }
9:  }
```

このコードをコンパイル、および実行すると、どのような結果になりますか。1つ選択してください。

A. true : true : true 　　　　B. false : true : true
C. false : true : false 　　　D. true : true : false
E. コンパイルエラーが発生する

解説　**String クラスのメソッド**についての問題です。

　intern() メソッドは、メソッドを呼び出した文字列と等しい文字列の参照をメモリ内の文字列プールから取得します。intern() メソッドは、以下のように定義されています。

メソッド定義

```
public String intern()
```

　つまり、intern() メソッドを呼び出し取得した文字列は、「同じ文字列であれば同じオブジェクトを取得する」という意味になります。

　問題のコードでは、3行目と4行目でそれぞれ異なる String オブジェクトが生成されていますが、7行目でそれぞれ intern() メソッドを呼び出しているため==演算子で比較した場合も true の結果となります。

　したがって、選択肢Bが正解です。

解答 B

次のコードを確認してください。

```
1:  public class Test {
2:      public static void main(String[] args) {
3:          String s = "abcdefg";
4:          // insert code here
5:          System.out.println(s);
6:      }
7:  }
```

このコードの4行目にどのコードを挿入すれば、「cde」が出力する結果となりますか。1つ選択してください。

A. s = s.substring(2,5);
C. s = s.substring(2,4);
B. s = s.substring(3,6);
D. s = s.substring(3,5);

 解説　**String クラスのメソッド**についての問題です。

substring() メソッドは、対象の文字列から部分文字列を切り出すメソッドです。substring() メソッドは、以下のように定義されています。

▶ メソッド定義 ▶

```
public String substring(int beginIndex, int endIndex)
```

- **第1引数**：部分文字列の開始文字番号 (インデックス)　※この文字は含む
- **第2引数**：部分文字列の終了文字番号 (インデックス)　※この文字は含まない
- 先頭文字の文字番号 (インデックス) は0番目となる

つまり、

「第1引数」番目の文字 ～「第2引数-1」番目の文字

を部分文字列として取得することができます。

　問題のコードでは、"abcdefg" に対してsubstring() メソッドを呼び出しています。取得したい文字列は "cde" であるため、引数に「3番目の文字」～「5番目の文字」を指定する必要があります。

　したがって、選択肢Aが正解です。

　substring() メソッドは、元の文字列から切り取った部分文字列を「新規Stringオブジェクト」として返します。つまり、注意すべきは「元の文字列には何も変更を加えていない」ということです。そもそも、Stringオブジェクトは一度生成を行うと、保持した文字列に対しては「変更不可能」の特徴を持ちます（ただし、StringBuilderオブジェクトは変更可能です）。

　問題のコードで、4行目を選択肢とは異なり、次のように「メソッドの呼び出しだけ」定義したとします。

```
4:        s.substring(2, 5);
```

　この場合、切り取った部分文字列の "cde" を代入する変数が左辺に用意されていないため、次の行以降で使用することができません（変数sは "abcdefg" のままです）。

　このように、Stringオブジェクトのメソッドを呼び出すと「元の文字列に変更が加えられる」ようなイメージを持ちがちですが、必ず左辺で変数を用意して代入しなければ次の行以降で使用できないので注意してください。

※ Stringクラスの「String型の戻り値を返すメソッド」の問題では同じように注意が必要です。

解答 A

問題 **3-8**　　　　　　　　　　　　　　　　　　重要度 ★★★

次のコードを確認してください。

```
1:  public class Greeting {
2:      public static void main(String[] args) {
3:          String greeting = "Welcome to Java!";
4:          System.out.println("greeting : " + greeting.replace("a",
    "AAA"));
5:      }
6:  }
```

このコードをコンパイル、および実行すると、どのような結果になりますか。1つ選択してください。

A. greeting :
B. greeting : Welcome to Java!
C. greeting : Welcome to JAAAvAAA!
D. コンパイルエラーが発生する
E. 実行時に例外が発生する

String クラスのメソッドについての問題です。

replace() メソッドは、1つ目の引数に渡した文字と、2つ目の引数に渡した文字の置き換えを行った文字列を返します。replace() メソッドは、以下のように定義されています。

メソッド定義

```
String replace(CharSequence target, CharSequence replacement)
```

引数の型のCharSequenceはインタフェースです。StringクラスはCharSequenceインタフェースを実装しているため、replace() メソッドの引数に文字列 (String オブジェクト) を渡すことができます。

3行目では、"Welcome to Java!" という文字列を持ったStringオブジェクトを生成しています。

|3行目| `String greeting = "Welcome to Java!";`

```
           String型
           greeting ⊙◄         String
                        "Welcome to Java!"
```

4行目のgreeting.replace("a", "AAA")では、"a"を"AAA"に置換した文字列「Welcome to JAAAvAAA!」が返されます。

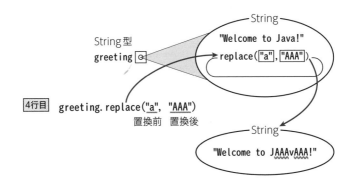

|4行目| `greeting.replace("a", "AAA")`
　　　　　　 置換前　置換後

実行結果は、文字列「greeting :」と文字列「Welcome to JAAAvAAA!」が結合された「greeting : Welcome to JAAAvAAA!」が出力されます。

したがって、選択肢Cが正解です。

 C

問題 3-9　　　　重要度 ★★★

次のコードを確認してください。

```java
1:  public class Message {
2:      public static void main(String[] args) {
3:          String msg = "Hello Java World";
4:          System.out.println(msg.charAt(11));
5:      }
6:  }
```

このコードをコンパイル、および実行すると、どのような結果になりますか。1つ
選択してください。

A. 何も出力されない　　　B. r

C. W　　　　　　　　　　D. o

E. 実行時に例外が発生する

解説　Stringクラスのメソッドについての問題です。

charAt()メソッドは、文字列から指定した場所（文字番号）の文字を取り出します。

メソッド定義

```
char charAt(int index)
```

• 引数で指定した文字番号（添え字）にある文字を返す

3行目では、"Hello Java World"の文字列を持ったStringオブジェクトを生成して
います。

文字列は、配列同様0から順に文字番号で管理されています。

3行目

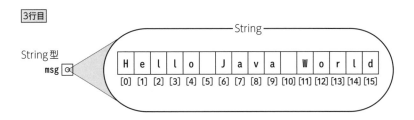

4行目のcharAt()メソッドでは11番目を指定しているため、11の位置にある「W」が返され、出力されます。

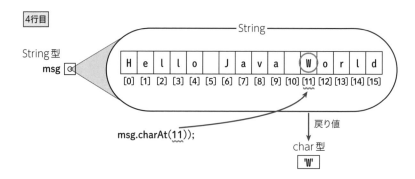

したがって、選択肢Cが正解です。

解答 C

問題 3-10

重要度 ★★★

次のコードを確認してください。

```
1:   class Message {
2:     public static void main(String args[]) {
3:         StringBuilder sb = new StringBuilder();
4:         String msg = "Thankyou";
5:         sb.append("Thank").append("you");
6:         if(msg == sb.toString()) {
7:             System.out.println("Same Object");
8:         }
9:         if(sb.equals(msg.toString())) {
10:            System.out.println("Same String");
11:        }
12:     }
13:  }
```

このコードをコンパイル、および実行すると、どのような結果になりますか。1つ選択してください。

A. Same Object Same String
B. Same String
C. Same Object
D. 何も出力されない

StringBuilderクラスのメソッドについての問題です。

3行目では、StringBuilderクラスの引数なしコンストラクタを呼び出してインスタンス化しています。引数なしのコンストラクタを呼び出してStringBuilderクラスをインスタンス化した場合、16文字格納することが可能なオブジェクトが生成されます。StringBuilderクラスのインスタンス内で文字を保持するための領域は、文字番号で管理されています。文字番号は0から始まります。

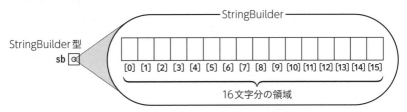

3行目 `StringBuilder sb = new StringBuilder();`

4行目では、変数msgに"Thankyou"を代入し、Stringオブジェクトを生成しています。

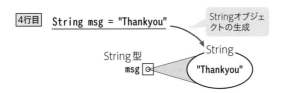

4行目 `String msg = "Thankyou"`

5行目では、3行目で確保した領域に対してappend()メソッドを使用して文字の追加を行っています。

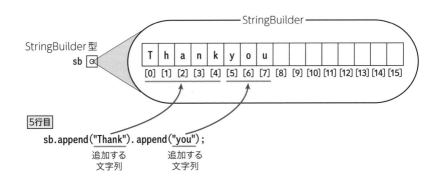

5行目 `sb.append("Thank").append("you");`

6行目と9行目では、toString()メソッドの呼び出しとオブジェクトの比較をしています。

| 表 | toString()メソッド

クラス名	意味
StringBuilder	StringBuilderオブジェクトが保持している文字列をString型で返す
String	Stringオブジェクトが保持している文字列をString型で返す

| 表 | オブジェクトの比較

演算子やメソッド	意味
==演算子	オブジェクトの参照情報が一致すればtrue
StringBuilderクラスのequals()メソッド (Objectクラスのequals()メソッド)	オブジェクトの参照情報が一致すればtrue
Stringクラスのequals()メソッド	オブジェクトが保持する文字列が一致すればtrue

6行目のif文では変数msgとsb.toString()を==演算子を使用して比較しています。sb.toString()は、「StringBuilderオブジェクトが保持している文字列をString型で返す」ため、"Thankyou"という文字列が返されます。

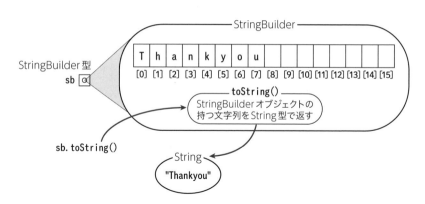

==演算子を使用すると「オブジェクトの参照情報が一致するかどうか」を比較します。変数sbと変数msgはどちらのオブジェクトも"Thankyou"という文字列を保持していますが、それぞれは異なるオブジェクトであるため、オブジェクトの参照情報は一致しません。よって、6行目のif文はfalseとなります。

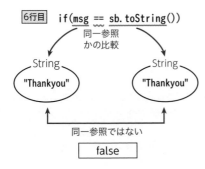

　9行目のif文では変数sbと、msg.toString()をStringBuilderクラスのequals()メソッドを使用して比較しています。

　msg.toString()は、変数msgが参照しているStringオブジェクトのtoString()メソッドを呼び出しています。Stringオブジェクトに対してtoString()メソッドを呼び出すと、「オブジェクトが保持している文字列を返す」ため、"Thankyou"が返されます。

　StringBuilderクラスのequals()メソッドを使用すると、==演算子と同様に「オブジェクトの参照情報が一致するかどうか」を比較します。StringBuilderクラスではequals()メソッドがオーバーライドされていないため、Objectクラスで定義されているequals()メソッドを使用することになります。よって、9行目のif文もfalseとなります。

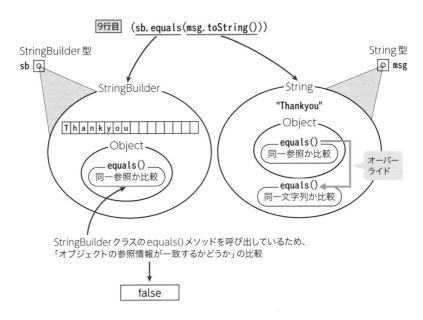

したがって、実行結果は何も出力されないため、選択肢Dが正解です。

ポイント

前ページの解説でも記載していますが、StringBuilderクラスのequals()メソッドはオーバーライドされていません。

したがって、Stringクラスのequals()メソッドのように「独自の比較ルール」は適用されませんので注意が必要です。(参照しているStringBuilderオブジェクトが同じかどうか？)

※ StringBuilderオブジェクトが保持している文字列の比較は行いません。

解答 D

問題 **3-11**　　　　　　　　　　　　　　　重要度 ★★☆

次のコードを確認してください。

```
1:  class MyBuffer {
2:      public static void main(String[] args) {
3:          StringBuilder sb = new StringBuilder("123456789");
4:          sb.delete(0,3).delete(1,2).replace(2,4,"4");
5:          System.out.println(sb);
6:      }
7:  }
```

このコードをコンパイル、および実行すると、どのような結果になりますか。1つ選択してください。

A. 4694　　　　　　　**B.** 4629

C. 4649　　　　　　　**D.** 4646

E. 4679

解説 **StringBuilderクラスのメソッド**についての問題です。

4行目のsb.delete(0,3)でStringBuilderオブジェクトの持つ文字列を123456789から456789に変更します。次に、delete(1,2)で46789に変更します。最後にreplace(2,4,"4")で78を4に置き換え、4649となります。

したがって、実行結果は「4649」と出力されるため、選択肢Cが正解です。

解答 C

3-12

重要度 ★★★

次のコードを確認してください。

```
1:  class IfTest {
2:      public static void main(String[] args) {
3:          String valid = "true";
4:          if(valid) {
5:              System.out.println("valid ");
6:          } else {
7:              System.out.println("not valid");
8:          }
9:      }
10: }
```

このコードをコンパイル、および実行すると、どのような結果になりますか。1つ
選択してください。

A. valid

B. not valid

C. valid not valid

D. 何も出力されない

E. コンパイルエラーが発生する

解説　**if文**についての問題です。

if文の構文は、以下のとおりです。

構文

```
if(条件式) {
    // 処理文;　条件式の結果がtrueであれば実行
}
```

if-else文の構文は、以下のとおりです。

構文

```
if(条件式) {
    // 処理文1;　条件式の結果がtrueであれば実行
} else {
    // 処理文2;　条件式の結果がfalseであれば実行
}
```

if文は、条件式を評価した結果にもとづいて処理を分岐する場合に使用します。条件式の判定はboolean型の値（true / false）で行います。

4行目のif文の条件式に指定している変数validは、boolean型ではなくString型のため、コンパイルエラーが発生します。

したがって、選択肢Eが正解です。

解答 E

問題 **3-13**　　　　重要度 ★★★

次のコードを確認してください。

```
1:   class IfElseTest {
2:       public static void main(String[] args) {
3:           int num = 22;
4:           if(num >= 0) {
5:               if(num != 0)
6:                   System.out.print("the ");
7:               else
8:                   System.out.print("quick ");
9:               if(num < 5)
10:                  System.out.print("brown ");
11:              if(num > 20)
12:                  System.out.print("fox ");
13:              else if(num < 30)
14:                  System.out.print("jumps ");
15:              else if(num < 10)
16:                  System.out.print("over ");
17:              else
18:                  System.out.print("the ");
19:              if(num > 10)
20:                  System.out.print("lazy ");
21:          } else {
22:              System.out.print("dog ");
23:          }
24:          System.out.print("...");
25:      }
26:  }
```

このコードをコンパイル、および実行すると、どのような結果になりますか。1つ選択してください。

```
A.  the fox lazy ...          B.  the fox jumps lazy ...
C.  quick fox over lazy ...   D.  quick fox the ...
```

 解説 **if-else文**の構造についての問題です。

if-else文にelse if文を加えることで、多分岐処理が可能となります。

else if文の構文は、以下のとおりです。

構文

```
if(条件式1) {
    // 処理文1;   条件式1の結果がtrueであれば実行
} else if(条件式2) {
    // 処理文2;   条件式1の結果がfalseで、条件式2の結果がtrueであれば実行
} else {
    // 処理文3;   すべての条件式の結果がfalseであれば実行
}
```

また、if-else文、else if文のそれぞれのブロックにおいて、処理文が1行しかない場合には{}を省略することが可能です。

3行目では、変数numに22を代入しています。

4行目の条件式num >= 0はtrue判定のため、5行目に処理が移ります。

5行目の条件式num != 0はtrue判定のため、6行目で「the 」と出力され、9行目に処理が移ります。

9行目の条件式num < 5はfalse判定のため、11行目に処理が移ります。

11行目の条件式num > 20はtrue判定のため「fox 」と出力され、19行目に処理が移ります。

19行目の条件式num > 10はtrue判定のため「lazy 」と出力され、24行目に処理が移り、「...」と出力されます。

したがって、実行結果は「the fox lazy ...」と出力されるため、選択肢Aが正解です。

 解答 A

次のコードを確認してください。

```
 1:  class SwitchTest {
 2:      public static void main(String[] args) {
 3:          String str = "Hello";
 4:          switch(str) {
 5:              case "Hello":
 6:                  System.out.print("Say Hello");
 7:              case "Good bye":
 8:                  System.out.print(" Say Good bye");
 9:                  break;
10:              case "Thanks":
11:                  System.out.print(" Say Thanks");
12:                  break;
13:              default:
14:                  System.out.print(" Say Default");
15:          }
16:      }
17:  }
```

このコードをコンパイル、および実行すると、どのような結果になりますか。1つ選択してください。

A. Say Hello

B. Say Hello Say Good bye

C. Say Hello Say Good bye Say Thanks

D. Say Hello Say Good bye Say Thanks Say Default

解説 <u>switch文</u>についての問題です。

switch文は、式の値と**case文**を用いて多分岐処理を行うことができます。

switch文の構文は、以下のとおりです。

構文

```
switch(式) {
    case 定数1:
        // 処理文1;
    case 定数2:
        // 処理文2;
    default:
        // 処理文3;
}
```

　式の結果と一致するcase文の処理が実行されます。case文内にbreak文がない場合は、引き続き次のcase文の処理を実行します。

　4行目では、変数strに代入されている"Hello"と一致する5行目に処理が移り、6行目で「Say Hello」と出力します。

　case文の中にbreak文がないため、引き続き7行目のcase文へ処理が移り、8行目で「 Say Good bye」と出力します。

　9行目のbreak文でswitchのブロックを終了します。

　したがって、実行結果は「Say Hello Say Good bye」と出力されるため、選択肢Bが正解です。

解答　B

問題 **3-15**　　　　　　　　　　　　　　　重要度 ★ ★ ★

次のコードを確認してください。

```
1:    public class Test {
2:        public static void main(String[] args) {
3:            String s = "BBB";
4:            final String STR = "BBB";
5:            switch(s) {
6:                case "AAA":
7:                    System.out.println("AAA");
8:                    break;
9:                case STR:
10:                    System.out.println("BBB");
11:            }
12:        }
13:    }
```

このコードをコンパイル、および実行すると、どのような結果になりますか。1つ選択してください。

- A. BBB
- B. 何も表示されない
- C. コンパイルエラーが発生する
- D. 実行時エラーが発生する

 解説　switch文についての問題です。

switch文で使用するcase文には、式の結果と一致する可能性のある「定数」を指定する必要があります。問題のコードでは、次のように指定しています。

- 6行目のように、値そのもの (リテラル) を指定する
- 9行目のように、定数を指定する

問題のコードでは、条件に使用されている文字列"BBB"と9行目のcase文が一致するため、「BBB」が出力されます。

したがって、選択肢Aが正解です。

参考

case文に変数を指定できるのは、問題のコードのように「定数」に限られます。問題のコードの4行目の定義でfinalキーワードが指定されていないと、9行目でコンパイルエラーが発生します。

```
 1:  public class Test {
 2:      public static void main(String[] args) {
 3:          String s = "BBB";
 4:          String STR = "BBB"; // 定数ではない変数を定義
 5:          switch(s) {
 6:              case "AAA":
 7:                  System.out.println("AAA");
 8:                  break;
 9:              case STR: // case文には「定数のみ」定義が可能なためコンパイル
     エラー
10:                  System.out.println("BBB");
11:          }
12:      }
13:  }
```

解答 A

4
章

繰り返し文と
繰り返し制御文

本章のポイント

▶ **while文**
while文を使用した繰り返し文を理解します。

重要キーワード
while文

▶ **do-while文**
do-while文を使用した繰り返し文を理解します。

重要キーワード
do-while文

▶ **for文と拡張for文**
for文を使用した繰り返し文と、配列などを組み合わせて、全要素を先頭から取得する拡張for文を理解します。

重要キーワード
for文、拡張for文

▶ **制御文のネスト (入れ子)**
繰り返し文や分岐文を入れ子にした場合の制御の遷移について理解します。

重要キーワード
ネスト (入れ子)

▶ **繰り返し制御文**
繰り返し文とともに使用するcontinue文とbreak文を理解します。

重要キーワード
continue文、break文

問題 4-1　　　　　　　　　　　　　　重要度 ★ ★ ★

次のコードを確認してください。

```
 1:  class WhileTest {
 2:      public static void main(String args[]) {
 3:          boolean flag1 = true;
 4:          boolean flag2 = false;
 5:          int num = 0;
 6:
 7:          while( /* insert code here */ ) {
 8:              System.out.print("*");
 9:          }
10:      }
11:  }
```

7行目にどのコードを挿入すれば、コンパイルが成功しますか。1つ選択してください。

A. `flag1.equals(flag2)`　　　　B. `num = 1`
C. `(num == 2) ? -1:0`　　　　D. `"flag1".equals("flag2")`

解説　**while文**についての問題です。

while文は、指定された条件が成立する (true) 間、繰り返し処理を行います。

while文の構文は、以下のとおりです。

構文

```
while(条件式) {
    // 処理
}
```

条件式は、boolean型の値 (trueまたはfalse) が結果である必要があります。

各選択肢の解説は、以下のとおりです。

選択肢A

3行目、4行目で宣言している変数flag1、変数flag2はどちらもboolean型です。boolean型は基本データ型の1つであり、参照型ではないためequals()メソッドを呼び出す比較はできません。したがって、コンパイルエラーが発生する

ため不正解です。

選択肢B

num = 1は、「変数numに1を代入する」という意味です。「変数numが1と等しい」という条件式を記述する場合はnum == 1となります。したがって、コンパイルエラーが発生するため不正解です。

選択肢C

(num == 2)？ –1:0は、三項演算子を使用した式です。

三項演算子の構文は、以下のとおりです。

▶ 構文

条件式? 式1: 式2

条件式がtrueの場合には式1を処理し、falseの場合には式2を処理します。

(num == 2)？ –1:0は、変数numの値が2と等しいときは–1を返し、2と等しくないときは0を返します。条件判定に必要なtrue、もしくはfalseの値ではありません。したがって、コンパイルエラーが発生するため不正解です。

選択肢D

"flag1"という文字列が"flag2"という文字列と等しいかどうかを比較しています。条件判定に必要なboolean型の値が戻り値として返ります。したがって、コンパイルは成功するため、正解です。

解答 D

次のコードを確認してください。

```
 1:   class WhileTest {
 2:       public static void main(String[] args) {
 3:           int num = 0;
 4:           while(num < 5) {
 5:               switch(num) {
 6:                   case 1:
 7:                       System.out.print('A');
 8:                   case 2:
 9:                       System.out.print('B');
10:                   case 3:
11:                       System.out.print('C');
12:                   default:
13:                       System.out.print('D');
14:               }
15:               num++;
16:           }
17:       }
18:   }
```

このコードをコンパイル、および実行すると、どのような結果になりますか。1つ
選択してください。

A. ABC
B. DABC
C. ABCDBCDCDD
D. DABCDBCDCDD
E. 何も出力されない

解説 **while文**についての問題です。

4〜16行目までのループでは、変数numが0から4まで加算されます。

変数numが0のときは、12行目のdefault文に該当し、13行目で「D」を出力します。

変数numが1のときは、6行目のcase 1に一致し、7行目で「A」を出力します。

しかし、7行目以降にbreak文がないため、case 2、case 3、default文の処理も
実行されます。よって、「ABCD」と出力されます。

同様に、変数numが2のときは「BCD」、変数numが3のときは「CD」、変数
numが4のときは「D」と出力されます。

したがって、実行結果は「DABCDBCDCDD」と出力されるため、選択肢Dが正解です。

解答) D

問題 **4-3**　　　　　　　　　　　重要度 ★★★

for文で10回処理を実行する、適切な記述はどれですか。1つ選択してください。

A. for(int i=0; i<10; i++) { //処理 }
B. for(int i=0; i<=10; i++) { //処理 }
C. for(int i=1; i<10; i++) { //処理 }
D. for(int i=1; i<=10; i--) { //処理 }
E. for(int i=1; i<11; i--) { //処理 }

解説　**for文**についての問題です。

for文は繰り返し処理を行うために使用します。

for文の構文は、以下のとおりです。

構文

```
for (式1; 条件式; 式2) {
    // 処理
}
```

for文は3つの式を持ちます。

- **式1**：繰り返し処理をカウントするための変数（カウンタ変数）の宣言
- **条件式**：繰り返し処理の条件をboolean式で記述
- **式2**：カウンタ変数を増減する式を宣言

for文の処理の流れは以下のとおりです。

❶ 繰り返し処理に入る前に「式1」によりカウンタ変数の初期化を行う
❷ 「条件式」を判定する。判定がtrueの場合は{ }内の処理を行い、falseの場合はfor文から抜ける
❸ { }内の処理を実行後、「式2」によりカウンタ変数の更新が実行され、再び「条件式」の判定を行う。条件を満たす限り繰り返し処理の実行と、カウンタ変数

の更新が実行される

各選択肢の解説は、以下のとおりです。

選択肢A

変数iが0～9の間ループ処理を実行するため、合計10回ループします。したがって、正解です。

選択肢B

変数iが0～10の間の11回ループ処理を実行します。したがって、不正解です。

選択肢C

変数iが1～9の間の9回ループ処理を実行します。したがって、不正解です。

選択肢D、E

ループ処理を行うごとにデクリメント演算子により変数iが減算され、無限ループになります。したがって、不正解です。

解答 A

問題 **4-4**　　　　　　　　　　　　　　重要度 ★★★

次のコードを確認してください。

```
1:   class MyFor {
2:       public static void main(String[] args) {
3:           for(int i = 0; i < 5; i++) {
4:               System.out.print("i = " + i + " ");
5:               i += 1;
6:           }
7:       }
8:   }
```

このコードをコンパイル、および実行すると、どのような結果になりますか。1つ選択してください。

A. i=0 i=2

B. i=0 i=2 i=4

C. i=1 i=3

D. i=1 i=2 i=3 i=4

E. コンパイルエラーが発生する

解説 **for文**についての問題です。

3行目のfor文は、変数iが0〜4の間ループします。

1回目のループでは、「i = 0 」と出力し、5行目で変数iが1に変わります。さらに3行目の i++で2に変わり、次のループ処理へと進みます。

2回目のループでは、「i = 2 」と出力し、5行目で変数iが3、3行目で変数iは4に変わり、次のループ処理へと進みます。

3回目のループでは、「i = 4 」と出力し、5行目で変数iが5、3行目で変数iは6に変わり、ループ判定がfalseとなり、ループ処理が終了します。

したがって、実行結果は「i=0 i=2 i=4 」と出力されるため、選択肢Bが正解です。

解答 B

問題 # 4-5

重要度 ★ ★ ★

次のコードを確認してください。

```
1:  class ForTest {
2:      public static void main(String[] args) {
3:          int num[] = {0, 10, 20, 30, 40};
4:          for( /* insert code here */ ) {
5:              System.out.println(ary);
6:          }
7:      }
8:  }
```

4行目にどのコードを挿入すれば、配列numの全要素を出力できますか。1つ選択してください。

A. int ary : num
B. int ary : num[]
C. int ary[] : num
D. int ary[] : num[]
E. int ary = 0; ary<num.length; ary++

解説 **拡張for文**についての問題です。

拡張for文は配列の全要素に対して繰り返し処理を行う場合に使用できます。for文を使用した場合と同じ処理を行うことができますが、拡張for文を使用すること

で、より簡潔に記述できます。

拡張for文の構文は、以下のとおりです。

```
for (要素型の 変数 宣言 ： 全要素を取り出す配列名) {
    変数 を使って各要素に行う処理
}
```

各選択肢の解説は、以下のとおりです。

選択肢A

構文に沿った記述で、変数aryに配列numの要素が順番に代入されループ処理を行います。したがって、正解です。

選択肢B、C、D

構文に沿った記述ではないため、コンパイルエラーが発生します。したがって、不正解です。

選択肢E

拡張for文ではなく、通常のfor文の構文です。for文の構文に沿った記述ですが、この場合は配列numの要素ではなく、要素番号自体が出力されます。配列numの要素を出力するには、5行目をSystem.out.println(num[ary]);とする必要があります。したがって、不正解です。

ポイント

「配列の全要素を取り出す」という処理はよく問われます。

今回の問題のような「拡張for文」や「通常のfor文」での定義方法は確認しておいてください。

```java
int[] array = new int[]{10, 20, 30};
```

上記のコードで、要素数3個の配列に対して全要素の取り出し、たとえば各要素を出力する場合の処理を拡張for文と通常のfor文で記述すると、以下のようになります。

拡張for文

```java
for(int num : array) {
    System.out.println(num);
}
```

通常の for 文

```
for(int i = 0; i < array.length; i++) {   //「要素数」の回数ループする条件
    System.out.println(array[i]);
}
```

(解答) A

(問題) **4-6**   重要度 ★ ★ ☆

次のコードを確認してください。

```
1:   public class ExFor {
2:       public static void main(String[] args) {
3:           int[] array = new int[] {10, 20, 30};
4:           for(final var val : array) {
5:               System.out.print(val + " ");
6:           }
7:       }
8:   }
```

このコードをコンパイル、および実行すると、どのような結果になりますか。1つ
選択してください。

A. 10 20 30
B. 3行目でコンパイルエラーが発生する
C. 4行目でコンパイルエラーが発生する
D. 10が表示された後、実行時に例外が発生する

(解説) **拡張for文**に関する問題です。

各選択肢の解説は、以下のとおりです。

選択肢A

拡張for文における変数宣言にローカル変数の型推論を使用していますが、変
数arrayの宣言からint型の配列であると推論できます。また、valに対してfinal
修飾子を付与してループ内での再代入を禁止していますが、構文的には問題あ
りません。結果的にarrayの内容を先頭から1つずつ取り出して表示することが
できます。したがって、正解です。

選択肢B

3行目の定義で配列の生成と初期化を行えます。結果的には、int[] array = {10,20,30};と同義になります。したがって、不正解です。

選択肢C

ローカル変数にfinalを使用することで、その変数への再代入ができなくなりますが、メソッドの引数やループ変数の定義に使用することは問題ありません。したがって、不正解です。

選択肢D

拡張for文によって、arrayの内容が先頭から最後まで1つずつ取得され、表示されます。配列の範囲外にアクセスすることもありません。したがって、不正解です。

解答 A

問題 **4-7**　　　　　　　　　　　　　重要度 ★★☆

次のコードを確認してください。

```
1:  class DoWhileTest {
2:      public static void main(String[] args) {
3:          int num = 0;
4:          do {
5:              System.out.print(num);
6:          } while(++num);
7:      }
8:  }
```

このコードをコンパイル、および実行すると、どのような結果になりますか。1つ選択してください。

A. 0
B. 01
C. 012
D. 無限ループになる
E. コンパイルエラーが発生する

解説 <u>do-while文</u>についての問題です。

do-while文は、while文やfor文と同様に繰り返し処理を実行します。while文と同様に1つの条件式を持ちますが、**条件判定を行う前に繰り返し処理を行います**。そ

のため、必ず1回は処理を実行します。

do-while文の構文は、以下のとおりです。

構文

```
do {
    // 処理
} while(条件式);
```

6行目の条件式は、boolean型の値をもとに評価を行う必要がありますが、変数numはint型で宣言されているため、コンパイルエラーが発生します。

したがって、選択肢Eが正解です。

参考

6行目が} while(++num<3);の場合には、変数numが0、1、2のときにループ処理を実行するため、「012」と出力されます。

解答 E

問題 **4-8**

重要度 ★★★

次のコードを確認してください。

```
1:  class DoWhileTest {
2:      public static void main(String[] args) {
3:          do {
4:              System.out.print(false);
5:          } while(0==1);
6:      }
7:  }
```

このコードをコンパイル、および実行すると、どのような結果になりますか。1つ選択してください。

A. false
B. falsefalse
C. 何も出力されない
D. 無限ループになる
E. コンパイルエラーが発生する

解説 <u>do-while文</u>についての問題です。

do-while文は、処理を行った後にループの条件判定を行うため、たとえ初回の条件判定がfalseであっても必ず1回は処理を実行します。

5行目の条件式0==1は、false判定となります。

構文の誤りはないためコンパイルは成功し、4行目の処理が1回だけ実行されるため、「false」と出力されます。

したがって、選択肢Aが正解です。

解答) A

問題 **4-9** 重要度 ★★☆

次のコードを確認してください。

```
1:  public class Test {
2:      public static void main(String[] args) {
3:          int value1 = 0;
4:          int value2 = 0;
5:          do {
6:              if(true) continue;
7:              ++value1;
8:              System.out.print("In Loop ");
9:          }while(value1 == ++value2);
10:         System.out.print("After Loop ");
11:     }
12: }
```

このコードをコンパイル、および実行すると、どのような結果になりますか。1つ選択してください。

A. 「In Loop After Loop」が出力される
B. 「In Loop」が無限に出力される
C. 「After Loop」が出力される
D. 無限ループとなり何も表示されない
E. 実行時に例外が発生する

解説 **do-while文**と**continue文**を使用した**ループの制御方法**に関する問題です。

continue文はループ内のみで定義できます。continue文を呼び出すと、呼び出した後のループ処理は「スキップ」され、再度ループの条件を判定します。break文

のように条件の途中で「ループ自体を終了」させる文ではありません。ある一定の条件の際にはループ処理を行いたくない場合などにcontinue文を定義します。

各選択肢の解説は、以下のとおりです。

選択肢A、B

doブロック内のif文でcontinue文が実行されます。ループ内の処理は常にスキップされるため、「In Loop」が出力されることはありません。したがって、不正解です。

選択肢C

doブロック内のif文の条件式がtrueのため、ループ内の処理は常にスキップされます。

また、while文の条件式において、value1は0、value2はインクリメントされて1になるため、falseになります。結果的に「After Loop」だけが出力されます。したがって、正解です。

選択肢D

do-while文は、その条件式の内容にかかわらず1回は必ず処理が実行されますが、9行目の条件式はfalseになるため、再度ループ内の処理が行われることはありません。したがって、不正解です。

選択肢E

ループ内の処理の実行に際して、例外が発生する箇所はありません。したがって、不正解です。

（解答）C

問題 4-10

重要度 ★★☆

次のコードを確認してください。

```
1:  public class Test {
2:      public static void main(String[] args) {
3:          int count = 0;
4:          while(count < 10) {
5:              count++;
6:              System.out.print(count + " ");
7:          }
8:      }
9:  }
```

このコードと同様の出力結果にするために、適切な記述はどれですか。1つ選択してください。

```
A.  int count = 0;
    while(true) {
        count++;
        System.out.print(count + " ");
        if(count != 10) continue;
    }
B.  int count = 0;
    while(true) {
        count++;
        System.out.print(count + " ");
        if(count == 10) break;
    }
C.  int count = 1;
    for(;count < 10;)  System.out.print(count++ +   " ");
D.  for(int count = 1; count < 10;) System.out.print(count+++  " ");
E.  同様の出力結果になるコードはない
```

■ ■ ■

 解説

繰り返し文の制御方法に関する問題です。

各選択肢の解説は、以下のとおりです。

選択肢A

while文のboolean式の値がtrueのため、無限ループになります。if文内でcontinue文を使用していますが、ループ自体は継続されるため、ループを抜けることができず、無限ループになります。したがって、不正解です。

選択肢B

while文のboolean式がtrueのため、無限ループになります。if文内でbreak文を使用しているため、countの値が10になるとループを終了します。したがって、正解です。

選択肢C

for文の宣言で式1と式2が省略されていますが、構文としては間違いではありません。しかし、ループの条件式がcount<10であるため、「9 」を出力した後にcountがインクリメントされ、countが10になった時点でループが終了します。10が出力されることはありません。したがって、不正解です。

選択肢D

for文の宣言における式2が省略されていますが、構文としては間違いではありません。選択肢Cと同様に10が出力されることはありません。したがって、不正解です。

選択肢E

問題文と同様の動作をする選択肢はBになります。したがって、不正解です。

解答 B

問題 **4-11**　　　　　　　　　　　　重要度 ★★★

次のコードを確認してください。

```
 1:  class ForNest {
 2:      public static void main(String[] args) {
 3:          int ary1[][] = {{0, 1, 2},{3, 4, 5},{6, 7, 8}};
 4:          for( /* insert code here */ ) {
 5:              for(int num : ary2) {
 6:                  System.out.print(num);
 7:              }
 8:          }
 9:      }
10:  }
```

4行目にどのコードを挿入すれば、「012345678」と出力できますか。

A. int ary2 : ary1　　　　B. int[] ary2 : ary1
C. int[][] ary2 : ary1　　D. int[] ary1 : ary2
E. int ary1 : ary2

解説　**拡張for文のネスト（入れ子）** についての問題です。

3行目では、二次元配列ary1を初期化しています。

「012345678」のように二次元配列の全要素を出力するには、まず4行目の拡張for文において二次元配列ary1が各要素で保持している一次元配列を取り出す必要があります。その場合、取り出した一次元配列は配列ary2に代入されます。

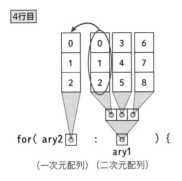

4行目

for(ary2 □ : □){
　　　（一次元配列）　ary1
　　　　　　（二次元配列）

その後、5行目の拡張for文を使用し、配列ary2に代入されている一次元配列からint型の要素を取り出し、出力します。

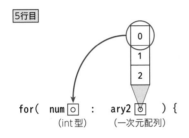

5行目

for(num □ : ary2 □){
　　　（int型）　　　（一次元配列）

したがって、選択肢Bが正解です。

その他の選択肢は、すべてコンパイルエラーとなります。

参考

ループ文の処理にループ文を定義している状態を「二重ループ」や「ループの入れ子」、「ループのネスティング（ネスト）」と呼びます。

解答 B

問題 4-12

重要度 ★ ★ ★

次のコードを確認してください。

```java
 1:  class ForNest {
 2:      public static void main (String[] args) {
 3:          int ary[][] = new int[5][5];
 4:          for(int i=0; i<ary.length; i++) {
 5:              for(int j=0; j<ary[i].length; j++) {
 6:                  ary[i][j] = i+j;
 7:              }
 8:          }
 9:          for(int i=0; i<ary.length; i++) {
10:              System.out.print(ary[i][4-i]);
11:          }
12:      }
13:  }
```

このコードをコンパイル、および実行すると、どのような結果になりますか。1つ
選択してください。

A. 01234
B. 02468
C. 00000
D. 44444
E. 13579

解説 **二次元配列**と**二重ループ**についての問題です。

3行目では、5行5列の二次元配列を生成しています。

4～8行目の外側のループでは、変数iの値、5～7行目の内側のループで変数jの
値を1ずつ加算しながら、ary[i][j]にi+jの値を代入しています。各要素の値は6行
目のary[i][j] = i+j;であるため、横と縦の和になります。

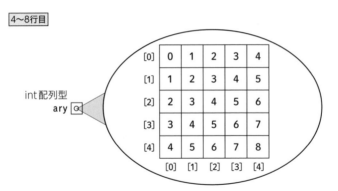

9〜11行目では、ary[i][4-i]の式で使われている変数iが0から4まで変化するため、ary[0][4]、ary[1][3]、ary[2][2]、ary[3][1]、ary[4][0]を順番に出力することになり、どれも値は4です。

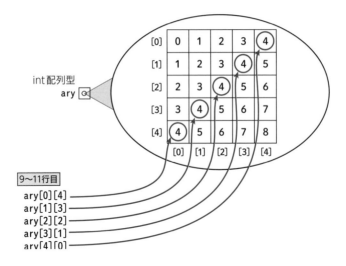

したがって、実行結果は「44444」と出力されるため、選択肢Dが正解です。

解答) D

問題 **4-13**　　　　　　　　　　　　重要度 ★ ★ ★

次のコードを確認してください。

```
1:   class ForNest {
2:       public static void main(String[] args) {
3:           int ary[][] = new int[5][];
4:           for(int i=0; i<ary.length; i++) {
5:               // insert code here
6:               for(int j=0; j<ary[i].length; j++) {
7:                   ary[i][j] = i + j;
8:                   System.out.print(ary[i][j]);
9:               }
10:              System.out.println();
11:          }
12:      }
13:  }
```

5行目にどのコードを挿入すれば、次の出力結果になりますか。1つ選択してください。

出力結果

```
0
12
234
3456
45678
```

A. ary[i] = new int[i];　　　**B.** ary = new int[i];

C. ary[i] = new int[i+1];　　**D.** ary = new int[i+1];

E. ary[] = new int[i+1];

解説　　**for文**と**二次元配列**についての問題です。

3行目では、二次元配列を生成しており、要素5個を持つ配列aryが生成されます。ただし、この時点では配列aryの各要素に持つ配列は生成されていません。

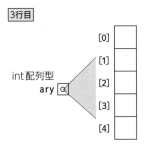

3行目

int 配列型
ary

[0]
[1]
[2]
[3]
[4]

4〜11行目の外側のループで配列aryの各要素を持つ配列を生成し、6〜9行目の内側のループで各要素へ値の代入と出力を行います。

- **外側1回目のループ**

  4行目に定義された外側のループは、ベースとなる配列aryの要素数 (5) 回繰り返されます。繰り返し処理としては、5行目でary[0]に、new int[0+1]で1つの要素を持つ配列を生成します。各要素への値の代入は、内側のfor文内の7行目で行います。

  7行目では、ary[0][0] = 0 + 0;で、0の値を代入します。

  8行目でary[0][0]に格納されている「0」を出力し、1回目のループは終了します。

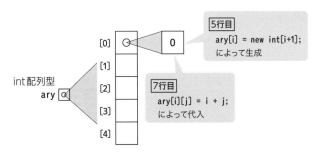

5行目

```
ary[i] = new int[i+1];
```
によって生成

7行目

```
ary[i][j] = i + j;
```
によって代入

外側2回目以降のループでは、1回目と同様に配列を生成して値を代入し、各要素を出力します。出力結果の条件を満たすには、配列aryの各要素に変数i+1個分の要素を持つ配列を生成する必要があります。

- **外側2回目ループ**

  要素ary[1]に、2個の要素を持つ配列を生成し、各要素に1、2を代入して出力します。

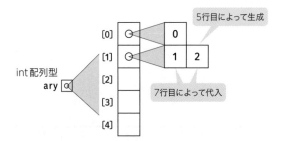

5行目によって生成

7行目によって代入

int配列型
ary

- **外側3回目ループ**

  要素ary[2]に、3個の要素を持つ配列を生成し、各要素に2、3、4を代入して出力します。

- **外側4回目ループ**

  要素ary[3]に、4個の要素を持つ配列を生成し、各要素に3、4、5、6を代入して出力します。

- **外側5回目ループ**

  要素ary[4]に、5個の要素を持つ配列を生成し、要素に4、5、6、7、8を代入して出力します。

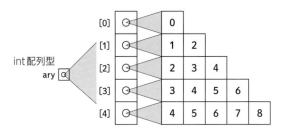

int配列型
ary

したがって、選択肢Cが正解です。

その他の選択肢の解説は、以下のとおりです。

選択肢A

変数iが0のときに配列が生成されず、以下の実行結果になります。

出力結果

```
（この行は何も出力されずに改行）
1
23
345
4567
```

選択肢B、D、E
コンパイルエラーが発生します。

解答 C

次のコードを確認してください。

```
1:  class LoopControl {
2:      public static void main(String[] args) {
3:          boolean flag1 = true;
4:          boolean flag2 = false;
5:          while(flag1) {
6:              flag1 = false;
7:              if(flag1 == flag2) {
8:                  System.out.print("A");
9:                  flag1 = true;
10:                 flag2 = flag1;
11:                 continue;
12:             }
13:             System.out.print("B");
14:             break;
15:         }
16:     }
17: }
```

このコードをコンパイル、および実行すると、どのような結果になりますか。1つ
選択してください。

A. A
B. B
C. AA
D. AB
E. 何も出力されない

解説 **break文**、**continue文**についての問題です。

break文は、実行中のループ処理を強制的に終了したいときに使用します。

continue文は、現在のループ処理を中断してループの先頭に制御（実行の順序）
を戻したいときに使用します。

5行目では、変数flag1の値がtrueのため、while文は無限ループとなります。

1回目のループでは、7行目で変数flag1と変数flag2がともにfalseとなり、true
判定となります。

8行目で「A」を出力した後、9〜10行目で変数flag1と変数flag2がともにtrue
となり、11行目のcontinue文で処理が5行目に移ります。

2回目のループでは、変数flag1がfalse、変数flag2がtrueとなり、7行目のif文
はfalse判定となります。よって、処理が13行目に移り、「B」と出力した後、14行目
のbreak文でループ処理を終了します。

したがって、実行結果は「AB」と出力されるため、選択肢Dが正解です。

解答 D

問題 **4-15**　　　　　　重要度 ★ ★ ★

次のコードを確認してください。

```
1:    class LoopControl {
2:        public static void main(String[] args) {
3:            for(int i=0; i<5; i++) {
4:                switch(i) {
5:                    case 0:
6:                        System.out.print(0);
7:                        continue;
8:                    case 1:
9:                        System.out.print(1);
10:                       break;
11:                   default:
12:                       System.out.print(2);
13:               }
14:           }
15:       }
16:   }
```

このコードをコンパイル、および実行すると、どのような結果になりますか。1つ
選択してください。

A. 0　　　　　　　　　　　B. 01
C. 012　　　　　　　　　　D. 0122
E. 01222

解説 break文、continue文についての問題です。

3〜14行目のfor文は変数iが0〜4の間ループします。

変数iが0のときは6行目で「0」と出力され、7行目のcontinue文で処理が3行目に移ります。

変数iが1のときは9行目で「1」と出力され、10行目のbreak文に移ります。break文はループを強制的に終了する命令ですが、10行目のbreak文はswitchブロックの中にあるため、ループ文ではなくswitch文を終了します。よって、処理は再び3行目に移り、変数iが2に変化します。

変数iが2、3、4のときは、11行目のdefault文の処理が実行され、「2」と出力されます。その後、変数iが5になるとループが終了します。

したがって、実行結果は「01222」と出力されるため、選択肢Eが正解です。

解答 E

5

章

クラス定義と
オブジェクトの
生成・使用

本章のポイント

▶ **クラスとオブジェクト**
オブジェクト生成およびクラス定義の方法について理解します。

重要キーワード
クラス、newキーワード、インスタンス化

▶ **コンストラクタ**
オブジェクト生成時に初期化を行うコンストラクタについて理解します。また、メソッドとの違いや共通点についても理解します。

重要キーワード
デフォルトコンストラクタ、コンストラクタのオーバーロード

▶ **オーバーロード**
メソッドを同一クラスに複数定義するオーバーロードについて理解します。オーバーロードの条件についても理解します。

重要キーワード
オーバーロード、thisキーワード

▶ **static変数とstaticメソッド**
クラスに属する変数やメソッドである、staticについて理解します。オブジェクトに属するインスタンス変数やインスタンスメソッドとの違いについても理解します。

重要キーワード
static変数、staticメソッド

▶ **アクセス修飾子とカプセル化**
オブジェクト指向において、データ隠ぺいを実現するアクセス修飾子について理解します。また、カプセル化についても理解します。

重要キーワード
public、private

▶ **値コピーと参照情報コピー**
基本データ型と参照型の変数におけるデータの保持について理解します。

重要キーワード
基本データ型、参照型

▶ **ガベージコレクション**
オブジェクトのライフサイクルについて理解します。不要なオブジェクト破棄を行うガベージコレクションについても理解します。

重要キーワード
ガベージコレクション（GC）

次のコードを確認してください。

```
1:  public class Customer {
2:      private String name;
3:      public void setName(String name) {
4:          this.name = name;
5:      }
6:      public String getName() {
7:          return name;
8:      }
9:  }
```

この Customer クラスをインスタンス化するコードとして適切なものはどれですか。1つ選択してください。

A. Customer c1 = "Duke:";

B. Customer c2 = Customer();

C. Customer c3 = new Customer();

D. Customer c4 = null;

 インスタンス化についての問題です。

インスタンス化とは、クラスをもとにオブジェクト (インスタンス、実体) を生成することです。

インスタンス化の構文は、以下のとおりです。

構文

クラス名 参照変数名 = new クラス名 ();

左辺でオブジェクトを保持する変数 (参照変数) を定義し、右辺でオブジェクトを生成しています。

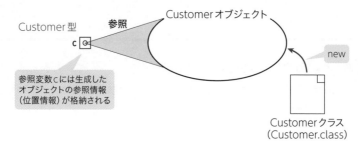

```
Customer c = new Customer();
```
Customer 型の　　Customer クラスをもとに
変数 c を宣言　　オブジェクトを生成

Customer 型　　参照　　Customer オブジェクト

c

new

参照変数 c には生成した
オブジェクトの参照情報
(位置情報) が格納される

Customer クラス
(Customer.class)

したがって、選択肢 C が正解です。

解答 C

問題 **5-2**

重要度 ★★★

次のコードを確認してください。

```
 1:  public class Employee {
 2:      private int id;
 3:      private String name;
 4:      public void setId(int i) {
 5:          id = i;
 6:      }
 7:      public void setName(String n) {
 8:          name = n;
 9:      }
10:      public void disp() {
11:          System.out.println(id + " : " + name);
12:      }
13:      public static void main(String[] args) {
14:          Employee e = new Employee();
15:          e.setId(101);
16:          e.disp();
17:      }
18:  }
```

このコードをコンパイル、および実行すると、どのような結果になりますか。1つ
選択してください。

A. 101 ： 　　　　　　　　**B.** 101 ：null

C. 何も出力されない 　　　　**D.** コンパイルエラーが発生する

E. 実行時エラーが発生する

解説　**オブジェクトの初期化**についての問題です。

オブジェクトの初期化とは「オブジェクト生成時にオブジェクトの属性（メンバ変数）に値を持たせること」を指します。

オブジェクトの初期化を行うには、次の3つの方法があります。

- クラスの変数宣言時に初期化を行う：**例** `private int id = 100;`
- コンストラクタを呼び出して初期化を行う（後の問題で紹介）
- デフォルトの値で初期化を行う（本問題で紹介）

問題のコードでは、14行目でEmployeeオブジェクトを生成していますが、明示的な初期化を行っていないためオブジェクトの属性（メンバ変数）には、オブジェクト生成時にデフォルトの値が割り当てられます。

デフォルトの値は、以下のとおりです。

| 表 | メンバ変数のデフォルト値

データ型	初期値
byte、short、int、long	0
float、double	0.0f / 0.0d
char	'\u0000'（空文字）
boolean	false
参照型（String型など）	null

つまり、配列の初期値と同じ値が代入されます。

問題のコードのメンバ変数は、以下のように値が代入されます。

- 2行目のメンバ変数idはint型のため「0」
- 3行目のメンバ変数nameは参照型のString型のため「null」

その後、15行目のsetId()メソッド呼び出しで、メンバ変数idに101を設定しています。一方、もう1つの変数nameには具体的な値を設定していないため、初期値のnullのままとなります。

したがって、選択肢Bが正解です。

問題 **5-3**　　　　　　　重要度 ★★★

次のコードを確認してください。

```
1:  class Apple {
2:      String size = "normal";
3:      Apple(String s) {
4:          size = s;
5:      }
6:      void print() {
7:          System.out.println(size);
8:      }
9:  }
10: class Test {
11:     public static void main(String[] args) {
12:         new Apple("large").print();
13:     }
14: }
```

このコードをコンパイル、および実行すると、どのような結果になりますか。1つ
選択してください。

A. 何も出力されない　　　　B. large
C. normal　　　　　　　　 D. コンパイルエラーが発生する
E. 実行時エラーが発生する

解説　**コンストラクタの呼び出し**についての問題です。

　コンストラクタとは、オブジェクトを生成する際に呼び出される処理ブロックで
す。インスタンス変数の初期化など、オブジェクトの生成時に行いたい処理を記述
します。

　定義方法はメソッドの定義と似ていますが、メソッドとは異なります。コンストラ
クタには次のルールがあります。

- クラス名と同じ名前で定義
- 戻り値の型宣言は定義しない（定義した場合、メソッドとして認識される）
- 必要に応じて引数を受け取ることができる

- オーバーロードが可能

コンストラクタの定義は、以下のとおりです。

構文

```
[修飾子] コンストラクタ名 (引数) {}
```

実行例

```
class Employee {
    int id;
    //コンストラクタの定義
    Employee(int id) {
        this.id = id;
    }
}
```

コンストラクタを呼び出す構文は、以下のとおりです。

構文

```
new コンストラクタ ()
new コンストラクタ (引数)
```

実行例

```
Employee e = new Employee();
Employee e = new Employee(100);
```

つまり、オブジェクトを生成する際にコンストラクタを呼び出しています。上記の例では左辺に変数を用意していますが、オブジェクトを生成したタイミングでのみ利用する場合は、参照変数を宣言せずに右辺のnew コンストラクタ名()のみでオブジェクトを生成し、利用することが可能です（問題のコード12行目）。

また、生成されたオブジェクト（インスタンスとも呼ばれます）内の変数やメソッドにアクセスする場合には、.（ドット）演算子を使用します。

オブジェクト内のメソッドにアクセスする構文は、以下のとおりです。

構文

```
参照変数名 . メソッド名 ();
```

12行目では、インスタンス化の際に参照変数を宣言していませんが、コンストラクタ呼び出しであるnew Apple("large")に続けて、.メソッド名()を記述することで、print()メソッドを呼び出しています。

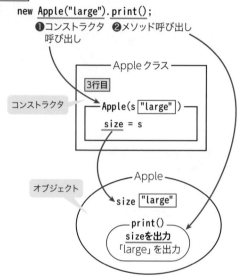

```
12行目
new Apple("large").print();
    ❶コンストラクタ   ❷メソッド呼び出し
    呼び出し
```

Apple クラス

```
3行目
```
コンストラクタ → Apple(s "large")
size = s

オブジェクト → Apple
size "large"

print()
sizeを出力
「large」を出力

よって、12行目のnew Apple("large").print();から6行目のprint()メソッドを呼び出し、「large」を出力します。

したがって、選択肢Bが正解です。

解答 B

次のコードを確認してください。

```
1:  class Foo {
2:      Foo() {}
3:  }
4:  class Bar {
5:  }
6:  class Baz {
7:      Baz(int i) {}
8:  }
```

このコードをコンパイルした際、デフォルトコンストラクタが生成されるクラスはどれですか。1つ選択してください。

A. Foo クラスのみ
B. Bar クラスのみ
C. Baz クラスのみ
D. Foo クラスと Baz クラス
E. Bar クラスと Baz クラス

解説 **デフォルトコンストラクタ**についての問題です。

デフォルトコンストラクタは、クラス内にコンストラクタが明示的に定義されていない場合にコンパイル時に自動生成される、引数と処理を持たないコンストラクタです。

1行目のFooクラスと6行目のBazクラスには、明示的にコンストラクタが定義されているため、デフォルトコンストラクタは生成されません。

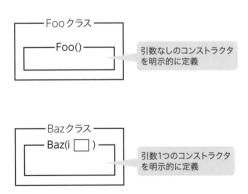

┌─── Foo クラス ───┐
│ ┌── Foo() ──┐ │ ← 引数なしのコンストラクタ
│ └──────────┘ │   を明示的に定義
└────────────────┘

┌─── Baz クラス ───┐
│ ┌ Baz(i ☐) ┐ │ ← 引数1つのコンストラクタ
│ └──────────┘ │   を明示的に定義
└────────────────┘

4行目のBarクラスのようにコンストラクタ定義を明示的に行わなかった場合には、デフォルトコンストラクタがコンパイル時に生成されます。

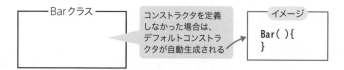

したがって、選択肢Bが正解です。

解答 B

問題 5-5

重要度 ★ ★ ★

次のコードを確認してください。

```java
1:  public class Customer {
2:      private String name;
3:      public void Customer() {
4:          name = "unknown";
5:      }
6:      public void Customer(String name) {
7:          this.name = name;
8:      }
9:      public void disp() {
10:         System.out.println(name);
11:     }
12:     public static void main(String[] args) {
13:         Customer c = new Customer("Duke");
14:         c.disp();
15:     }
16: }
```

このコードをコンパイル、および実行すると、どのような結果となりますか。1つ選択してください。

A. null
B. unknown
C. Duke
D. コンパイルエラーが発生する

解説 **コンストラクタの定義**についての問題です。

問題のコードでは、13行目でCustomerクラスのオブジェクトを生成しています。

13行目の右辺では引数に"Duke"を指定しているため、次の処理が行われます。

- オブジェクト生成
- String型の引数1つを受け取るコンストラクタの呼び出し

しかし3行目と6行目では、戻り値の型宣言（void）が指定されているため、コンストラクタではなくメソッドと認識されます。

※ メソッド名は任意のため、クラス名と同じ名前でも問題ありません。

つまり、問題のCustomerクラスにはコンストラクタが1つも定義されていないことになり、String型の引数1つを受け取るコンストラクタが定義されていないため、コンパイルエラーが発生します。

※ 呼び出しが可能なのは、デフォルトコンストラクタ（引数なし）のみとなります。

したがって、選択肢Dが正解です。

ポイント

コンストラクタとメソッドを識別する際は、「クラス名と同じ名前」だけで判断せず、以下のものについても確認する必要があります。

- 戻り値の型宣言がない ➡ コンストラクタとして識別
- 戻り値の型宣言がある ➡ メソッドとして識別

解答 D

重要度 ★★★

次のコードを確認してください。

```java
 1:  public class Employee {
 2:      int id;
 3:      public Employee() {
 4:          System.out.println("Employee()");
 5:          this(200);
 6:      }
 7:      public Employee(int id) {
 8:          System.out.println("Employee(int id)");
 9:          this.id = id;
10:      }
11:      public static void main(String[] args) {
12:          Employee e = new Employee();
13:          System.out.println(e.id);
14:      }
15:  }
```

このコードをコンパイル、および実行すると、どのような結果となりますか。1つ選択してください。

A. Employee()
Employee(int id)
200

B. Employee(int id)
Employee()
200

C. 200
Employee()
Employee(int id)

D. コンパイルエラーが発生する

■ ■ ■ ■

解説 **this()** についての問題です。

this() は、「コンストラクタ内から自クラスのコンストラクタを再度呼び出す」キーワードとなります。一度呼び出されたコンストラクタから別のコンストラクタを呼び出し、初期化を行います。this()を利用することにより、それぞれのコンストラクタで行っていた共通の初期化処理を一元化することができます。

問題のコードでは、12行目のオブジェクト生成時に「引数なしのコンストラクタ」呼び出しを行い、3行目のコンストラクタが呼び出されます。3行目のコンストラクタ内では、this()の定義の前に4行目で出力処理が行われています。

this()を呼び出す場合は、「必ずコンストラクタ内の先頭処理として定義」しなけ

ればなりません。つまり、問題のコードでは、4行目が原因でコンパイルエラーが発生します。

したがって、選択肢Dが正解です。

問題のコードでコンパイルエラーが発生する4行目と5行目のthis()の呼び出しを入れ替えれば、コンパイルと実行が可能です。

```
 1:   public class Employee {
 2:       int id;
 3:       public Employee() {
 4:           this(200);  // 7行目の引数1つのコンストラクタを呼び出す
 5:           System.out.println("Employee()");
 6:       }
 7:       public Employee(int id) {
 8:           System.out.println("Employee(int id)");
 9:           this.id = id;
10:       }
11:       public static void main(String[] args) {
12:           Employee e = new Employee();
13:           System.out.println(e.id);
14:       }
15:   }
```

実行した場合の結果は、以下のとおりです。

出力結果

```
Employee(int id)
Employee()
200
```

解答 D

問題 5-7

重要度 ★ ★ ★

次のコードを確認してください。

```java
1:  class Dog {
2:      int i;
3:
4:      Dog() {
5:          this(10);
6:      }
7:
8:      Dog(int i) {
9:          this(i, 10);
10:         i = i * 10;
11:     }
12:
13:     Dog(int i, int y) {
14:         i = i * y;
15:     }
16:
17:     public static void main(String[] s) {
18:         System.out.println(new Dog().i);
19:     }
20: }
```

このコードをコンパイル、および実行すると、どのような結果になりますか。1つ選択してください。

A. 10   B. 100
C. 1000   D. 0

解説   **コンストラクタの呼び出し**についての問題です。

18行目では、4行目の引数なしのコンストラクタを呼び出し、5行目では、8行目のint型の引数を1つ宣言したコンストラクタを呼び出しています。

8行目のコンストラクタでは、9行目で引数を2つ渡し、13行目で宣言されているint型の引数を2つ宣言したコンストラクタを呼び出します。

13行目のコンストラクタでは、14行目でi * y の結果を変数iに代入していますが、13行目の引数で宣言している変数iを指しているため、引数の値が書き換えられるだけです。その後、10行目の処理が行われますが、10行目も同様に8行目の引数iを書き換えるだけの処理となります。

コンストラクタの処理として2行目のインスタンス変数への代入処理は行われないため、初期値の0が2行目のインスタンス変数iの値となります。

したがって、実行結果は「0」と出力されるため、選択肢Dが正解です。

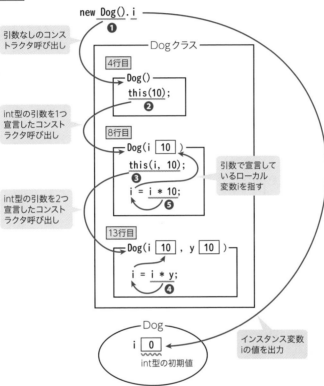

解答 D

問題 ## 5-8

重要度 ★★★

「2つのint型の引数を加算した値を戻り値に持つメソッド」を、正しく定義しているコードはどれですか。1つ選択してください。

A.
```
void foo(int num1, int num2) {
    num1 + num2;
}
```

B.
```
void foo(int num1, num2) {
    return num1 + num2;
}
```

C.
```
int foo(int num1, int num2) {
    num1 + num2;
}
```

D.
```
int foo(int num1, int num2) {
    return num1 + num2;
}
```

E.
```
int foo(int num1, num2) {
    return num1 + num2;
}
```

5
章

クラス定義とオブジェクトの生成・使用

解説 **メソッドの引数と戻り値**についての問題です。

戻り値を持つメソッドの定義の構文は、以下のとおりです。

構文

```
戻り値の型 メソッド名 (引数の型 引数名 ...) {
    return 戻り値
}
```

各選択肢の解説は、以下のとおりです。

選択肢A

戻り値の型がvoid型（戻り値なし）で宣言されているため、int型の戻り値は返しません。またnum1 + num2;の計算結果を、戻り値として返す場合はreturn num1 + num2;と記述する必要があります。したがって、不正解です。

選択肢B

選択肢Aと同様、戻り値の型がvoid型で宣言されています。また、引数で宣言している変数num2にデータ型を指定していません。同じデータ型の引数を2

つ宣言する場合にも、それぞれにデータ型を指定する必要があります。したがっ
て、不正解です。

選択肢C

選択肢Aと同様、num1 + num2;のみでは、計算結果を戻り値として返すこと
ができません。したがって、不正解です。

選択肢D

設問の条件を満たしています。したがって、正解です。

選択肢E

選択肢Bと同様、引数の宣言が誤っています。したがって、不正解です。

解答 D

問題 5-9

重要度 ★★★

次のコードを確認してください。

```
1:   public class Test {
2:       public void func(int i) {
3:           System.out.println("int");
4:       }
5:       public void func(double d) {
6:           System.out.println("double");
7:       }
8:       public void func(String s) {
9:           System.out.println("String");
10:      }
11:      public static void main(String[] args) {
12:          Test t = new Test();
13:          t.func("3.14");
14:      }
15:  }
```

**このコードをコンパイル、および実行すると、どのような結果となりますか。1つ
選択してください。**

A. int
B. double
C. String
D. コンパイルエラーが発生する
E. 実行時エラーが発生する

解説 **オーバーロード**についての問題です。

オーバーロードとは、同じクラス内に同じ名前で引数の型や数が異なるメソッドを複数定義することです。呼び出し時の引数の型や数でどのメソッドが呼び出されるか判断されます。

つまり、どのメソッドが呼び出されるか判断できないような定義（同じ条件のメソッドが複数定義）はコンパイルエラーとなります。

問題のコードでは、12行目でオブジェクト生成が行われた後、13行目でオーバーロードされたfunc()メソッドを呼び出しています。13行目の呼び出し時の引数は"3.14"と定義されているため、8行目の「String型の引数を受け取る」func()メソッドが呼び出されます。

したがって、選択肢Cが正解です。

解答 C

問題 # 5-10

重要度 ★ ★ ★

次のコードを確認してください。

```
1:   class Test {
2:       int foo(double d) {
3:           System.out.println("one");
4:           return 0;
5:       }
6:       String foo(double d) {
7:           System.out.println("two");
8:           return null;
9:       }
10:      double foo(double d) {
11:          System.out.println("three");
12:          return 0.0;
13:      }
14:      public static void main(String[] args) {
15:          new Test().foo(4.0);
16:      }
17:  }
```

このコードをコンパイル、および実行すると、どのような結果になりますか。1つ選択してください。

A. one   **B.** two

C. three   **D.** コンパイルエラーが発生する

 オーバーロードについての問題です。

　メソッドをオーバーロードするには、引数のデータ型、もしくは引数の数が異なる
メソッドを定義する必要があります。

　2行目、6行目、10行目で定義している foo() メソッドは、それぞれ戻り値の型は
異なりますが、どのメソッドも引数が1つで、かつ double 型で定義されているため、
オーバーロードの条件を満たさずコンパイルエラーが発生します（呼び出すメソッド
が区別できないため）。

　したがって、選択肢 D が正解です。

解答 D

問題 # 5-11

重要度 ★★☆

次のコードを確認してください。

```
1:  public class Test {
2:      public void func(int i) {
3:          System.out.println("int");
4:      }
5:      public void func(double d) {
6:          System.out.println("double");
7:      }
8:      public static void main(String[] args) {
9:          Test t = new Test();
10:         t.func(100.0);
11:     }
12: }
```

**このコードをコンパイル、および実行すると、どのような結果となりますか。1つ
選択してください。**

A. int   **B.** double

C. コンパイルエラーが発生する   **D.** 実行時エラーが発生する

オーバーロードについての問題です。

　問題のコードでは、10行目のfunc()メソッド呼び出しで「100.0」という引数を渡しています。100.0はJava言語のリテラル（値）では、小数点型の値として認識されます。また小数点型のリテラルのデフォルトはdouble型となるため10行目の呼び出しは、5行目の「double型引数を受け取るfunc()メソッド」を呼び出すことになります。

　したがって、選択肢Bが正解です。

参考

10行目の呼び出しが、以下のように整数型のリテラルを指定している場合は、2行目のfunc()メソッドが呼び出されます。

```
10:             t.func(100);
```

また、「呼び出し元の引数の型」と、「呼び出し先の引数の型」が一致しなくても、暗黙的に型変換が行われる場合もあります。

```
1:   public class Test {
2:       public void func(double d) {
3:           System.out.println(d);
4:       }
5:       public static void main(String[] args) {
6:           Test t = new Test();
7:           t.func(100);
8:       }
9:   }
```

上記のコードの場合、7行目で呼び出し時の引数は100となり、int型となりますが、「int型を受け取るfunc()メソッド」は定義されていません。しかし、int型はdouble型へ暗黙的に型変換することが可能なので、上記コードを実行すると2行目のfunc()メソッドが呼び出され、3行目では「100.0」が出力されます。つまり、2行目の引数に100が代入される際に、暗黙的な変換が行われます。

このように、オーバーロードは次の順番で該当するメソッドを探します。

- 「呼び出し元の引数の型」と型が一致するメソッド
- 「呼び出し元の引数の型」を暗黙的に変換すれば型が一致するメソッド

解答 B

次のコードを確認してください。

```
 1:   class Main {
 2:       public static void main(String args[]) {
 3:           Pug pug = new Pug();
 4:           pug.walk('a');
 5:           pug.walk(10.0);
 6:       }
 7:   }
 8:
 9:   class Pug {
10:       void walk() { }
11:       // insert code here
12:   }
```

11行目にどのコードを挿入すれば、コンパイル、および実行できますか。1つ選択してください。

A. void walk(int i) {
　　　System.out.println(i);
　　}

B. void walk(double d) {
　　　System.out.println(d);
　　}

C. void walk(char c) {
　　　System.out.println(c);
　　}

D. void walk() {
　　　System.out.println();
　　}

解説　**メソッドのオーバーロード**についての問題です。

　4行目と5行目のwalk()メソッドの呼び出しに対応するには、char型の引数を受け取るメソッドとdouble型の引数を受け取るメソッドをオーバーロードする必要があります。しかし、回答の選択肢は1つです。

　double型は、char型を暗黙的にキャストして受け取ることが可能なため、double型の引数1つのメソッドを定義すれば、4～5行目でwalk()メソッドを呼び出すことができます。

　したがって、選択肢Bが正解です。

解答　B

問題 5-13   重要度 ★ ★ ★

次のコードを確認してください。

```
1:   class Test {
2:       static int staNum = 3;
3:
4:       public static void main(String[] args) {
5:           Test test = new Test();
6:           test.staNum++;
7:           Test.staNum++;
8:           test.staNum++;
9:           System.out.println(Test.staNum + "" + test.staNum);
10:      }
11:  }
```

このコードをコンパイル、および実行すると、どのような結果になりますか。1つ
選択してください。

A. 45   B. 54
C. 56   D. 65
E. 66

解説　**static変数**についての問題です。

static変数とは、個々のオブジェクトで保持する変数(インスタンス変数)とは異
なり、クラスに属する変数です。クラスに属するため、各オブジェクトで共有するイ
メージです。

2行目でstatic変数staNumを宣言し、3で初期化しています。

5行目では、Testオブジェクトを生成しています。

5行目
Test test = new Test();

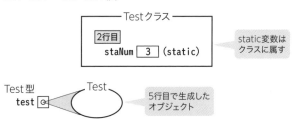

6行目では、test.staNum++;と「参照変数名.変数名」の形式で変数staNumを指定し、インクリメントしています。変数staNumは、2行目で宣言した変数staNumを指します。static変数はクラスに対して1つだけ確保される変数になるため、オブジェクト生成の有無にかかわらず、共有される変数になります。オブジェクトごとに確保されるわけではありません。

7行目では、Test.staNum++;と「クラス名.変数名」の形式で指定していますが、同様に2行目で宣言した変数staNumを利用します。

8行目も同様に共通の変数staNumを利用するため、変数staNumは計3回インクリメントされ、値は6になります。

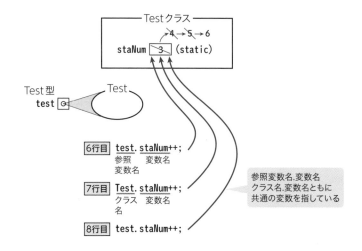

9行目では、Test.staNum（クラス名.変数名）とtest.staNum（参照変数名.変数名）の2つの指定で変数staNumの値を出力していますが、どちらも共通の変数を指すため、それぞれ「6」が出力されます。

したがって、実行結果は「66」と出力されるため、選択肢Eが正解です。

解答 E

問題 **5-14**　　　　　　　　　　　　重要度 ★★★

次のコードを確認してください。

```java
 1:    public class Test {
 2:        static void func() {
 3:            System.out.print("func() / ");
 4:        }
 5:        public static void main(String[] args) {
 6:            Test.func();
 7:            Test t = new Test();
 8:            t.func();
 9:        }
10:    }
```

このコードをコンパイル、および実行すると、どのような結果となりますか。1つ選択してください。

A. func() / func() /
B. 6行目が原因でコンパイルエラーが発生する
C. 8行目が原因でコンパイルエラーが発生する
D. 実行時エラーが発生する

解説　**static メソッド**についての問題です。

staticメソッドはstatic変数同様、オブジェクト個々で保持されるのではなく、クラスに属するメソッドです。したがって、staticメソッドを呼び出すには「クラス名.static()メソッド名」と指定します。クラスに属するため、オブジェクトを生成せずに呼び出すことができます。

問題のコードでは、6行目でTestクラスのfunc()メソッドを呼び出しています。staticメソッドの呼び出しとしては正しい呼び出しのため「func() / 」が出力されます。

その後、7行目でTestオブジェクトを生成し、8行目でオブジェクトの参照変数を使用し再度staticメソッドを呼び出しています。

staticメソッドはクラスに属すると前述しましたが、オブジェクトのメンバメソッドとして呼び出すことも可能です。つまり8行目の呼び出しでも「func() / 」が出力されます。

したがって、選択肢Aが正解です。

問題 **5-15**　　　重要度 ★ ★ ☆

次のコードを確認してください。

```
 1:  public class Test {
 2:      int num = 0;
 3:      static void add1() {
 4:          num++;
 5:      }
 6:      void add2() {
 7:          num++;
 8:      }
 9:      public static void main(String[] args) {
10:          Test t = new Test();
11:          Test.add1();
12:          t.add2();
13:          System.out.println(t.num);
14:      }
15:  }
```

このコードをコンパイル、および実行すると、どのような結果となりますか。1つ選択してください。

A. 1
B. 2
C. コンパイルエラーが発生する
D. 実行時エラーが発生する

 解説　**staticメソッド**についての問題です。

　問題のコードで定義されている、メンバ（インスタンス変数／メソッド、static変数／メソッド）の特徴や呼び出し方法は、次の表のとおりです。

| 表 | 問題のコードで使われているメンバの特徴と呼び出し方法

種類	特徴	呼び出し方法
インスタンス変数(2行目) インスタンスメソッド(6行目)	オブジェクト個々に属する変数、メソッド	参照変数名.変数名 参照変数名.メソッド名
static変数 staticメソッド(3行目)	クラスに属する変数、メソッド (各オブジェクトから共有するイメージ)	クラス名.変数名 クラス名.メソッド名

また、それぞれのメンバ同士の呼び出しについては、以下のようになっています。

- staticメソッドからstaticメンバ(変数、メソッド)の呼び出しは可能
- staticメソッドからインスタンスメンバ(変数、メソッド)は呼び出し不可
- インスタンスメンバからstaticメンバの呼び出しは可能

問題のコードでは、3行目のstaticメソッドのadd1()メソッドの処理でインスタンス変数のnumを呼び出しています。つまり4行目でコンパイルエラーが発生します。

したがって、選択肢Cが正解です。

参考

問題のコードの2行目の変数numがstatic変数として定義されている場合は、コンパイルエラーは発生せず、実行することができます。実行結果は「2」が出力されます。

```
 1:   public class Test {
 2:       static int num = 0;  // static変数として定義
 3:       static void add1() {
 4:           num++;  // staticメンバからstaticメンバの呼び出しのため問題なし
 5:       }
 6:       void add2() {
 7:           num++;
 8:       }
 9:       public static void main(String[] args) {
10:           Test t = new Test();
11:           Test.add1();
12:           t.add2();
13:           System.out.println(t.num);
14:       }
15:   }
```

解答 C

次のコードを確認してください。

```
1:   class Test {
2:       public static void main(String[] args) {
3:           Test t1 = new Test(100);
4:           Test t2 = new Test(50);
5:           Test t3 = new Test(10);
6:           t1.func();
7:           t2.func();
8:           t3.func();
9:       }
10:      private int i;
11:      private static int j;
12:      public Test(int i) {
13:          this.j += i;
14:          this.i += i;
15:      }
16:      public void func() {
17:          System.out.println("i : " + i + " j : " + j);
18:      }
19:  }
```

このコードをコンパイル、および実行すると、どのような結果になりますか。1つ選択してください。

A. i : 100 j : 100
   i : 50 j : 50
   i : 10 j : 10

B. i : 160 j : 160
   i : 160 j : 160
   i : 160 j : 160

C. i : 100 j : 160
   i : 50 j : 160
   i : 10 j : 160

D. i : 160 j : 100
   i : 160 j : 50
   i : 160 j : 10

解説 **static変数**と**インスタンス変数**についての問題です。

static変数はクラスに属する変数、インスタンス変数はオブジェクト個々に属する変数です。

10行目の変数iはインスタンス変数であり、11行目の変数jはstatic変数として定義されています。

3〜5行目でTestクラスのオブジェクト生成が行われ、12行目のコンストラクタ

では引数を変数 i と変数 j に代入しています。

　変数 i はインスタンス変数であるため各オブジェクトが14行目で代入された値をそれぞれ保持しますが、変数 j は static 変数であるため13行目で代入された値は各オブジェクトで共有することになります。

　つまり、オブジェクトが3つ生成された5行目の時点で変数 j は各オブジェクトの初期値の合計である160を保持します。

　6〜8行目で各オブジェクトの func() メソッドを呼び出すと、変数 i はオブジェクト個々に保持している値、変数 j はクラスで保持している160が出力されます。

　したがって、選択肢Cが正解です。

解答 C

問題 5-17

重要度 ★★★

次のコードを確認してください。

```
 1:  class Sample {
 2:      int i = 0;
 3:      static int j = 0;
 4:      void count() {
 5:          for(int z = 0; z < 3; z++) {
 6:              i++; j++;
 7:          }
 8:      }
 9:      public void disp() {
10:          System.out.println("i = " + i + " : j = "+ j);
11:      }
12:      public static void main(String[] args) {
13:          Sample s1 = new Sample();
14:          s1.count();
15:          s1.disp();
16:          Sample s2 = new Sample();
17:          s2.count();
18:          s2.disp();
19:      }
20:  }
```

このコードをコンパイル、および実行すると、どのような結果になりますか。1つ選択してください。

A. i = 3 : j = 3   **B.** i = 3 : j = 3
    i = 3 : j = 3   i = 3 : j = 6
C. i = 3 : j = 6   **D.** i = 3 : j = 3
    i = 3 : j = 6   i = 6 : j = 6

解説 **static変数**と**インスタンス変数**についての問題です。

2行目の変数iはインスタンス変数、3行目の変数jはstatic変数として定義されています。

4行目のcount()メソッドでは、for文が3回繰り返されるため、変数iと変数jに3が加算されます。

static変数jは13行目と16行目で生成されたオブジェクトで共有され、17行目での呼び出しを行った結果、6を保持しています。

ただし、設問では15行目の時点と18行目の時点の出力を行っているため、15行目での変数jは3を保持した状態です。

したがって、選択肢Bが正解です。

解答 B

問題 **5-18**

重要度 ★★★

次のコードを確認してください。

```
1:  class Customer {
2:      private void charge() {
3:      }
4:  }
5:  class CorporateCustomer extends Customer {
6:      private void service() {
7:          charge();
8:      }
9:      public static void main(String[] args) {
10:         CorporateCustomer cc = new CorporateCustomer();
11:         cc.service();
12:     }
13: }
```

このコードをコンパイルするための記述として、適切なものはどれですか。1つ
選択してください。

A. Customerクラスにpublic修飾子を指定する
B. CorporateCustomerクラスにpublic修飾子を指定する
C. charge()メソッドにpublic修飾子を指定する
D. service()メソッドにpublic修飾子を指定する
E. Customerクラスに引数なしのコンストラクタを定義する

 解説 **アクセス修飾子**についての問題です。

アクセス修飾子には、次のものがあります。

| 表 | 変数、メソッドに指定するアクセス修飾子

修飾子	意味
public	どの外部クラスからでもアクセス可能
protected	同じパッケージの外部クラス、または継承したサブクラスからであればアクセス可能
修飾子なし（省略）	同じパッケージのクラスからであればアクセス可能
private	外部クラスからのアクセスはできず、同じクラス内のメソッドからのみアクセス可能

| 表 | クラスに指定するアクセス修飾子

修飾子	意味
public	すべてのパッケージからアクセス可能
修飾子なし（省略）	同一パッケージ内からのみアクセス可能
final	このクラスをスーパークラスとしたサブクラスは作成できない
abstract	abstractメソッドを定義できる インスタンス化できない 他のクラスのスーパークラスとして使用される

7行目から呼び出している2行目のcharge()メソッドの修飾子がコンパイルエラーの原因です。private修飾子の指定されたメソッドは、「同じクラス内のメソッドからのみ呼び出しが可能」です。

11行目から呼び出している6行目のservice()メソッドはprivate修飾子が指定されていますが、11行目から6行目の呼び出しは同じクラス内で行われているため、コンパイルエラーは発生しません。

service()メソッド内の7行目では、2行目のcharge()メソッドを呼び出しています。7行目から2行目の呼び出しは、CorporateCustomerクラスからCustomerクラスへの呼び出しとなるため、「別のクラス内のメソッド呼び出し」になります。

private修飾子は、継承関係があるクラス間であっても呼び出すことはできないため、7行目でコンパイルエラーが発生します。

7行目から呼び出される2行目のcharge()メソッドのアクセス修飾子をpublicに変更することで、コンパイルは成功します。

したがって、選択肢Cが正解です。

Customerクラスと CorporateCustomer クラスには継承関係があるため、protected修飾子の指定でもコンパイルは成功します。

解答 C

問題 5-19

重要度 ★★★

次のコードを確認してください。

```
1:  class Employee {
2:      private int id;
3:      String name;
4:      public void setId(int id) {
5:          this.id = id;
6:      }
7:      private void setName(String name) {
8:          this.name = name;
9:      }
10: }
11: class Test {
12:     public static void main(String[] args) {
13:         Employee e = new Employee();
14:         // insert code here
15:     }
16: }
```

Employeeクラスのオブジェクトのメンバ変数にアクセスをする方法として、14行目に挿入する適切なコードはどれですか。2つ選択してください。
（2つのうち、いずれか1つを挿入すれば、設問の条件を満たします。）

A. e.id = 101;

B. this.id = 101;

C. e.name = "Duke";

D. e.setId(102);

E. e.setName("Mike");

F. this.setName("James");

解説 **アクセス修飾子**についての問題です。

メンバに指定されたアクセス修飾子によって、他クラスからのアクセスをコントロールすることができます。

各選択肢の解説は、以下のとおりです。

選択肢A、E

private修飾子が指定されているメンバに対しては、他のクラスからアクセスが許可されません。クラス内のメソッドからのみとなります。したがって、不正解です。

選択肢B、F

this キーワードは、自オブジェクトのメンバへのアクセスに使用します。Employeeクラスのメソッド内で使用するのであれば問題ありませんが、Testクラス内で使用することはできません。したがって、不正解です。

選択肢C、D

インスタンス変数、メソッドへのアクセス方法である「参照変数名.変数名(メソッド名)」で呼び出しを行っています。また、変数nameは修飾子「省略」、setId()メソッドはpublic修飾子が指定されているため、他のクラスからのアクセスが可能です。したがって、正解です。

解答 C、D

5-20

重要度 ★★★

次のコードを確認してください。

```
1:   class Student {
2:       int no;
3:       String name;
4:
5:       Student(int no, String name) {
6:           this.no = no;
7:           this.name = name;
8:       }
9:       int getNo() {
10:          return no;
11:      }
12:      String getName() {
13:          return name;
14:      }
15:      void output() {
16:          System.out.println(no + " : " + name);
17:      }
18:  }
19:  class StudentSample {
20:      public static void main(String[] args) {
21:          Student s = new Student(100, "Test");
22:          s.output();
23:      }
24:  }
```

Studentクラスのカプセル化を実現するために、必要な処理はどれですか。2つ選択してください。

A. 変数noと変数nameにpublic修飾子を指定する
B. 変数noと変数nameにprivate修飾子を指定する
C. getNo()、getName()、output()メソッドにpublic修飾子を指定する
D. getNo()、getName()、output()メソッドにprivate修飾子を指定する

 解説　カプセル化についての問題です。

カプセル化とは、オブジェクトが持つ属性と操作を一体化して保持することです。

カプセル化を行う場合、メンバ変数にはprivate修飾子、メンバメソッドにはpublic修飾子を指定します。適切な修飾子を指定することにより、オブジェクトに対

して外部から変数へ直接アクセスすることを禁止します。

オブジェクト内の変数に変更を加えたい場合は「変数にアクセスするメソッド」へアクセスを行い、内部的にオブジェクトの状態を変更します。

カプセル化を行うことで、変数にアクセスする前の妥当性チェックや、変数にアクセスする方法などが変更になった場合も、できるだけ外部に影響を与えずに修正することができます。

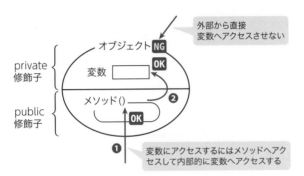

外部から直接
変数へアクセスさせない

private
修飾子

public
修飾子

オブジェクト **NG**

OK

変数

メソッド() ❷

OK

❶

変数にアクセスするにはメソッドへアクセスして内部的に変数へアクセスする

したがって、選択肢B、Cが正解です。

解答) B、C

5-21

問題

重要度 ★★★

カプセル化のメリットとして正しい説明は、以下のうちどれですか。2つ選択してください。

A. 呼び出し元を変更せずにメソッド内の実装を変更できる
B. オブジェクトのデータを隠ぺいできる
C. クラスを同一パッケージに定義できる
D. 同一クラスの複数のインスタンスを安全に生成できる

解説

カプセル化のメリットについての問題です。

各選択肢の解説は、以下のとおりです。

選択肢A

カプセル化を行うことにより、処理の修正や追加などが必要なときに、メソッド内の実装のみを変更し、修正範囲を最小限に留めることができます。メソッド

内に限定した修正を行うことで、呼び出し元のコードの修正が不要になります。したがって、正解です。

選択肢B

変数やメソッドにprivateやprotectedを指定することにより、オブジェクトの外部から変数に対する直接アクセスを制限することができ、データ隠ぺいが可能になります。したがって、正解です。

選択肢C、D

カプセル化のメリットとしての記述ではありません。したがって、不正解です。

解答 A、B

問題 5-22　　　　　　　　　　　　　　　重要度 ★★★

次のコードを確認してください。

```
1:   public class Test {
2:       int ans;
3:       public void add(int i) {
4:           ans += i;
5:       }
6:       public static void main(String[] args) {
7:           int num1 = 10;
8:           Test t1 = new Test();
9:           t1.add(100);
10:          int num2 = num1;
11:          num2 += 20;
12:          Test t2 = t1;
13:          t2.add(200);
14:          System.out.print(num1 + " : ");
15:          System.out.print(t1.ans);
16:      }
17:  }
```

このコードをコンパイル、および実行すると、どのような結果となりますか。1つ選択してください。

A. 10 : 100　　　　　　B. 30 : 100
C. 10 : 200　　　　　　D. 30 : 200
E. 10 : 300　　　　　　F. 30 : 300

解説 **基本データ型**と**参照型**についての問題です。

基本データ型の変数と参照型の変数では、データ保持の考え方が異なります。

- **基本データ型**
  変数にはリテラル（値）そのものが格納される。つまり、＝演算子を使った代入式では、「リテラル（値）がコピー」される

- **参照型**
  変数にはオブジェクトの参照情報（位置情報）が格納される。つまり、代入式では「参照情報がコピー」される

問題のコードでは、7行目でint型の変数num1の初期化を行い、8行目ではTestオブジェクトを生成し、add()メソッドを呼び出しています。

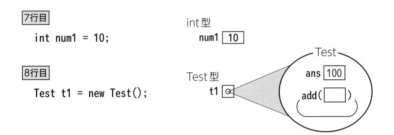

10行目では、変数num1を変数num2に代入していますが、基本データ型の変数のため「リテラルのコピー」となります。変数num1に格納されている「10」がnum2にコピーされます。

その後、11行目でnum2に20を加算していますが、コピー元のnum1には影響しません。つまり、num1は「10」のままです。

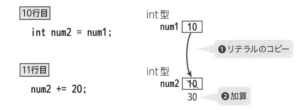

また、12行目でTest型の変数t2にはt1を代入していますが、「参照情報のコピー」となるため、t1とt2は同じオブジェクトを参照します。

13行目のt.add(200);の呼び出しにより、t1とt2が共有しているオブジェクトのメンバ変数ansは300となります。

つまり、t1.ansもt2.ansも同じ「300」となります。

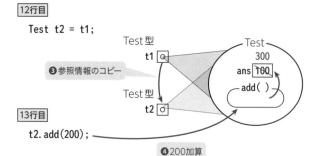

12行目

Test t2 = t1;

Test型
t1

❸参照情報のコピー

Test型
t2

13行目

t2.add(200);

Test
300
ans 100
add( )

❹200加算

したがって、選択肢Eが正解です。

解答 E

問題 5-23

重要度 ★★★

次のコードを確認してください。

```
1:  public class Customer {
2:      int id;
3:      public void setId(int id) {
4:          this.id = id;
5:      }
6:      public static void main(String[] args) {
7:          Customer c1 = new Customer();
8:          Customer c2 = c1;
9:          c1.setId(101);
10:         c1 = null;
11:         Customer c3 = new Customer();
12:         c3.setId(102);
13:         c3 = c2;
14:         System.out.print(c2.id);
15:     }
16: }
```

このコードをコンパイル、および実行すると、どのような結果となりますか。1つ
選択してください。

A.	101	B.	102
C.	0	D.	null
E.	コンパイルエラーが発生する	F.	実行時エラーが発生する

解説 **参照型**についての問題です。

問題のコードでは、7行目で作成したCustomerオブジェクトを変数c1で参照し、8行目の代入式で変数c2でも同じオブジェクトを参照しています。

9行目で共有しているオブジェクトのメンバ変数idに101を設定し、10行目で変数c1にはnullを代入します。変数c1の参照は破棄されますが、変数c2の参照は変わりません。

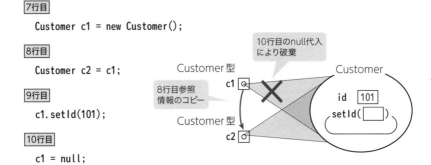

7行目

```
Customer c1 = new Customer();
```

8行目

```
Customer c2 = c1;
```

9行目

```
c1.setId(101);
```

10行目

```
c1 = null;
```

その後、11行目で新規オブジェクトを生成し、メンバ変数idに102を設定していますが、13行目で変数c3に変数c2を代入しているので、再度変数c2と変数c3は同じオブジェクトを参照することになります。

11行目

```
Customer c3 = new Customer();
```

12行目

```
c3.setId(102);
```

13行目

```
c3 = c2;
```

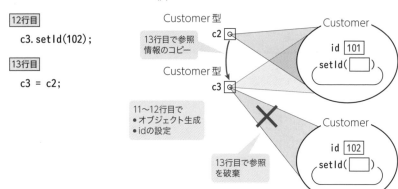

解答 A

問題 **5-24**

重要度 ★★★

次のコードを確認してください。

```
1:  class Orange { }
2:  public class FruitJuice {
3:      public static void main(String[] args) {
4:          Orange o1 = new Orange();
5:          Orange o2 = new Orange();
6:          o1 = new Orange();
7:          Orange o3 = o2;
8:          o2 = null;
9:          o1 = o3;
10:         // GC
11:     }
12: }
```

実行時、10行目に到達した時点で、ガベージコレクション（GC）の対象となる
オブジェクトとして適切な記述はどれですか。1つ選択してください。

A. 4行目で生成されたOrangeオブジェクトのみGCの対象となる
B. 5行目で生成されたOrangeオブジェクトのみGCの対象となる
C. 6行目で生成されたOrangeオブジェクトのみGCの対象となる

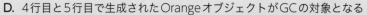

D. 4行目と5行目で生成されたOrangeオブジェクトがGCの対象となる

E. 5行目と6行目で生成されたOrangeオブジェクトがGCの対象となる

F. 4行目と6行目で生成されたOrangeオブジェクトがGCの対象となる

G. GCの対象となるOrangeオブジェクトはない

解説　**オブジェクトのライフサイクル**についての問題です。

クラスはインスタンス化されることによってメモリ上にオブジェクトの領域が確保されます。使われなくなったオブジェクトは、不要になったメモリを自動的に解放する**ガベージコレクション**（GC）によって解放されます。Javaでは、ガベージコレクションの機能が提供されているため、プログラマ自身が直接的なメモリの管理を行う必要はありません。

オブジェクトの参照変数にnullを代入することで、そのオブジェクトを参照しないことを意味します。どの変数からも参照されなくなったオブジェクトは、使われなくなったオブジェクトとしてGCの対象と判断されます。

4行目、5行目で生成したOrangeオブジェクトはそれぞれ変数o1と変数o2によって参照されています。

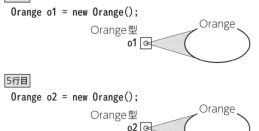

4行目
```
Orange o1 = new Orange();
```

5行目
```
Orange o2 = new Orange();
```

6行目では、変数o1に新たに生成されたOrangeオブジェクトの参照が代入され、4行目で生成したOrangeオブジェクトの参照が失われます。よって、4行目で生成したオブジェクトがGCの対象になります。

6行目

```
o1 = new Orange();
```

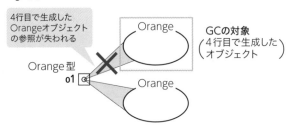

7行目では変数o3に、変数o2を代入しています。変数o2は、5行目で生成した Orangeオブジェクトの参照が代入されているため、変数o2と変数o3は同じオブ ジェクトを参照する状態になります。

7行目

```
Orange o3 = o2;
```

8行目では、変数o2にnullが代入され、変数o2の参照は失われます。

8行目

```
o2 = null;
```

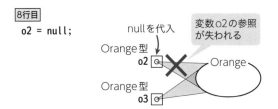

　9行目では、変数o1に変数o3の参照を代入しています。つまり、変数o1と変数 o3が5行目で生成したOrangeオブジェクトを参照する状態になります。この時点 で、6行目で生成したOrangeオブジェクトの参照は失われます。よって、6行目で 生成したオブジェクトがGCの対象になります。

9行目

o1 = o3;

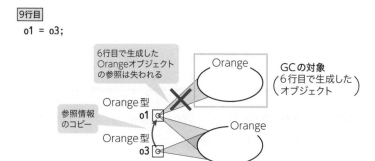

6行目で生成した
Orangeオブジェクト
の参照は失われる

Orange

GCの対象
(6行目で生成した
オブジェクト)

参照情報
のコピー

Orange型
o1

Orange型
o3

Orange

したがって、選択肢Fが正解です。

解答 F

問題 **5-25**

重要度 ★★★

次のコードを確認してください。

```
1:  class Orange { }
2:  class Banana { }
3:  public class FruitJuice {
4:      public static void main(String[] args) {
5:          Orange o1 = new Orange();
6:          Orange o2 = o1;
7:          o1 = new Orange();
8:          Orange o3 = new Orange();
9:          o2 = null;
10:         o1 = o3;
11:         Banana b1 = new Banana();
12:         Banana b2 = new Banana();
13:         b1 = new Banana();
14:         Banana b3 = b1;
15:         b2 = null;
16:         b1 = null;
17:         // GC
18:     }
19: }
```

実行時、17行目に到達した時点で、ガベージコレクション (GC) の対象となる
オブジェクトはいくつありますか。1つ選択してください。

A. 1つ　　　　　　　B. 2つ

C. 3つ　　　　　　　D. 4つ

E. GCの対象となるOrangeオブジェクトはない

 解説　**オブジェクトのライフサイクル**についての問題です。

5〜16行目の解説は、以下のとおりです。

5行目

Orangeオブジェクトを生成し、変数o1で参照しています。

6行目

変数o1の参照情報を、変数o2へコピーしています。変数o1と変数o2は同一のオブジェクトを参照します。

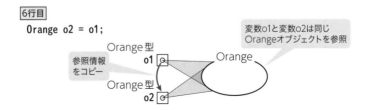

7行目

Orangeオブジェクトを新しく生成し、変数o1へ代入しています。変数o1と変数o2は異なるオブジェクトを参照します。

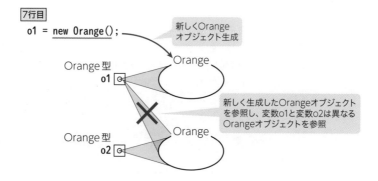

8行目

Orangeオブジェクトを新しく生成し、変数o3で参照しています。

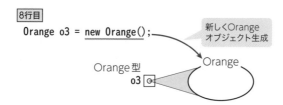

9行目

変数o2へnullを代入しています。変数o2が参照していたオブジェクトの参照が失われるため、GCの対象となります（1つ目）。

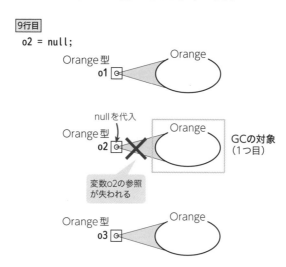

10行目

変数o3の参照情報を、変数o1へコピーしています。変数o1と変数o3は同一オブジェクトを参照し、もともと変数o1が参照していたオブジェクトの参照は失われるため、GCの対象となります（2つ目）。

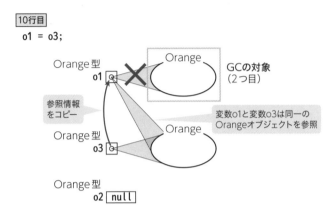

11～12行目

Bananaオブジェクトを2つ生成し、変数b1、変数b2はそれぞれ異なるBananaオブジェクトを参照しています。

11行目
```
Banana b1 = new Banana();
```

12行目
```
Banana b2 = new Banana();
```

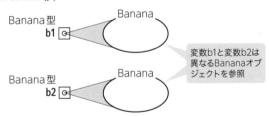

13行目

Bananaオブジェクトを新しく生成し、変数b1に代入します。もともと変数b1が参照していたオブジェクトの参照は失われるため、GCの対象となります（3つ目）。

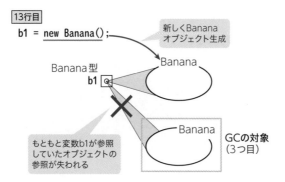

`13行目`
`b1 = new Banana();`

新しくBanana
オブジェクト生成

Banana型
b1

Banana

もともと変数b1が参照
していたオブジェクトの
参照が失われる

Banana

GCの対象
（3つ目）

14行目

変数b1の参照情報を、変数b3へコピーしています。変数b1と変数b3は同一
のオブジェクトを参照します。

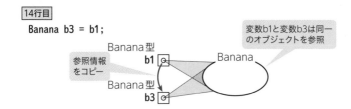

`14行目`
`Banana b3 = b1;`

変数b1と変数b3は同一
のオブジェクトを参照

Banana型
b1

Banana

参照情報
をコピー

Banana型
b3

15～16行目

変数b1と変数b2へnullを代入しています。もともと変数b2が参照していたオ
ブジェクトの参照は失われるため、GCの対象となります（4つ目）。

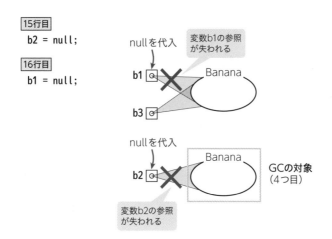

`15行目`
`b2 = null;`

`16行目`
`b1 = null;`

nullを代入

変数b1の参照
が失われる

b1

Banana

b3

nullを代入

Banana

b2

GCの対象
（4つ目）

変数b2の参照
が失われる

5〜16行目の処理では、合計4つのオブジェクトがGCの対象となります。

したがって、選択肢Dが正解です。

解答　D

6章

継承と
ポリモフィズム

本章のポイント

6-1

重要度 ★ ★ ★

次のコードを確認してください。

```
 1:  class Customer {
 2:      private int id;
 3:      public void setId(int id) {
 4:          this.id = id;
 5:      }
 6:      public void disp() {
 7:          System.out.println(id);
 8:      }
 9:  }
10:  class WebCustomer // insert code here
11:      public void func() { }
12:  }
13:  class Test {
14:      public static void main(String[] args) {
15:          WebCustomer wc = new WebCustomer();
16:          wc.disp();
17:      }
18:  }
```

Customerクラスを継承するWebCustomerクラスの定義として、10行目に挿入すべき適切なものはどれですか。1つ選択してください。

A. extends Test {   B. extends Customer {
C. extends WebCustomer {   D. extends String {

解説　**継承**についての問題です。

既存のクラスをもとに、新しいクラスを作成することを「**継承**」と言います。

問題のコードでは、Customerクラスが既存のクラスとなり、Customerクラスを継承し新しくWebCustomerクラスを定義しています。Customerクラスのような抽象的なクラスを「**スーパークラス**」、継承を行ったWebCustomerクラスのように具体的なクラスを「**サブクラス**」と呼びます。

継承を行うことにより、スーパークラスのメンバ（変数、メソッド）がサブクラスに引き継がれるため、サブクラスでは差分のメンバを定義するだけでクラスを作成できます。

継承を行うには**extends**キーワードを使用します。構文は、以下のとおりです。

構文

```
class サブクラス名 extends スーパークラス名 { }
```

また、Java言語の継承は「**単一継承**」のサポートとなります。単一継承では「同時に複数のクラスをスーパークラスとして保持すること」を禁止しています。

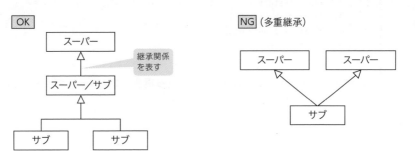

問題のコードの15行目では、WebCustomerサブクラスのオブジェクトを生成しています。サブクラスのオブジェクトのイメージは、以下のとおりです。

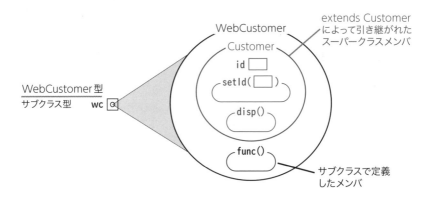

したがって、選択肢Bが正解です。

解答 B

重要度 ★ ★ ☆

次のコードを確認してください。

```
1:   public class TestA { }
2:   class TestB { }
3:   final class TestC { }
4:   abstract class TestD { }
5:   // insert code here
```

4つのクラスをそれぞれ5行目で継承を行う場合、コンパイルエラーが発生する
クラスはどれですか。1つ選択してください。

A. TestAクラス   **B.** TestBクラス
C. TestCクラス   **D.** TestDクラス

解説

継承に関係する**クラス修飾子**についての問題です。

クラスに指定できる修飾子には、継承に関係するものがあります。

各選択肢の解説は、以下のとおりです。

選択肢A

public修飾子を指定すると、指定したクラスをパッケージ外から利用すること
ができます。(たとえばインスタンス化、呼び出しなど) 同じパッケージ内から
継承を行うことは可能です。したがって、不正解です。

選択肢B

修飾子が指定されていないクラスは、同じパッケージからであれば利用できま
す。つまり、5行目で継承を行うことは可能です。したがって、不正解です。

選択肢C

finalクラスは**継承禁止**となります。ライブラリのクラスなどに指定されている
ことが多いです。したがって、正解です。

選択肢D

abstractクラスは「**抽象クラス**」とも呼ばれ、処理を持たないabstractメソッ
ド(**抽象メソッド**)を定義できるクラスです。抽象メソッドは継承したサブクラ
ス側でオーバーライドが必須となります。したがって、不正解です。

| 表 | **クラスの修飾子一覧**

修飾子	意味
public	パッケージ外からもクラスを利用することが可能となる
省略	同一パッケージ内からのみ利用が可能となる
final	サブクラスの作成ができない（継承禁止）
abstract	abstractメソッドの定義を可能にする。継承したサブクラスでオーバーライドを行う

解答 C

問題 **6-3**

重要度 ★★★

次のコードを確認してください。

```
1:  class Customer {
2:      public void disp() {
3:          System.out.println("Customer");
4:      }
5:  }
6:  class WebCustomer extends Customer {
7:      // insert code here
8:  }
```

7行目にメソッドを定義して、オーバーライドを実現する場合、適切なメソッド定義はどれですか。1つ選択してください。

A. `void disp() { }`　　　　B. `public void disp(int i) { }`

C. `public int disp() { }`　　D. `public void disp() { }`

解説　**オーバーライド**についての問題です。

オーバーライドとは、継承によって引き継いだスーパークラスメソッドをサブクラスで再定義することです。スーパークラスメソッドを「サブクラス側で上書き（カスタマイズ）」するイメージです。

「上書き」を行うため、サブクラス側でオーバーライドを行う場合、以下の条件を満たす必要があります。

- メソッド名が同じ

- 引数の型と数が同じ
- 戻り値の型が同じか、サブクラス型
- アクセス修飾子がスーパークラスメソッドと同じか、より公開範囲が広い修飾子

　問題のコードでは、2行目で定義されているdisp()メソッドをオーバーライドする必要があるため、上記の条件を満たす定義は、

```
public void disp() { }
```

となります。したがって、選択肢Dが正解です。

参考

カプセル化の観点として、メンバメソッドの修飾子はpublicを指定します。また、public修飾子よりも「公開範囲が広い修飾子」は存在しません。つまり、publicメソッドをオーバーライドする場合は、必ずオーバーライド側のメソッドもpublicを指定しなければならないので注意が必要です。

解答　D

問題 **6-4**　　　　　　　重要度 ★★☆

次のコードを確認してください。

```
1:  class Customer {
2:      void disp() {
3:          System.out.println("disp()");
4:      }
5:      public final void func() {
6:          System.out.println("func()");
7:      }
8:  }
9:  class WebCustomer extends Customer {
10:     public void disp() {
11:         System.out.println("Web_disp()");
12:     }
13:     public void func() {
14:         System.out.println("Web_func()");
15:     }
16: }
```

このコードをコンパイルするとどのような結果になりますか。1つ選択してください。

さい。

    A. コンパイルは成功する
    B. 2行目でコンパイルエラーが発生する
    C. 5行目でコンパイルエラーが発生する
    D. 10行目でコンパイルエラーが発生する
    E. 13行目でコンパイルエラーが発生する

解説 **オーバーライド**についての問題です。

　オーバーライドを制限する修飾子として**final修飾子**があります。final修飾子が指定されたメソッドは、サブクラスでのオーバーライドが禁止されます。

　問題のコードでは、5行目のfunc()メソッドがfinalメソッドとなっています。このためサブクラスでオーバーライドを行うとコンパイルエラーが発生します。

　したがって、選択肢Eが正解です。

参考

2行目のdisp()メソッドは「アクセス修飾子なし（省略）」で定義しています。オーバーライドのルールとしては、「アクセス修飾子が同じか、より公開範囲が広い修飾子」を指定した定義が可能です。

アクセス修飾子	公開範囲
public	広
protected	↑
修飾子なし（省略）	↓
private	狭

したがって、2行目のdisp()メソッドをサブクラスでオーバーライドを行う場合は、以下のメソッド定義がオーバーライドとなります。

```
public void disp() { }        ← public修飾子
protected void disp() { }      ← protected修飾子
void disp() { }                ← 修飾子なし（省略）
```

解答 E

問題 **6-5**　　　　　　　　　　　　　　　　　重要度 ★★★

次のコードを確認してください。

```
 1:  class Customer {
 2:      public void disp() {
 3:          System.out.println("disp()");
 4:      }
 5:  }
 6:  class WebCustomer extends Customer {
 7:      public void disp(String str) {
 8:          System.out.println(str + "_disp()");
 9:      }
10:  }
11:  class Test {
12:      public static void main(String[] args) {
13:          WebCustomer wc = new WebCustomer();
14:          wc.disp("Web");
15:      }
16:  }
```

このコードをコンパイル、および実行すると、どのような結果になりますか。1つ
選択してください。

- **A.** disp()
- **B.** Web_disp()
- **C.** 7行目でコンパイルエラーが発生する
- **D.** 14行目でコンパイルエラーが発生する
- **E.** 実行時エラーが発生する

解説　**オーバーライド**についての問題です。

　問題のコードでは、Customer スーパークラスの2行目で「引数なし」のdisp()メ
ソッドを定義しています。

　6行目では、Customer スーパークラスを継承する WebCustomer サブクラスを
定義し、7行目でスーパークラスメソッドと同名のdisp()メソッドを定義しています。
しかし、7行目のdisp()メソッドは引数に「String型1つ」を受け取るためスーパー
クラスメソッドのオーバーライドにはなりません。

　WebCustomer サブクラスでは、

- 引数なしのdisp()メソッド（2行目：スーパークラスから引き継ぎ）
- 引数1つのdisp()メソッド（7行目：サブクラスで定義）

の2つが定義されているため、この結果「disp()メソッドのオーバーロード」が行われています。

※「オーバーロード」とは、引数の型や数が異なる同名のメソッドを複数定義することです。

13行目で生成されたWebCustomerオブジェクトのイメージは、以下のとおりです。

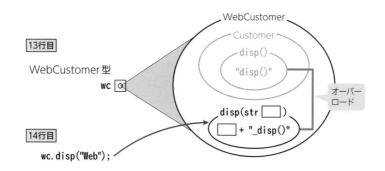

14行目のdisp()メソッドの呼び出しは引数を渡しているため、7行目のメソッドが呼び出されます。

したがって、選択肢Bが正解です。

参考

オーバーライドを行うメソッドには、@Overrideアノテーションを指定できます。@Overrideアノテーションを指定すると、オーバーライドのルールに満たしていない場合、コンパイルエラーが発生します。この機能を使えば、オーバーライド定義の間違いなどを事前にチェックすることができます。

解答 B

次のコードを確認してください。

```
1:   class Super {
2:       public int data() {
3:           return 100;
4:       }
5:   }
6:   class Sub {
7:       public static void main(String[] args) {
8:           Sub t = new Sub();
9:           t.func();
10:      }
11:      public void func() {
12:          System.out.println(status() + " " + super.data() + " " +
     data());
13:      }
14:      public int status() {
15:          return 1000;
16:      }
17:      public int data() {
18:          return 10000;
19:      }
20:  }
```

このコードをコンパイル、および実行すると、どのような結果になりますか。1つ
選択してください。

A. 1000 100 10000 　　　　B. 1000 10000 10000
C. コンパイルエラーが発生する　　D. 実行時エラーが発生する

解説 **super キーワードを使用したメソッド呼び出し**の問題です。

　12行目では、Super クラスの data() メソッド呼び出しを記述していますが、Sub ク
ラスは Super クラスを継承していません。継承関係のないクラスでは、**super. メ
ソッド名()** の形式で対象のメソッドを呼び出すことはできません。

　したがって、コンパイルエラーが発生するため、選択肢 C が正解です。

解答 C

次のコードを確認してください。

```
 1:   class Num {
 2:       public int value;
 3:       public void calc() {
 4:           value += 7;
 5:       }
 6:   }
 7:   public class IntNum extends Num {
 8:       public void calc() {
 9:           value -= 3;
10:       }
11:       public void calc(int multi) {
12:           calc();
13:           super.calc();
14:           value *= multi;
15:       }
16:       public static void main(String[] args) {
17:           IntNum intNum = new IntNum();
18:           intNum.calc(2);
19:           System.out.println("Value is: " + intNum.value);
20:       }
21:   }
```

このコードをコンパイル、および実行すると、どのような結果になりますか。1つ
選択してください。

A. Value is: 8   **B.** Value is: 12

C. Value is: -12   **D.** 何も出力されない

E. コンパイルエラーが発生する

解説　**スーパークラスのメソッド呼び出し**についての問題です。

18行目のintNum.calc(2);により、11行目のint型の引数1つのcalc()メソッドを
呼び出します。

12行目では、8行目の引数なしのcalc()メソッドを呼び出し、変数valueから3減
算します。変数valueの初期値は0のため、この時点で-3となります。

13行目では、super.calc();により、3行目のスーパークラスのcalc()メソッドを
呼び出し、変数valueに7を加算して4となります。

14行目では、value *= multi;により乗算を行います。変数multiは2が代入されているため、変数valueは8となります。

したがって、実行結果は「Value is :8」と出力されるため、選択肢Aが正解です。

解答 A

問題 6-8

重要度 ★ ★ ★

次のコードを確認してください。

```java
1:  class Customer {
2:      public Customer() {
3:          System.out.print(1);
4:      }
5:      public Customer(int num) {
6:          this();
7:          System.out.print(num);
8:      }
9:  }
10: class WebCustomer extends Customer {
11:     public WebCustomer() {
12:         super();
13:         System.out.print(2);
14:     }
15:     public WebCustomer(int num) {
16:         super(num);
17:         System.out.print(3);
18:     }
19: }
20: class Test {
21:     public static void main(String[] args) {
22:         WebCustomer wc = new WebCustomer(4);
23:     }
24: }
```

このコードをコンパイル、および実行すると、どのような結果になりますか。1つ選択してください。

A. 143
B. 14
C. 12
D. 412
E. 43

解説 **スーパークラスのコンストラクタ呼び出し**についての問題です。

サブクラスをインスタンス化すると、最初に「サブクラスのコンストラクタ」が呼び出されますが、初期化処理は「スーパークラスのコンストラクタ」を呼び出し、スーパークラスのメンバから行わなければなりません。

このように、「サブクラスのコンストラクタ」から「スーパークラスのコンストラクタ」を呼び出すために使われるのが**super()**という呼び出し方法です。

問題のコードでは、22行目でサブクラスのWebCustomerのインスタンス化が行われています❶。インスタンス化とともに呼び出されるコンストラクタは「int型1つの引数を受け取るコンストラクタ」となるため、15行目が呼び出されます❷。

15行目のWebCustomerコンストラクタでは、16行目でまず、5行目のスーパークラスのコンストラクタを呼び出しています❸。その後、6行目ではthis()を呼び出し自クラス内のコンストラクタを呼び出します❹（2行目のコンストラクタ呼び出し）。

初期化処理の流れは、以下のとおりです。

```
 1:  class Customer {
 2:      public Customer() {
 3:          ❺ System.out.print(1);
 4:      }
 5:      public Customer(int num) {
 6:          this();  ❹ 自クラスの引数なしコンストラクタ
 7:          ❻ System.out.print(num);     呼び出し
 8:      }
 9:  }
10:  class WebCustomer extends Customer {
11:      public WebCustomer() {
12:          super();
13:          System.out.print(2);
14:      }
15:      public WebCustomer(int num) {
16:          super(num);  ❸ 引数1つのスーパークラスコンスト
17:          ❼ System.out.print(3);    ラクタ呼び出し
18:      }
19:  }
20:  class Test {
21:      public static void main(String[] args) {
22:          WebCustomer wc = new WebCustomer(4);
23:      }                          ❶ インスタンス化
24:  }                             ❷ 引数1つのコンストラクタ呼び出し
```

3行目で「1」❺、7行目で「4」❻、17行目で「3」が出力されるため❼、実行結果は「143」となります。

したがって、選択肢Aが正解です。

解答 A

問題 6-9
重要度 ★★★

次のコードを確認してください。

```
 1:  class Test {
 2:      public static void main(String[] args) {
 3:          Test2 t2 = new Test2();
 4:      }
 5:  }
 6:  class Test1 {
 7:      public Test1() {
 8:          System.out.print("1 ");
 9:      }
10:  }
11:  class Test2 extends Test1 {
12:      public Test2() {
13:          System.out.print("2 ");
14:      }
15:  }
```

このコードをコンパイル、および実行すると、どのような結果になりますか。1つ選択してください。

A. 1
B. 2
C. 1 2
D. 2 1
E. コンパイルエラーが発生する

解説 **スーパークラスのコンストラクタ呼び出し**についての問題です。

サブクラスのオブジェクトを生成した際に、初期化は、

❶ スーパークラスのメンバ
❷ サブクラスのメンバ

の順序で行います。

3行目でサブクラスであるTest2クラスのオブジェクト生成が行われ、引数なしの

コンストラクタが呼び出されます。

12行目にTest2クラスのコンストラクタが定義されていますが、サブクラスのコンストラクタは、必ずスーパークラスのコンストラクタを呼び出す必要があるため、呼び出す定義がない場合、13行目の初期化処理の前にsuper();がコンパイラによって暗黙的に追加されます。

つまり、設問の12行目のコンストラクタは、以下の定義となります。

```
public Test2() {
    super();  // スーパークラスのコンストラクタ呼び出し
    System.out.print("2 ");
}
```

その結果、先に7行目のスーパークラスのコンストラクタが呼び出されるため、「1 2 」という出力となります。

したがって、選択肢Cが正解です。

解答 C

6章 継承とポリモフィズム

問題 **6-10**　　　　　　　　　　　　重要度 ★★★

次のコードを確認してください。

```
1:  class Test1 {
2:      public Test1(int num) {
3:          System.out.print(num);
4:      }
5:  }
6:  class Test2 extends Test1 {
7:      public Test2() {
8:          System.out.print(1);
9:      }
10:     public Test2(int num) {
11:         System.out.print(2);
12:     }
13: }
14: class Test {
15:     public static void main(String[] args) {
16:         Test2 t2 = new Test2(3);
17:     }
18: }
```

このコードをコンパイル、および実行すると、どのような結果になりますか。1つ選択してください。

- A. 32
- B. 23
- C. 31
- D. 13
- E. コンパイルエラーが発生する

 解説　**スーパークラスのコンストラクタ呼び出し**についての問題です。

　サブクラスのコンストラクタでは、必ず先頭でsuper()を使用して、スーパークラスコンストラクタを呼び出す必要があります。

　もし、super()を明示的に定義しない場合、サブクラスコンストラクタの先頭に、

```
super();  // 引数なしのスーパークラスコンストラクタの呼び出し
```

がコンパイラによって埋め込まれます。つまり、問題のコードでは7行目と10行目どちらのコンストラクタの先頭にもsuper();が埋め込まれます。

　実際のコードのイメージは、以下のとおりです。

```
1:   class Test1 {
2:       public Test1(int num) {
3:           System.out.print(num);
4:       }
5:   }
6:   class Test2 extends Test1 {
7:       public Test2() {
8:           super(); // コンパイラによって埋め込まれる
9:           System.out.print(1);
10:      }
11:      public Test2(int num) {
12:          super(); // コンパイラによって埋め込まれる
13:          System.out.print(2);
14:      }
15:  }
16:  class Test {
17:      public static void main(String[] args) {
18:          Test2 t2 = new Test2(3);
19:      }
20:  }
```

　ただし、Test1クラスには「引数なしのコンストラクタ」が定義されていないため、

コンパイルエラーが発生します。

したがって、選択肢Eが正解です。

解答 E

問題 **6-11**　　　　　　重要度 ★★★

次のコードを確認してください。

```
1:    public abstract class Customer {
2:        private int id;
3:        public void disp() { }
4:        private void func() { }
5:    }
```

抽象クラスであるCustomerクラスについての適切な説明はどれですか。1つ選択してください。

- **A.** 正常にコンパイルできる
- **B.** 抽象クラスにはprivateメソッドを定義することができないため、コンパイルエラーが発生する
- **C.** 抽象クラスには少なくとも1つ抽象メソッドを定義する必要があるため、コンパイルエラーが発生する
- **D.** 抽象クラスには少なくとも1つコンストラクタを定義する必要があるため、コンパイルエラーが発生する

解説　**抽象クラス**についての問題です。

抽象クラスとは、抽象メソッドを定義することのできるクラスです。

抽象メソッドとは、実装（処理）を持たないメソッドであり、抽象クラスを継承したサブクラスでオーバーライドが必須となります。

抽象クラスを定義するには、クラス修飾子として**abstract修飾子**を指定します。

```
abstract class クラス名 { }
```

抽象クラスの特徴としては、以下のとおりです。

- 抽象クラス自身はインスタンス化できない
- 抽象クラスには、抽象メソッドとあわせて実装を持つ通常のメソッド（具象メソッド）も定義できる

また、抽象メソッドの定義方法は、以下のとおりです。

構文 ▶

```
アクセス修飾子 abstract 戻り値の型 メソッド名(引数);   // セミコロンで定義終了
```

- 修飾子としてabstractを指定
- 実装（処理）を持たないため{}も定義せず、;（セミコロン）で定義完了とする

　問題のコードのCustomerクラスは抽象クラスですが、抽象メソッドを定義していません。しかし、抽象クラスのルールとしては問題ありません。

　したがって、選択肢Aが正解です。

解答 A

問題 **6-12**　　　　　　　　　　　　　重要度 ★★☆

コンパイルエラーが発生するものはどれですか。1つ選択してください。

```
A. abstract class Base {
       abstract void doit();
   }
B. abstract class Abs {
       void doit() { }
   }
C. class Base {
   }
   abstract class Abs extends Base {
   }
```

```
D.  abstract class Base {
        abstract int var = 10 ;
    }
```

███

解説　**abstract修飾子**についての問題です。

abstract修飾子は、クラスの修飾子として指定すると抽象クラスの定義となり、メソッドの修飾子として指定すると抽象メソッドの定義となります。変数に対して指定することはできません。

選択肢Dでは、変数varに対してabstract修飾子を追加しているため、コンパイルエラーが発生します。したがって、正解です。

解答　D

問題 **6-13**　　　　　　　　　　　　　重要度 ★★★

次のコードを確認してください。

```
1:  abstract class Test1 {
2:      private int id;
3:      public void disp() {
4:          System.out.print("disp() : ");
5:      }
6:      public abstract void func();
7:  }
8:  class Test2 extends Test1 {
9:      public void func() {
10:         System.out.print("func()");
11:     }
12: }
13: class Sample {
14:     public static void main(String[] args) {
15:         Test1 t1 = new Test1();
16:         Test2 t2 = new Test2();
17:         t1.disp();
18:         t2.func();
19:     }
20: }
```

このコードをコンパイル、および実行すると、どのような結果になりますか。1つ選択してください。

A. disp() :

B. disp() : func()

C. コンパイルエラーが発生する

D. 実行時エラーが発生する

 解説　**抽象クラス**についての問題です。

　問題のコードでは、抽象クラスのTest1クラスとサブクラスのTest2クラスが定義されています。Test2クラスでは抽象メソッドのfunc()メソッドをオーバーライドしているため、クラスの定義としては問題ありません。

　しかし、main()メソッドの15行目で抽象クラス自身のインスタンス化を行っているためコンパイルエラーが発生します。

　したがって、選択肢Cが正解です。

参考

抽象クラスの利用目的は、「各サブクラスに共通の操作(処理)を持たせること」です。抽象メソッドを定義することで「メソッドの定義のみ」を行い、継承した各サブクラスでオーバーライドを義務化させることが可能となります。

オブジェクトを利用する側からすると、「各サブクラスに共通のメソッド(操作)が定義されているという保証」を得ることができます。

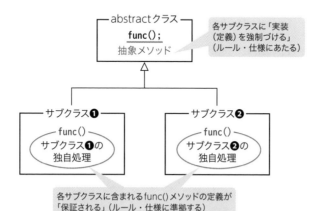

したがって、抽象クラスは「各サブクラスのためのルールや仕様」にあたる位置づけとなるため、自身はインスタンス化できません。

 解答　C

6

章

継承とポリモフィズム

問題 6-14

重要度 ★ ★ ★

次のコードを確認してください。

```
1:  public interface Test {
2:      void func();
3:  }
4:  class Sample implements Test {
5:      void func() {
6:          System.out.println("func()");
7:      }
8:  }
```

このコードをコンパイルするとどのような結果になりますか。1つ選択してください。

A. 正常にコンパイルできる
B. 1行目でコンパイルエラーが発生する
C. 2行目でコンパイルエラーが発生する
D. 5行目でコンパイルエラーが発生する

解説　**インタフェース**についての問題です。

インタフェースは、抽象クラスと同じく抽象メソッドを定義することができます。問題のコード、1〜3行目のようにインタフェースは**interfaceキーワード**で定義します。インタフェース名の命名規則等はクラス名と同じです。

抽象クラスとは異なる点として、インタフェース内に定義したメソッドはすべて抽象メソッドとなるため、明示的に修飾子が指定されていない場合は、「public abstract」修飾子がコンパイラによって指定されます（明示的に修飾子を指定しても問題ありません）。

また、インタフェース内には変数も定義できますが、同じくコンパイラによって「public static final」修飾子が指定されるため「定数」としての定義となります。

クラスにインタフェースを実装する場合は、implementsキーワードの後ろにインタフェース名を指定します。

構文

```
class 実装クラス名 implements インタフェース名 { }
```

- 実装するインタフェースは複数指定も可能 (カンマで区切る)
- 実装クラスではインタフェース内で定義した抽象メソッドのオーバーライドが必須

　問題のコードでは、Testインタフェースに定義した2行目のfunc()メソッドは抽象メソッドとして認識されます。そのため明示的に修飾子が指定されていませんが、次のメソッド定義と同等のものになります。

```
public abstract void func();
```

　実装したSampleクラスでは、func()メソッドのオーバーライドが必須となります。しかし、

- Testインタフェースのfunc()メソッドはpublic修飾子
- オーバーライド側の5行目のfunc()メソッドは修飾子なし (省略)

と定義されているため、オーバーライドの定義エラーとなり5行目でコンパイルエラーが発生します。

　したがって、選択肢Dが正解です。

ポイント

　インタフェースに定義したメソッドは、必ず「public abstract」修飾子が指定されるため、オーバーライド側のメソッドも必ずpublic修飾子を指定する必要があります。

解答 D

問題 **6-15**　　　　重要度 ★★☆

次のコードを確認してください。

```
1:  public interface Test {
2:      public abstract void func();
3:  }
```

Testインタフェースを実装するクラスとしてコンパイルが成功するクラスはどれですか。3つ選択してください。

```
A. class Sample implements Test {
       public void func() { }
   }
B. class Sample implements Test {
       public int func() { return 10; }
   }
C. class Sample implements Test { }
D. abstract class Sample implements Test {
       public abstract void func();
E. abstract class Sample implements Test {
       public void test() { }
   }
```

解説 **インタフェース**についての問題です。

各選択肢の解説は、以下のとおりです。

選択肢A

Testインタフェースで定義した抽象メソッドのfunc()メソッドを正しくオーバーライドしています。したがって、正解です。

選択肢B

Testインタフェースのfunc()メソッドは戻り値の型がvoidです。オーバーライドしたメソッドは戻り値がint型と定義しているためオーバーライドにはなりません。したがって、不正解です。

選択肢C

Testインタフェースのfunc()メソッドは、実装クラスで必ずオーバーライドしなければなりません。したがって、不正解です。

選択肢D、E

Testインタフェースで定義した抽象メソッドのfunc()メソッドを抽象クラス内でオーバーライドしていません。抽象クラスは自身をインスタンス化できず、継承を行ってサブクラスを定義します。

つまり、最終的に抽象クラスを継承したクラス内でfunc()メソッドをオーバーライドすれば問題ないため、抽象クラス内で必ずインタフェースの抽象メソッドをオーバーライドする必要はありません。したがって、正解です。

解答 A、D、E

問題 **6-16**　　　　　　　　　　　重要度 ★ ★ ★

次のコードを確認してください。

```
 1:  interface Info {
 2:      int num = 100;
 3:      void func();
 4:  }
 5:  class Test implements Info {
 6:      public void func() {
 7:          System.out.println("func()");
 8:      }
 9:  }
10:  class Sample {
11:      public static void main(String[] args) {
12:          Test t = new Test();
13:          // insert code here
14:      }
15:  }
```

インタフェースに定義した変数numを呼び出すために13行目に挿入する適切な
コードはどれですか。2つ選択してください。

A. `System.out.println(num);`

B. `System.out.println(t.num);`

C. `System.out.println(Test.num);`

D. `System.out.println(this.num);`

解説　**インタフェースの変数**についての問題です。

　　インタフェースには抽象メソッドの他に変数を定義することができます。ただし、
インタフェースに定義した変数には「public static final」修飾子が必ず指定される
ため、「定数（上書き禁止）」として定義、呼び出しを行う必要があります。

【補足】

public：「公開」他のクラスやオブジェクトから「直接」呼び出しが可能

static：「共有する値」オブジェクトを生成せずに呼び出し可能

final：「上書き禁止」呼び出しを行って値を上書きすることは禁止

　　各選択肢の解説は、以下のとおりです。

選択肢A

main()メソッドを定義したSampleクラス内には変数numが定義されていないため呼び出しができません。したがって、不正解です。

選択肢B

インタフェースの変数numは定数ですが、インタフェースを実装したTestクラスのオブジェクト経由でも呼び出しが可能です。したがって、正解です。

選択肢C

static変数として適切な呼び出し方です。したがって、正解です。

選択肢D

thisキーワードは、自オブジェクト内の変数、メソッドを呼び出すために使用します。Sampleクラス内では変数numが定義されていないためコンパイルエラーが発生します。したがって、不正解です。

参考

インタフェースに定義した変数は「定数」となるため、定義するときに必ず初期化します。

```
1:  interface Info {
2:      int num;  // public static final int num; となるため
3:      void func();
4:  }
```

コードの例の場合、変数numは定数として定義されていますが、初期化（値を代入）されていないためコンパイルエラーとなります。

解答 B、C

6-17

重要度 ★★★

次のコードを確認してください。

```
1:   interface Test1 {
2:       void foo();
3:   }
4:   interface Test2 {
5:       void bar();
6:   }
7:   abstract class Test3{
8:       public abstract void foo();
9:   }
10:  class Sample extends Test3 implements Test1, Test2{
11:      public void foo() { }
12:      public void bar() { }
13:  }
```

このコードをコンパイルするとどのような結果になりますか。1つ選択してください。

A. 正常にコンパイルできる
B. 2行目、5行目でコンパイルエラーが発生する
C. 8行目でコンパイルエラーが発生する
D. 10行目でコンパイルエラーが発生する
E. 11行目でコンパイルエラーが発生する

■ ■ ■

解説 **インタフェースの実装**と**クラスの継承**についての問題です。

問題のコードでのポイントは、以下のとおりです。

- クラスにインタフェースを実装する場合、複数のインタフェースを指定することが可能（10行目）。もちろん、それぞれのインタフェースに実装されているメソッドは、すべてオーバーライドする必要がある
- クラスの継承とインタフェースの実装を併用することは可能（10行目）。ただし、クラス定義の際には、次の順番どおりにキーワードを指定する必要がある

構文 ▶

```
class クラス名 extends スーパークラス implements インタフェース名
```

- インタフェースと抽象クラスでそれぞれ同じシグネチャの抽象メソッドを定義し、サブ（実装）クラス側でオーバーライドを行うことは可能（2行目、8行目、11行目）

したがって、選択肢Aが正解です。

参考

シグネチャとは、メソッド定義の1行目を指します。

```
public void disp()    // メソッドのシグネチャ（メソッドの呼び出しに必要な情報）
```

解答 A

問題 # 6-18

重要度 ★★★

次のコードを確認してください。

```
 1:    interface Pet {
 2:        void walk();
 3:    }
 4:
 5:    abstract class Dog {
 6:        abstract public void walk();
 7:    }
 8:
 9:    class Pug extends Dog implements Pet {
10:        public void walk() {
11:            System.out.println("Pug is walking.");
12:        }
13:    }
14:
15:    class Main {
16:        public static void main(String args[]) {
17:            // insert code here
18:            dog.walk();
19:        }
20:    }
```

17行目にどのコードを挿入すれば、正常にコンパイル、実行できますか。2つ選択してください。(2つのうち、いずれか1つを挿入すれば、設問の条件を満たします。)

A. `Pug dog = new Pug();` **B.** `Pet dog = new Pug();`
C. `Dog dog = new Dog();` **D.** `Pet dog = new Pet();`

解説 **ポリモフィズム**と**メソッド**についての問題です。

ポリモフィズムとは同じ操作の呼び出しで、呼び出されたオブジェクトごとに異なる適切な動作を行うことを表します。この状態をプログラムで実現するために、クラスの継承関係やインタフェースとクラスの実装関係が使用されます。

18行目でwalk()メソッドを呼び出すには、walk()メソッドの実体を持つPugクラスをインスタンス化する必要があります。

各選択肢の解説は、以下のとおりです。

選択肢A

Pugクラスをインスタンス化し、Pug型の変数dogへ参照情報を代入しています。正常にコンパイル、実行できるため、正解です。

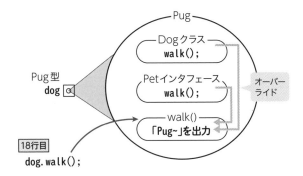

選択肢B

Pugクラスをインスタンス化し、Pugクラスが実装しているPetインタフェース型の変数dogに参照情報を代入しています。Pet型の変数dogからwalk()メソッドを呼び出すと、オーバーライドしたメソッドを優先的に呼び出すため、10行目のwalk()メソッドを実行します。このように、インタフェース型の変数を利用して対象のオブジェクトの処理を呼び出す操作が、ポリモフィズムの仕組みを利用した呼び出しです。したがって、正解です。

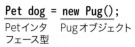

Pet dog = new Pug();
Petインタ　　Pugオブジェクト
フェース型

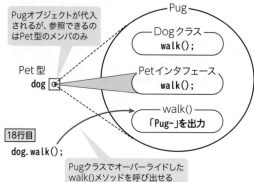

Pugオブジェクトが代入
されるが、参照できるの
はPet型のメンバのみ

Pet型
dog

Pug

Dogクラス
walk();

Petインタフェース
walk();

walk()
「Pug~」を出力

18行目

dog.walk();

Pugクラスでオーバーライドした
walk()メソッドを呼び出せる

選択肢C

Dogクラスは抽象クラスとして宣言されているため、直接インスタンス化できません。コンパイルエラーが発生します。抽象クラスは、サブクラスを定義して利用します。したがって、不正解です。

選択肢D

Petインタフェースはインスタンス化できません。コンパイルエラーが発生します。したがって、不正解です。

解答　A、B

次のコードを確認してください。

```
 1:   class Message {
 2:       public void out() {
 3:           System.out.print("Message ");
 4:       }
 5:   }
 6:   class ErrorMessage extends Message {
 7:       public void out() {
 8:           super.out();
 9:           System.out.print("ErrorMessage ");
10:       }
11:   }
12:   class Main {
13:       public static void main(String args[]) {
14:           Message m = new Message();
15:           m = new ErrorMessage();
16:           m.out();
17:       }
18:   }
```

このコードをコンパイル、および実行すると、どのような結果になりますか。1つ選択してください。

A. Message
B. ErrorMessage
C. Message ErrorMessage
D. ErrorMessage Message

解説 　**ポリモフィズム**についての問題です。

14行目でスーパークラスのMessageオブジェクトを生成していますが、15行目でサブクラスのErrorMessageオブジェクトを新たに生成し、変数mを上書きしています。

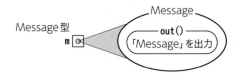

14行目

```
Message m = new Message();
```
スーパークラス　　スーパークラスの
型の変数　　　　　オブジェクトを生成

Message型

m ●○─────▶

Message

out()
「Message」を出力

15行目

```
m = new ErrorMessage();
```
❶サブクラスのオブジェクトを生成

❷変数mの参照を上書き

14行目で生成した
Messageオブジェクト
の参照は失われる

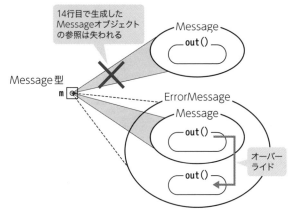

Message型

m ●○

Message

out()

❌

ErrorMessage

Message

out()

out()

オーバー
ライド

16行目では、スーパークラス型の変数mでout()メソッドを呼び出しますが、オーバーライドしているメソッドが優先的に呼び出されるため、サブクラスであるError
Messageクラスの7行目のout()メソッドが呼び出されます。

次に8行目のsuper.out();の呼び出しにより、2行目のout()メソッドが呼び出され、3行目で「Message」が出力され、9行目で「ErrorMessage」が出力されます。

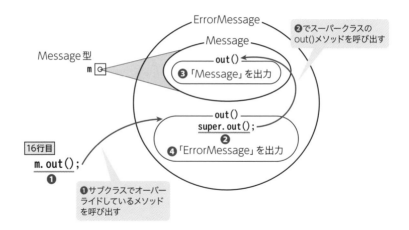

したがって、実行結果は「Message ErrorMessage 」と出力されるため、選択肢
Cが正解です。

解答 C

重要度 ★★★

次のコードを確認してください。

```
1:    interface I {
2:        void output();
3:    }
4:
5:    class Imp implements I {
6:        public void output() {
7:            System.out.println("now!");
8:        }
9:    }
10:
11:   class Main {
12:       public static void main(String args[]) {
13:           // insert code here
14:           obj.output();
15:       }
16:   }
```

13行目にどのコードを挿入すれば「now!」と出力できますか。2つ選択してください。（2つのうち、いずれか1つを挿入すれば、設問の条件を満たします。）

A. I obj = new I();
B. I obj = new Imp();
C. Imp obj = new Imp();
D. Imp obj = new I();

 解説 **ポリモフィズム**についての問題です。

選択肢A、D

new I();とありますが、インタフェースはインスタンス化できません。コンパイルエラーが発生します。したがって、不正解です。

選択肢B

Impクラスをインスタンス化し、I型の変数objに代入しています。暗黙的な型変換により、Impオブジェクトをインタフェース型の変数objに代入しています。

14行目では、Iインタフェース型の変数objからoutput()メソッドを呼び出しています。ポリモフィズムの仕組みにより、オーバーライドしたメソッドが優先的に呼び出されるため、6行目のoutput()メソッドが呼び出され「now!」が出力されます。したがって、正解です。

選択肢C

Impクラスをインスタンス化し、同じ型であるImp型の変数objへ代入しています。

14行目では、Impクラス型の変数objからoutput()メソッドを呼び出しています。6行目のoutput()メソッドが呼び出され「now!」が出力されます。したがって、正解です。

解答 B、C

次のコードを確認してください。

```
1:   public class Main implements Inter {
2:       public String toString() {
3:           return "I am Main";
4:       }
5:       public static void main(String[] args) {
6:           Sub sub = new Sub();
7:           Main main = sub;
8:           Inter inter = main;
9:           System.out.println(inter);
10:      }
11:  }
12:  class Sub extends Main {
13:      public String toString() {
14:          return "I am Sub";
15:      }
16:  }
17:  interface Inter {}
```

9行目の時点で変数interには、どのオブジェクトの参照情報が代入されていますか。1つ選択してください。

A. Mainオブジェクトの参照情報
B. Subオブジェクトの参照情報
C. Interオブジェクトの参照情報
D. Main、Sub、Interの3つのオブジェクトの参照情報

解説　**オブジェクトの参照**についての問題です。

　6行目では、Sub型のオブジェクトを生成後、Sub型の変数subに参照情報を代入しています。

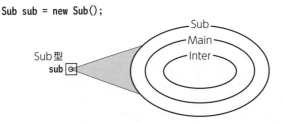

6行目

```
Sub sub = new Sub();
```

7行目では、Main型の変数mainへ変数subの参照情報を代入しています。変数subと変数mainは同一のオブジェクトを参照します。

7行目

```
Main main = sub;
```

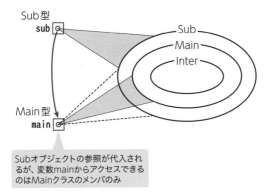

Subオブジェクトの参照が代入されるが、変数mainからアクセスできるのはMainクラスのメンバのみ

8行目では、Inter型の変数interへ変数mainの参照情報を代入しています。変数sub、変数main、変数interは同一のオブジェクトを参照します。

8行目

```
Inter inter = main;
```

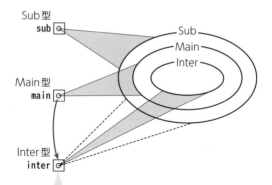

Sub型
sub

Main型
main

Inter型
inter

Sub
Main
Inter

Subオブジェクトの参照が代入される
が、変数interからアクセスできるのは
Interインタフェースのメンバのみ

9行目の時点では、変数interに6行目で生成したSubオブジェクトの参照情報が
代入されています。

したがって、選択肢Bが正解です。

解答 B

問題 6-22

重要度 ★★★

次のコードを確認してください。

```
1:  abstract class Animal {
2:      abstract void bark();
3:      void eat() {}
4:  }
5:  interface Flyer {
6:      void fly();
7:  }
8:  class Dog extends Animal {
9:      void bark() {}
10:     void eat() {}
11:     void play() {}
12: }
13: class Bird implements Flyer {
14:     public void fly() {}
15:     public void twitter() {}
16: }
17: class Main {
18:     public static void main(String args[]){
19:         Animal a = new Dog();
20:         Flyer f = new Bird();
21:         a.bark();
22:         a.eat();
23:         a.play();
24:         f.fly();
25:         f.twitter();
26:     }
27: }
```

このコードをコンパイルすると、何行目でコンパイルエラーが発生しますか。2つ選択してください。

A. 21行目
B. 22行目
C. 23行目
D. 24行目
E. 25行目

解説 **参照型の型変換（キャスト）** についての問題です。

19行目では、Dogオブジェクトの参照情報をAnimal型の変数aへ代入しています。

20行目では、Birdオブジェクトの参照情報をFlyer型の変数fへ代入しています。

21～25行目では、スーパークラス型の変数a、またはインタフェース型の変数f
から各メソッド呼び出しを行っています。

選択肢A、B

スーパークラス型の変数aを使用して、bark()メソッド、eat()メソッドを呼び
出しています。

どちらのメソッドもサブクラスのDogクラスでオーバーライドしているため、
正常に呼び出すことができます。したがって、不正解です。

選択肢C

スーパークラス型の変数aを使用して、play()メソッドを呼び出しています。

play()メソッドは、Dogクラス内でのみ定義されており、スーパークラスであ
るAnimalクラスには定義されていません。スーパークラス型の変数aからオー
バーライドしていないサブクラス側のメソッドを呼び出すことはできないため、
コンパイルエラーが発生します。したがって、正解です。

19、21～23行目のイメージ図は、以下のとおりです。

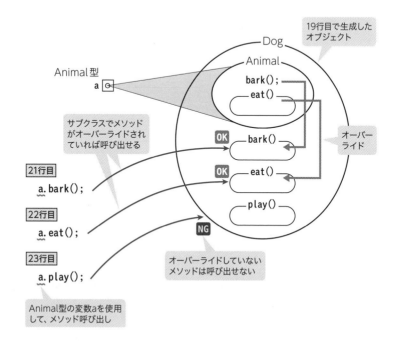

選択肢D

　インタフェース型の変数fを使用して、fly()メソッドを呼び出しています。

　インタフェース実装クラスであるBirdクラスでオーバーライドしているため、正常に呼び出すことができます。したがって、不正解です。

選択肢E

　インタフェース型の変数fを使用して、twitter()メソッドを呼び出しています。

　twitter()メソッドは、Birdクラス内でのみ定義されており、Flyerインタフェースには定義されていません。インタフェース型の変数fからオーバーライドしていないインタフェース実装クラス側のメソッドを呼び出すことはできないため、コンパイルエラーが発生します。したがって、正解です。

20、24～25行目のイメージ図は、以下のとおりです。

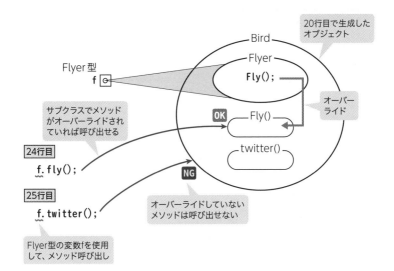

解答　C、E

次のコードを確認してください。

```
 1:  abstract class Dog {
 2:      abstract public void walk();
 3:  }
 4:
 5:  class Pug extends Dog {
 6:      public void walk() {
 7:          System.out.println("Pug is walking.");
 8:      }
 9:  }
10:
11:  class Main {
12:      public static void main(String args[]) {
13:          Dog dog;
14:          // insert code here
15:      }
16:
17:      void play(Dog dog) {
18:          dog.walk();
19:      }
20:  }
```

14行目にどのコードを挿入すれば、正常にコンパイル、実行できますか。2つ選択してください。(2つのうち、いずれか1つを挿入すれば、設問の条件を満たします。)

A. (new Main()).play(new Dog());

B. (new Main()).play(new Pug());

C. (new Main()).play((Dog)(new Pug()));

D. (new Main()).play((Pug)new Dog());

 解説 **ポリモフィズム**と**メソッド**についての問題です。

　17行目のplay()メソッドは、Dogクラス型の引数を1つ宣言していますが、Dogクラスは抽象クラスのため、インスタンス化できません。Dogクラスを継承したクラスのオブジェクトを引数に渡して呼び出します。

　各選択肢の解説は、以下のとおりです。

選択肢A、D

Dogクラスは抽象クラスとして宣言されているため、インスタンス化できません。コンパイルエラーが発生します。したがって、不正解です。

選択肢B

play()メソッドの引数で、サブクラスであるPugクラスをインスタンス化し、渡しています。暗黙的な型変換が適用されるため、引数として渡すことができます。したがって、正解です。

```
(new Main()).play(new Pug());
```
❶ Mainオブジェ
クトの生成
❷ Pugオブジェクトの生成
❸ play()メソッドの呼び出し

選択肢C

play()メソッドの引数で、Pugクラスをインスタンス化しDog型に明示的にキャストを行ってから渡しています。処理自体は選択肢Bと同等の作業を行っており、選択肢Bとの違いは、明示的にキャストしてから引数に渡したか、暗黙的な型変換の仕組みを利用して渡したかの違いになります。したがって、正解です。

```
(new Main()).play((Dog)(new Pug()));
```
❶ Mainオブジェ
クトの生成
❷ Pugオブジェクトの生成
❸ Dog型へキャスト
❹ play()メソッドの呼び出し

解答 B、C

問題 **6-24**　　　　　　　　　　　　重要度 ★★★

次のコードを確認してください。

```
1:   class Test0 {
2:       public void foo() {
3:           System.out.print("Afoo ");
4:       }
5:   }
6:   public class Test extends Test0 {
7:       public void foo() {
8:           System.out.print("Bfoo ");
9:       }
10:      public static void main(String[] args) {
11:          Test0 test0 = new Test();
12:          Test test = (Test)test0;
13:          test.foo();
14:          test0.foo();
15:      }
16:  }
```

このコードをコンパイル、および実行すると、どのような結果になりますか。1つ
選択してください。

A. Afoo Afoo

B. Afoo Bfoo

C. Bfoo Afoo

D. Bfoo Bfoo

E. コンパイルエラーが発生する

 キャストしたオブジェクトのメソッド呼び出しについての問題です。

　Test0クラスのサブクラスTestクラスは、7行目でfoo()メソッドをオーバーライ
ドしています。

　11行目では、サブクラスであるTestオブジェクトの参照情報を、スーパークラス
であるTest0型の変数test0に代入しています。サブクラス型の参照情報をスーパー
クラス型へ代入する処理は、暗黙的な型変換が適用されるため、コンパイルエラー
は発生しません。

11行目

Test0 test0 = new Test();

Test0型の変数 　　Testオブジェクト生成
（スーパークラス）　（サブクラス）

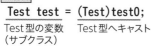

12行目では、スーパークラスであるTest0型の参照情報をサブクラスであるTest型の変数に代入しています。スーパークラス型の参照情報をサブクラス型へ代入する処理は暗黙的には型変換されませんが、明示的にTest型へキャストしているため、コンパイルエラーは発生しません。

12行目

Test test = (Test)test0;

Test型の変数 　　Test型へキャスト
（サブクラス）

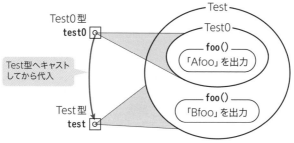

13行目では、サブクラスであるTest型の変数を使用してfoo()メソッドを呼び出しています。サブクラス内で定義されている7行目のfoo()メソッドが呼び出されるため、8行目で「Bfoo」と出力されます。

14行目では、スーパークラス型であるTest0型の変数を使用してfoo()メソッドを呼び出しています。Test0クラスにfoo()メソッドが定義されていますが、継承関係のあるクラス間でメソッドがオーバーライドされている場合は、サブクラスでオーバーライドされたメソッドが優先的に呼び出されるため、13行目と同様に「Bfoo」と出力されます。

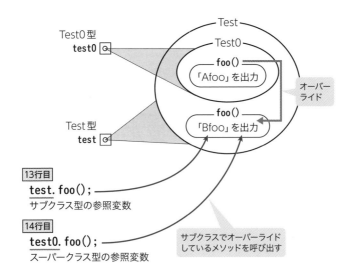

Test0型
test0 ⊙

Test
Test0
foo()
「Afoo」を出力

オーバー
ライド

foo()
「Bfoo」を出力

Test型
test ⊙

13行目
test. foo();
サブクラス型の参照変数

14行目
test0. foo();
スーパークラス型の参照変数

サブクラスでオーバーライド
しているメソッドを呼び出す

したがって、実行結果は「Bfoo Bfoo」と出力されるため、選択肢Dが正解です。

解答 D

問題 **6-25**　　　　　　　　　　　　重要度 ★ ★ ★

次のコードを確認してください。

```
 1:    class Super {
 2:        public void out() {
 3:            System.out.println("Super");
 4:        }
 5:    }
 6:
 7:    class Sub extends Super {
 8:        public void out() {
 9:            System.out.println("Sub");
10:        }
11:    }
12:
13:    class Main {
14:        public static void main(String args[]) {
15:            function(new Sub());
16:        }
17:        static void function(Super s) {
18:            s.out();
19:        }
20:    }
```

このコードをコンパイル、および実行すると、どのような結果になりますか。1つ選択してください。

A. Super　　　　　　　**B.** Sub

C. SuperSub　　　　　**D.** SubSuper

解説　**ポリモフィズムとメソッド**についての問題です。

　15行目では、function()メソッドの呼び出し時に、Subクラスのオブジェクトを生成し、引数に渡しています。

　サブクラス型の参照情報をスーパークラス型の変数へ代入する場合は、暗黙的な型変換が適用され、代入が可能です。

　17行目では、Subオブジェクトの参照情報を受け取りますが、参照できるメンバはSuperクラスのメンバに限定されます。

　18行目では、スーパークラス型の変数sでout()メソッドを呼び出しています。out()メソッドはサブクラス側でオーバーライドしているメソッドが優先的に呼び出

されるため、8行目の out() メソッドが呼び出され、「Sub」が出力されます。

したがって、選択肢Bが正解です。

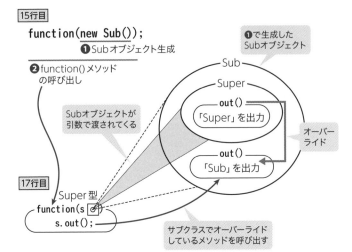

解答 B

6-26

重要度 ★★★

次のコードを確認してください。

```
1:  @FunctionalInterface
2:  public interface Test {
3:      // insert code here
4:  }
```

Testインタフェースを関数型インタフェースとして定義する場合、3行目にどの
コードを挿入すればコンパイルが成功しますか。2つ選択してください。(2つの
うち、いずれか1つを挿入すれば、設問の条件を満たします。)

A. public void func() { }

B. public void func();

C. public default void func(String str);

D. public static void func1() { }
   public String func2();

解説 **関数型インタフェース**についての問題です。

Java SE 8で導入された関数型インタフェースは、「オーバーライドすべきメソッドが1つだけのインタフェース」を指します。つまり、抽象メソッドが1つだけ定義されているインタフェースとなります。

「オーバーライドすべきメソッドが1つだけ」のため、型を推論した定義が可能な「ラムダ式」で利用することができます。

※ラムダ式については、問題6-28から問題6-31で扱います。

各選択肢の解説は、以下のとおりです。

選択肢A

メソッド定義において { } を定義しているため、抽象メソッドの定義としては正しくありません。したがって、不正解です。

選択肢B

抽象メソッドの定義として正しい定義です。したがって、正解です。

選択肢C

defaultメソッドの定義となります。defaultメソッドは処理を持つ具象メソッドとなるため、抽象メソッドの定義ではありません。したがって、不正解です。

選択肢D

func1()メソッドはstaticメソッドで処理を持つメソッドですが、func2()メソッドは抽象メソッドとして定義しています。defaultメソッドやstaticメソッドが定義されていたとしても「抽象メソッドが1つだけ」であれば問題ありません。したがって、正解です。

参考

問題のコードの1行目のように@FunctionalInterfaceアノテーションを定義すると、定義したインタフェースが関数型インタフェースの条件を満たしていない場合は、コンパイルエラーとなります。

解答 B、D

java.util.function.Predicateインタフェースの抽象メソッドの説明として適切なものはどれですか。1つ選択してください。

- **A.** 引数は受け取らず、戻り値を返す
- **B.** 引数を1つ受け取り、boolean型の値を返す
- **C.** 引数を1つ受け取り、戻り値を返さない
- **D.** 引数を1つ受け取り、戻り値を返す

解説 **関数型インタフェース**についての問題です。

関数型インタフェースは「オーバーライドすべきメソッドが1つだけ定義された」インタフェースです。ラムダ式で実装し、利用することを前提としています。

関数型インタフェースは自作できますが、利用目的に応じた汎用的な関数型インタフェースがjava.util.functionパッケージに用意されています。

| 表 | **java.util.functionパッケージの汎用関数型インタフェース**

インタフェース名	抽象メソッドのシグネチャ	説明
Predicate<T>	boolean test(T t)	引数1つ(T型)、戻り値あり(boolean型)
Function<T, R>	R apply(T t)	引数1つ(T型)、戻り値あり(R型)
Consumer<T>	void accept(T t)	引数1つ(T型)、戻り値なし
Supplier<T>	T get()	引数なし、戻り値あり(T型)

※T型やR型については、使用する型をジェネリクスという定義で指定します。

したがって、選択肢Bが正解です。

 B

問題 6-28

重要度 ★ ★ ★

次のコードを確認してください。

```
 1:    @FunctionalInterface
 2:    interface Foo {
 3:        public void func();
 4:    }
 5:    class Test {
 6:        public static void main(String[] args) {
 7:            Foo f = // insert code here
 8:            f.func();
 9:        }
10:    }
```

7行目にどのコードを挿入すれば、コンパイルに成功し実行することができますか。1つ選択してください。

A. -> System.out.println("lambda");

B. () -> System.out.println("lambda");

C. func() -> System.out.println("lambda");

D. new Foo() -> System.out.println("lambda");

解説　**ラムダ式**についての問題です。

ラムダ式は「インタフェースを実装したオブジェクトを利用する」プログラムを簡潔に定義することができます。イメージとしては「省略できるところは省略する」定義方法です。

ラムダ式を理解するために、問題のコードを次の3パターンで説明します。

❶ インタフェースの実装クラスを定義する方法

❷ 匿名クラスを定義する方法

❸ ラムダ式を定義する方法

それでは、それぞれのコードを見ていきましょう。

❶ インタフェースの実装クラスを定義する方法

問題のコードをラムダ式を使わずに定義すると、以下のようになります。

```
1:    @FunctionalInterface
2:    interface Foo {
3:        public void func();
4:    }
5:    class FooImpl implements Foo {
6:        @Override
7:        public void func() {
8:            System.out.println("lambda");
9:        }
10:   }
11:   class Test {
12:       public static void main(String[] args) {
13:           Foo f = new FooImpl();
14:           f.func();
15:       }
16:   }
```

　5行目では、2行目で定義したFooインタフェースを実装したFooImplクラスを定義しています。実装クラスであるFooImplクラスでは、func()メソッドをオーバーライドしています。

　そして13行目ではFooImplクラスをインスタンス化し、14行目でfunc()メソッドを呼び出しています。

　つまり、問題のコードで行っていることは「インタフェース実装のオブジェクトのオーバーライドメソッドを呼び出す」ということです。

❷匿名クラスを定義する方法

　他の定義方法で問題のコードと同じ処理を書いてみましょう。今回は、「匿名クラス」を使用して定義してみます。

　「**匿名クラス**」は、インタフェースを実装したクラス（FooImplクラス）を明示的に定義せず、「オブジェクト生成時に実装クラスの定義もまとめて行う」定義方法となります。

　匿名クラスを使用した定義例は、以下のとおりです。

```
1:   @FunctionalInterface
2:   interface Foo {
3:       public void func();
4:   }
5:   class Test {
6:       public static void main(String[] args) {
7:           Foo f = new Foo() {
8:               @Override
9:               public void func() {
10:                  System.out.println("lambda");
11:              }
12:          };
13:          f.func();
14:      }
15:  }
```

　イメージとしては、7行目以降で「Fooインタフェースを実装したクラスのオブジェクトを生成しつつ、オーバーライドすべきfunc()メソッドの実装も定義する」という考え方です。この一時的に利用する「Fooインタフェースを実装したクラス」を「匿名クラス」と呼んでいます。

　このように、「インタフェースを実装したオブジェクトを利用したい」際の定義方法が従来より提供されていましたが、より簡潔に定義できる方法がラムダ式となります。

❸ ラムダ式を定義する方法

```
1:   @FunctionalInterface
2:   interface Foo {
3:       public void func();
4:   }
5:   class Test {
6:       public static void main(String[] args) {
7:           Foo f = new Foo() {
8:               @Override                  ❸引数
9:               public void func() {
10:                  System.out.println("lambda");
11:              }                       ❹処理
12:          };
13:          f.func();
14:      }
15:  }
```

❶省略可　❷省略可

　ラムダ式の特徴は「**型推論**」です。以前のプログラムのように明確に型などの定

義を行わなくても「推論できる」箇所については、省略が可能となります。

省略できるものとしては、次の2つがあります。

❶ オブジェクト生成については、左辺の型（Foo型）から推論できるため省略可能
※ Fooインタフェースを実装したオブジェクトを生成する

❷ Fooインタフェースは「関数型インタフェース」であるため、オーバーライドすべきメソッド名も推論できるため省略可能
※ Fooインタフェースのオーバーライドすべきメソッドはfunc()メソッド

このように、Fooインタフェースを利用する時点で推論できる定義は省略できるというイメージです。

また、残しておくべき定義は次の2つです。

❸ func()メソッドの引数定義

❹ オーバーライドした際の処理

つまり、インタフェースを実装して「どのような処理を行うか」のみを定義すればよいという考え方です。

この結果、❸の引数と❹の処理を->の「アロー演算子」でつないで定義するのがラムダ式となります。

```
 1:   @FunctionalInterface
 2:   interface Foo {
 3:       public void func();
 4:   }
 5:   class Test {
 6:       public static void main(String[] args) {
 7:           Foo f = () -> System.out.println("lambda");
 8:           f.func();
 9:       }
10:   }
```

したがって、選択肢Bが正解です。

参考

ラムダ式はオブジェクト生成やオーバーライドメソッド定義を省略できますが、オーバーライドメソッドの種類によって定義方法が異なるため注意が必要です。

```
1:  @FunctionalInterface
2:  interface Bar {
3:      public String func(String name);
4:  }
```

というインタフェースをラムダ式で利用する場合、さまざまな定義方法があります。

基本的な定義方法

```
Bar b = (String name) -> { return "Hello " + name; };
```

この定義方法では、ラムダ式で「Barインタフェースのfunc()メソッドをオーバーライドした処理」
を記述しています。

引数の数や処理の内容によって省略が可能です。

引数の型が省略可能

```
Bar b = (name) -> { return "Hello " + name; };
```

Barインタフェースのfunc()メソッドの引数の型は、String型であることが明確なので、型名を省
略できます。

( )が省略可能

```
Bar b = name -> { return "Hello " + name; };
```

引数が1つのメソッドの場合、()を省略できます。ただし、引数なしメソッドや引数が複数ある場
合は、()を省略することはできません。

{ }が省略可能

```
Bar b = name -> "Hello " + name;
```

オーバーライドの処理が1文の場合、{ }を省略できます。また、{ }を省略した場合、return文の省
略も可能です。

このように、推論することができる箇所は省略することができるのが「ラムダ式」となります。

解答 B

問題 **6-29**

重要度 ★★★

次のコードを確認してください。

```
1:   @FunctionalInterface
2:   interface Sample {
3:       public String func(String s1, String s2);
4:   }
5:   class Test {
6:       public static void main(String[] args) {
7:           Sample sp = new Sample() {
8:               @Override
9:               public String func(String s1, String s2) {
10:                  return s1 + " " + s2;
11:              }
12:          };
13:          System.out.println(sp.func(args[0], args[1]));
14:      }
15:  }
```

Testクラスの7行目～12行目の処理をラムダ式に置き換えた場合、コンパイルが成功し実行できるものはどれですか。2つ選択してください。(2つのうち、いずれか1つを挿入すれば、設問の条件を満たします。)

A. `Sample sp = String s1, String s2 -> { return s1 + " " + s2; };`
B. `Sample sp = (s1, s2) -> { return s1 + " " + s2; };`
C. `Sample sp = (String s1, String s2) -> s1 + " " + s2;`
D. `Sample sp = (s1, s2) -> return s1 + " " + s2;`

解説 **ラムダ式**についての問題です。

各選択肢の解説は、以下のとおりです。

選択肢A
　オーバーライドメソッドの引数が複数の場合、()を省略することはできません。したがって、不正解です。

選択肢B、C
　ラムダ式として正しい定義です。したがって、正解です。

選択肢D
　処理が1文の場合{ }を省略できますが、その際はreturn文も省略する必要があ

ります。したがって、不正解です。

解答 B、C

問題 **6-30**

重要度 ★ ★ ★

次のコードを確認してください。

```
1:    import java.util.function.*;
2:    class Test {
3:        public static void main(String[] args) {
4:            Predicate<Integer> p = // insert code here
5:            System.out.println(p.test(50));
6:        }
7:    }
```

**4行目に挿入することで、実行結果が「true」となるコードとして適切なものは
どれですか。1つ選択してください。**

A. (Integer t) -> t > 100;
B. (String s) -> s < 100;
C. t -> { return t < 100 };
D. t -> t < 100;

解説 **ラムダ式**についての問題です。

　問題のコードでは、java.util.functionパッケージに属するPredicateインタフェースを使用しています。

| 表 | **Predicate<T>インタフェース**

抽象メソッド	説明
boolean test(T t)	引数を1つ受け取り、boolean値を返す

　渡された値に対して、何かしらの判断を行ってtrueまたはfalseを返すメソッドを定義しています。引数の型はジェネリクスを使って定義します。問題のコードでは、Integer型となります。

　5行目では、オーバーライドメソッドであるtest()メソッドに50を渡しています。50を受け取った結果、trueを返す処理が正解となります。

　各選択肢の解説は、以下のとおりです。

選択肢A

Predicate インタフェースを利用したラムダ式としては正しい定義です。ただし、判断の処理が「t > 100」のため、実行結果は「false」が出力されます。したがって、不正解です。

選択肢B

4行目の変数宣言において、ジェネリクスでInteger型を宣言しています。そのため、引数の型はInteger型で扱う必要があるため、コンパイルエラーが発生します。したがって、不正解です。

選択肢C

ラムダ式においてreturn文と { } を定義する場合は、処理の最後（100の後ろ）に ; (セミコロン) が必要なため、コンパイルエラーが発生します。したがって、不正解です。

選択肢D

ラムダ式の定義として正しく、実行結果もtrueが出力されます。したがって、正解です。

解答 D

問題 6-31

重要度 ★★★

次のコードを確認してください。

```
1:  import java.util.*;
2:  class Test {
3:      public static void main(String[] args) {
4:          List<String> list = new ArrayList<>();
5:          list.add("Gold"); list.add("Silver"); list.add("Bronze");
6:          list.removeIf( // insert code here );
7:          System.out.println(list);
8:      }
9:  }
```

6行目に挿入することで、実行結果が [Silver] と出力されるコードとして適切なものはどれですか。1つ選択してください。

A. (t, s) -> s = t.contains("o")
B. t -> t.contains("o")
C. () -> contains("o")
D. t.contains("o")

 ラムダ式についての問題です。

ArrayListクラスのremoveIf()メソッドは「ある条件においてエレメントを削除する」メソッドです。また、引数にPredicate型のオブジェクトを受け取ります。

removeIf()メソッドの構文は、以下のとおりです。

構文

```
public boolean removeIf(Predicate<? super E> filter)
```

つまり、removeIf()メソッドにおける「削除の条件」をラムダ式で定義することができます。Predicateインタフェースのオーバーライドメソッドは、引数を1つ受け取り、boolean値を返します。

選択肢で呼び出しているcontains()メソッドはString型のメソッドで、「引数に渡した文字列が含まれるか」を確認します。contains()メソッドの構文は、以下のとおりです。

構文

```
public boolean contains(CharSequence s)
```

つまり、問題のコードで行いたいことは、「引数で受け取る各エレメント(String型)に対し、contains()メソッドを呼び出し、"o"が含まれるか判断を行う」となります。

したがって、選択肢Bが正解です。

参考

ラムダ式を使わずにPredicateオブジェクトを生成したコードは、以下のとおりです。

```
 1:    import java.util.*;
 2:    import java.util.function.*;
 3:    class Test {
 4:        public static void main(String[] args) {
 5:            List<String> list = new ArrayList<>();
 6:            list.add("Gold"); list.add("Silver"); list.add("Bronze");
 7:            // Predicate
 8:            Predicate<String> p = new Predicate<String>() {
 9:                @Override
10:                public boolean test(String t) {
11:                    return t.contains("o");
12:                }
13:            };
14:            list.removeIf(p);
15:            System.out.println(list);
16:        }
17:    }
```

解答 B

7

章

例外処理

本章のポイント

▶ 例外と例外処理
Javaの実行時エラーである例外について理解します。また、発生する可能性のある例外に対応する例外処理についても理解します。

重要キーワード
例外オブジェクト

▶ 例外クラス
発生する例外はオブジェクトであり、例外クラスから生成されます。例外クラスの種類に加え、例外クラスの継承関係についても理解します。

重要キーワード
Throwableクラス、Errorクラス、Exceptionクラス、RuntimeExceptionクラス

▶ try-catchブロック
例外処理を行うtry-catchブロックについて理解します。それぞれのブロックに定義すべき処理内容や例外発生時／未発生時の処理フローについても理解します。

重要キーワード
tryブロック、catchブロック、finallyブロック

▶ throwsとthrow
例外処理を発生元ではなくメソッドの呼び出し元で行うthrowsキーワードについて理解します。try-catchブロックとの連携についても理解します。また、例外を明示的に発生させるthrowキーワードについても理解します。

重要キーワード
throwsキーワード、throwキーワード

▶ オーバーライドの注意点
throwsキーワードを指定したメソッドに対してオーバーライドを行うときのルール、注意点について理解します。

重要キーワード
オーバーライド、throwsキーワード

次のコードを確認してください。

```
1:  class Test {
2:      public static void main(String[] args) {
3:          String[] ary = {"cat", "dog", "bird"};
4:          for(int i = 0; i <= 3; i++) {
5:              System.out.print(ary[i] + " ");
6:          }
7:      }
8:  }
```

このコードをコンパイル、および実行するとどのような結果になりますか。1つ選択してください。

A. cat dog bird
B. cat dog bird null
C. cat dog birdの出力に続いて例外メッセージの出力
D. コンパイルエラーが発生する

解説　**例外**についての問題です。

例外とは、実行時に発生するエラーのことです。Java言語では例外を「**例外オブジェクト**（例外情報を保持するオブジェクト）」として扱います。

プログラム実行時に何かしらのエラーが発生した場合、実行環境（JVM）が例外オブジェクトを生成し、例外発生となります。例外が発生することを「**例外がスローされる**」とも言います。

また、「**例外処理**（例外に対する処理）」とは、発生する可能性のある例外に対して「前もって処理を定義しておくこと」を指します。もし、例外が発生したにもかかわらず例外処理が行われていない場合、プログラムは強制終了となります。

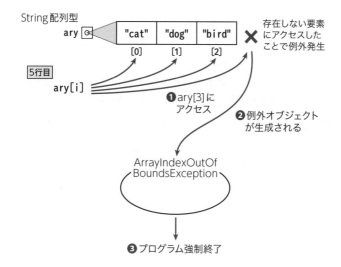

存在しない要素にアクセスしたことで例外発生

❶ary[3]にアクセス

❷例外オブジェクトが生成される

ArrayIndexOfBoundsException

❸プログラム強制終了

　問題のコードでは、3行目で要素数3つの配列aryを作成しています。しかし、4行目のfor文は4回繰り返しを行う条件式となっているため、5行目でary[0]～ary[3]まで出力することなります。

　ary[2]までは要素が存在するため、文字列が出力されますが、ary[3]は要素が存在しないため、配列の範囲外アクセスを表す例外であるArrayIndexOutOfBoundsExceptionが発生します。

　問題のコードでは5行目に発生する例外に対して「例外処理」を行っていないため、プログラムは例外メッセージを出力した後、強制終了となります。

　したがって、選択肢Cが正解です。

解答　C

問題 7-2

重要度 ★★★

コンパイラによってチェックされる例外はどれですか。1つ選択してください。

- A. Throwable クラスとそのサブクラス
- B. Error クラスとそのサブクラス
- C. Exception クラスとそのサブクラス
- D. RuntimeException クラスとそのサブクラス
- E. RuntimeException クラスとそのサブクラスを除く Exception クラスとそのサブクラス

チェックされる例外についての問題です。

　例外オブジェクトはJVMによってスローされますが、スローされる例外はjava.
lang.Throwableクラスを継承したサブクラスとして定義されています。

　例外にはコンパイラによって**チェックされる例外**と、**チェックされない例外**があ
り、チェックされる例外は、例外処理の記述が必須となります。

　Throwableクラスをスーパークラスとした主な例外クラスの階層図は、以下のと
おりです。

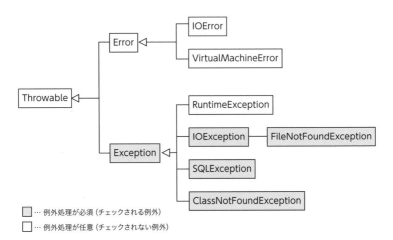

　各選択肢の解説は、以下のとおりです。

選択肢A

　Throwableクラスは、すべての例外クラスのスーパークラスです。すべての例
外クラスがチェックされるわけではありません。したがって、不正解です。

選択肢B

　Errorクラスやそのサブクラスの例外は、メモリ不足などのハード的なエラーが
発生した場合にスローされます。ハードウェアに関わるエラーの対処をプログ
ラム側で対処することはできないため、例外処理は任意となり、チェックされ
ない例外となります。したがって、不正解です。

選択肢C

　Exceptionクラスやそのサブクラスの例外は、チェックされる例外で、例外処
理は必須です。適切に例外処理が行われていない場合はコンパイルエラーとな
りますが、Exceptionクラスのすべてのサブクラスがチェックされるわけでは
ありません。

　サブクラスである**RuntimeExceptionクラス**とそのサブクラスの例外は、チェッ

クされない例外です。したがって、不正解です。

選択肢D

RuntimeExceptionクラスとそのサブクラスの例外は、チェックされない例外です。Exceptionクラスのサブクラスにあたりますが、これらのクラスの例外はプログラムの実行時、ロジックに問題がある場合に発生します。

ロジックを適切に修正するか、必要に応じて例外処理を行うことになるため、例外処理は任意です。したがって、不正解です。

選択肢E

RuntimeExceptionクラスとそのサブクラスを除くExceptionクラスとそのサブクラスの例外はチェックされる例外のため、例外処理は必須です。

適切に例外処理が行われていない場合はコンパイルエラーが発生します。したがって、正解です。

解答 E

問題 **7-3**

重要度 ★★★

配列の範囲外アクセスエラーを表す例外クラスはどれですか。1つ選択してください。

A. `ArrayIndexOutOfBoundsException`
B. `ArithmeticException`
C. `ClassCastException`
D. `NumberFormatException`
E. `NullPointerException`

■ ■ ■

解説 **例外クラス**についての問題です。

各選択肢の解説は、以下のとおりです。

選択肢A

ArrayIndexOutOfBoundsExceptionは、配列の範囲外アクセスを行った場合に発生する例外です。したがって、正解です。

選択肢B

ArithmeticExceptionは、整数をゼロで除算した場合に発生する例外です。したがって、不正解です。

選択肢C

ClassCastExceptionは、無効なクラス型へオブジェクトの型変換を行った場合に発生する例外です。したがって、不正解です。

選択肢D

NumberFormatExceptionは、整数に変換できない文字列を整数に変換しようとした場合に発生する例外です。したがって、不正解です。

選択肢E

NullPointerExceptionは、nullリテラルが代入されている参照変数を使用してメソッドの呼び出しを行った場合に発生する例外です。したがって、不正解です。

主な例外クラスは、以下のとおりです。

| 表 | **主な例外クラス**

カテゴリ	クラス名	説明
Errorのサブクラス ‖ チェックされない例外 （例外処理は任意）	OutOfMemoryError	メモリ不足のためにプログラムに必要なメモリを確保できない場合に発生
RuntimeException のサブクラス ‖ チェックされない例外 （例外処理は任意）	ArithmeticException	整数をゼロで除算した場合に発生
	ArrayIndexOutOf BoundsException	配列の範囲外アクセスを行った場合に発生
	ClassCastException	無効なクラス型へオブジェクトの型変換を行った場合に発生
	NullPointer Exception	nullリテラルが代入されている参照変数を使用してメソッドの呼び出しを行った場合に発生
	NumberFormat Exception	整数に変換できない文字列を整数に変換しようとした場合に発生
Exceptionのサブクラス （RuntimeExceptionと そのサブクラスは除く） ‖ チェックされる例外 （例外処理は必須）	ClassNotFound Exception	クラスをロードできない場合に発生
	FileNotFound Exception	ファイルに対する読み書きを行う際、対象のファイルが存在しない場合に発生
	IOException	入出力関連のエラーが起きた場合に発生

 A

7-4

重要度 ★★★

以下の例外のうち、例外発生の可能性がある場合、前もって例外処理が必須となる「チェックされる例外」はどれですか。1つ選択してください。

A. NullPointerException
B. IOException
C. ArrayIndexOutOfBoundsException
D. OutOfMemoryError

解説 **例外クラス**についての問題です。

チェックされる例外とは、例外処理が必須の例外を指します。発生の可能性があるにもかかわらず例外処理が前もって適切に行われていないとコンパイルエラーとなります。

チェックされる例外としては、「Exceptionクラスとサブクラス（RuntimeExceptionを除く）」が該当します。

各選択肢の解説は、以下のとおりです。

選択肢A

NullPointerExceptionは、オブジェクトを参照していない参照変数（つまりnullが代入された状態）を使った際に発生する例外です。

NullPointerExceptionは、RuntimeExceptionのサブクラスとなるため、前もって行われる例外処理は任意となり、チェックされない例外となります。したがって、不正解です。

選択肢B

IOExceptionは、ファイル接続時の失敗などで発生する例外です。プログラムが正しかったとしても、ファイル側が原因で例外が発生する可能性があるため、前もって例外処理を行う必要があります。IOExceptionはExceptionクラスのサブクラスのためチェックされる例外です。したがって、正解です。

選択肢C

ArrayIndexOutOfBoundsExceptionは、配列の範囲外アクセスを行った際に発生する例外です。ArrayIndexOutOfBoundsExceptionは、RuntimeExceptionのサブクラスとなりチェックされない例外となります。したがって、不正解です。

OutOfMemoryErrorは、生成したオブジェクトが多くメモリが足りなくなった際に発生する例外です。OutOfMemoryErrorはErrorクラスのサブクラスのためチェックされない例外となります。したがって、不正解です。

解答 B

問題 7-5

重要度 ★★★

例外オブジェクトからエラーメッセージを取得するThrowableクラスに定義されているメソッドはどれですか。1つ選択してください。

A. `printMessage()`　　　　**B.** `printError()`
C. `getMessage()`　　　　　**D.** `getError()`
E. `getErrorMessage()`

解説 **Throwableクラスで提供されるメソッド**についての問題です。

すべての例外クラスのスーパークラスとなる**Throwableクラス**では、例外情報を操作するためのメソッドが提供されています。

| 表 | **Throwableクラスの主なメソッド**

メソッド名	説明
void printStackTrace()	エラーを追跡し、発生箇所を特定するエラーメッセージ（スタックトレース情報）を出力する
String getMessage()	エラーメッセージを取得する

getMessage()メソッドは、例外オブジェクトからエラーメッセージを取得するメソッドです。

したがって、選択肢Cが正解です。

解答 C

try-catchブロックの定義として適切なものはどれですか。1つ選択してください。

A. ```
try {
        // 例外発生の可能性がある処理
    } catch(Exception ex) {
        // 例外処理
    }
```

B. ```
try {
        // 例外発生の可能性がある処理
    } catch {
        // 例外処理
    }
```

C. ```
try(Exception ex) {
        // 例外発生の可能性がある処理
    } catch {
        // 例外処理
    }
```

D. ```
try {
        // 例外処理
    } catch(Exception ex) {
        // 例外発生の可能性がある処理
    }
```

解説　**例外処理**についての問題です。

　プログラムの実行時に例外が発生する可能性がある場合は、例外処理を行う必要があります。例外が発生した箇所で対処するには、**try-catchブロック**を使用します。

　tryブロックで例外が発生する可能性がある処理を囲み、catchブロックで例外が発生した場合の対処を定義します。

　try-catchブロックの構文は、以下のとおりです。

```
try {
      // 例外発生の可能性がある処理（ファイルやデータベース接続など）
} catch(例外クラス 変数名) {
      // 例外処理（例外発生時に行う対処）
} finally {
      // 例外発生の有無にかかわらず行う処理
}
```

finallyブロックの定義は任意です。例外発生の有無にかかわらず、実行する処理がある場合に使用します。ファイルやデータベースとの接続を切断するなどの処理（リソースの解放）が代表的な例です。

例外発生時のイメージ図は、以下のとおりです。

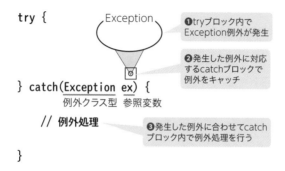

tryブロックで囲んでいる範囲で例外が発生した場合、発生した例外オブジェクトはcatchブロックの( )で定義した例外クラス型の参照変数に代入されます。

例外クラス型の参照変数を使用して、例外クラスで定義されているメソッドを呼び出したり、エラーメッセージの取得やスタックトレース情報の出力などを行うことができます。

選択肢の中で、構文に沿って定義されているのは選択肢Aのみです。

したがって、選択肢Aが正解です。

解答 A

7-7

次のコードを確認してください。

```
1:   class Test {
2:       public static void main(String[] args) {
3:           func(new Object());
4:           func(null);
5:       }
6:       public static void func(Object obj) {
7:           try {
8:               System.out.print("1");
9:               obj.toString();
10:              System.out.print("2");
11:          } catch(NullPointerException e) {
12:              System.out.print("3");
13:          } finally {
14:              System.out.print("4");
15:          }
16:          System.out.print("5 : ");
17:      }
18:  }
```

このコードをコンパイル、および実行するとどのような結果になりますか。1つ選択してください。

A. 1245 : 12345 :

B. 1245 : 13

C. 1245 : 134

D. 1245 : 1345 :

E. コンパイルエラーが発生する

解説

try-catchブロックについての問題です。

3行目では、Objectクラスのオブジェクトを引数に6行目のfunc()メソッドを呼び出しています。7行目からのtryブロックでは例外は発生しないため、8行目の「1」、10行目の「2」がそれぞれ出力されます。

また、tryブロックで例外が発生しないため、11行目からのcatchブロックは処理が行われません。その後、finallyブロックで「4」の出力、try-catch-finallyが終了後16行目で「5：」が出力されるため、3行目の呼び出しでは、「1245」が出力されます。

次の4行目では、nullを引数にfunc()メソッドが呼び出されているので、8行目の「1」の出力後、9行目でnullを代入した変数を使ってのメソッド呼び出しを行ってい

るためNullPointerExceptionが発生します。

　tryブロックで例外が発生すると、tryブロックの処理は終了となり、catchブロックで例外処理が行われます。つまり、10行目の出力は例外発生時にスキップされます。

　発生した例外 (NullPointerException) は11行目のcatchブロックでキャッチされ、12行目の「3」の出力で例外処理は完了します。

　catchブロックで例外処理を行いましたので、その後の14行目、16行目の出力は変わらず行われます。結果、「1345：」となります。

　したがって、選択肢Dが正解です。

解答 D

問題 **7-8**　　　　　　　　　　　　　　　　　　　重要度 ★★★

次のコードを確認してください。

```
 1:  public class ArrayEx {
 2:      public static void main(String[] args) {
 3:          try {
 4:              arry();
 5:          } catch(Exception e) {
 6:              System.out.println(e);
 7:          } catch(RuntimeException ex) {
 8:              System.out.println(ex);
 9:          }
10:      }
11:      static void arry() {
12:          int[] ages = new int[5];
13:          ages[5] = 10;
14:          getRuntimeException();
15:      }
16:      static void getRuntimeException() {
17:          throw new RuntimeException("Runtime Exception!");
18:      }
19: }
```

このコードをコンパイル、および実行すると、どのような結果になりますか。1つ選択してください。

A. Runtime Exception!が出力される

B. java.lang.ArrayIndexOutOfBoundsException: 5が出力される

C. `java.lang.RuntimeException`が出力される

D. 何も出力されない

E. コンパイルエラーが発生する

 解説 **複数のcatchブロック定義**についての問題です。

tryブロック内で複数の例外が発生する可能性がある場合、発生する可能性のある例外に応じて複数のcatchブロックを定義することが可能です。

構文

```
try {
    // 例外発生の可能性がある処理
} catch(例外クラス名 変数名) {
    // 例外処理
} catch(例外クラス名 変数名) {
    // 例外処理
}
```

ただし、指定する例外クラス間に継承関係が存在する場合、サブクラスはコードの上位に記述し、下位にスーパークラスを記述しなければ、コンパイルエラーが発生します。

スーパークラスを上位に指定した場合、常に上位に定義したcatchブロックで例外オブジェクトがキャッチされてしまい、下位のcatchブロックは到達不可能な定義となるためです。

5行目のcatchブロックではExceptionクラスを定義し、7行目のcatchブロックではRuntimeExceptionクラスを定義しています。RuntimeExceptionクラスはExceptionのサブクラスであるため、Exceptionクラスを定義したcatchブロックより下位に記述できません。

したがって、コンパイルエラーが発生するため、選択肢Eが正解です。

参考

Java SE 6までは、継承関係のない複数の例外をキャッチする場合、そのクラスごとにcatchブロックを定義する必要がありましたが、Java SE 7からは複数の例外をまとめてキャッチするコードを記述できるようになりました。これを「マルチキャッチ」と呼びます。各例外クラスを「|」で区切れば、1つのブロックで複数の例外をキャッチできます。ただし、継承関係のあるクラス同士を定義することはできません。

```
} catch (FileNotFoundException | ArithmeticException e) {
```

解答 E

問題 7-9

重要度 ★★★

次のコードを確認してください。

```
 1:  public class Main {
 2:      public static void main(String[] args) {
 3:          try {
 4:              ex1();
 5:              System.out.print("a");
 6:          } catch(Exception e) {
 7:              System.out.print("b");
 8:          }
 9:      }
10:      public static void ex1() throws RuntimeException {
11:          if((Math.random() * 10) > 5)
12:              throw new RuntimeException();
13:          ex2();
14:          System.out.print("c");
15:      }
16:      public static void ex2() {
17:          System.out.print("d");
18:      }
19:  }
```

出力される可能性のある実行結果として、適切なものはどれですか。2つ選択してください。

A. a
B. b
C. abc
D. bce
E. dca

解説 <ins>try-catch ブロック</ins>、<ins>throws キーワード</ins>、<ins>throw キーワード</ins>についての問題です。

throwsキーワード

try-catchブロックによる例外処理の他に、throwsキーワードによる例外処理があります。throwsキーワードは、例外が発生する可能性のあるメソッドを定義する際、メソッド名に続けて「throws メソッド内で発生する可能性のある例外クラス名」と定義します。

throwsで指定した例外がメソッド内で発生した場合、その例外オブジェクトはメソッドの呼び出し元に転送されるため、throws指定されたメソッドの呼び出し元で、例外処理を行っているかチェックします。

throwsキーワードを指定したメソッド定義の構文は、以下のとおりです。

構文

```
戻り値 メソッド名 (引数) throws 例外クラス名 { }
```

throwキーワード

特定の条件で明示的に例外をスローしたい場合や、独自例外を作成した際に任意の場所で例外をスローしたい場合に、throwキーワードを使用します。

例外を明示的にスローする場合の構文は、以下のとおりです。

構文

```
throw new 例外クラスのコンストラクタ ();
```

実行例

```
throw new RuntimeException();
```

また、以下の例のように例外オブジェクトの生成と、例外のスローを2行で記述することも可能です。

実行例

```
Exception ex = new Exception();
throw ex;
```

3〜5行目のtryブロックでは、ex1()メソッドの呼び出しを囲みます。

呼び出された10行目のex1()メソッドでは、11行目のif文がtrue判定の場合に12行目で明示的に例外を発生させます。false判定の場合には、13行目に処理が移ります。

11行目のMath.random()は、ランダムな値を返します。

11行目がtrue判定となった場合

12行目で例外がスローされます。ex1()メソッドではtry-catchによる例外処理を行っていないため、呼び出し元の4行目に例外オブジェクトが転送されます。

5行目以降の処理は実行せずにcatchブロックで例外がキャッチされ、例外処理が実行されます。よって、7行目の「b」が出力されます。

```
1:  public class Main {
2:      public static void main(String[] args) {
3:          try {
4:            ❶ ex1();
5:              System.out.print("a");
6:        ❺ } catch(Exception e) {
                   例外をキャッチ
7:            ❻ System.out.print("b");
                   「b」を出力
8:          }
9:      }
10:     public static void ex1() throws RuntimeException {
11:       ❷ if((Math.random()*10) > 5)        ❹RuntimeExceptionオブジェ
                   true判定                       クトを呼び出し元に転送する
12:       ❸ throw new RuntimeException();
                   RuntimeExceptionオブジェクト生成してスロー
13:         ex2();
14:         System.out.print("c");
15:     }
16:     public static void ex2() {
17:         System.out.print("d");
18:     }
19: }
```

11行目がfalse判定となった場合

12行目で例外が発生しない場合、catchブロックの処理がスキップされるため「dca」と出力されます。

したがって、選択肢B、Eが正解です。

 解答 B、E

次のコードを確認してください。

```
 1:  public class Main {
 2:      public static void main(String[] args) {
 3:          ex1();
 4:      }
 5:      private static void ex1() {
 6:          ex2();
 7:      }
 8:      private static void ex2() {
 9:          throw new Exception();
10:      }
11:  }
```

7
章
例
外
処
理

Mainクラスをコンパイルするための記述として、適切なものはどれですか。2つ選択してください。(2つのうち、いずれか1つを適用すれば、設問の条件を満たします。)

A. 9行目の処理をtryブロックで囲み、catch(Exception e) { }ブロックで対処する
B. ex2()メソッドに、throws Exceptionを指定する
C. ex1()メソッドに、throws Exceptionを指定する
D. main()メソッドに、throws Exceptionを指定する
E. ex1()メソッド、ex2()メソッド、main()メソッドに、throws Exceptionを指定する

解説　**throwsキーワード**についての問題です。

9行目では、Exceptionがスローされます。Exceptionクラスは、チェックされる例外のため、適切な例外処理が必要です。

各選択肢の解説は、以下のとおりです。

選択肢A
9行目の処理をtry-catchで囲むことで、ex2()メソッド内で例外処理が完結し、コンパイルが成功します。したがって、正解です。

選択肢B
例外オブジェクトを呼び出し元である6行目に転送しますが、ex2()メソッドに

throwsキーワードを指定するだけでは、ex1()メソッドに転送される例外オブジェクトに対する例外処理がないため、コンパイルエラーが発生します。したがって、不正解です。

選択肢C

ex1()メソッドから呼び出し元のmain()メソッドに対して例外オブジェクトを転送することはできますが、ex2()メソッド内でスローしたExceptionに対する例外処理がないため、コンパイルエラーが発生します。したがって、不正解です。

選択肢D

選択肢Cと同様に、スローしたExceptionに対する例外処理がないため、コンパイルエラーが発生します。したがって、不正解です。

選択肢E

ex2()メソッドでは、9行目でスローしたExceptionを、呼び出し元である6行目のex1()メソッドに転送します。ex1()メソッドも同様に、呼び出し元であるmain()メソッドの3行目に転送し、main()メソッドにおいてもさらに呼び出し元に転送します。

main()メソッドでチェックされる例外をthrowsキーワードで指定した場合は、main()メソッドの呼び出し元はJVMになります。コンパイラによる例外処理のチェックは行われないため、try-catchによる例外処理は定義されていませんが、コンパイルは成功します。したがって、正解です。

解答　A、E

7-11

重要度 ★★★

次のコードを確認してください。

```
1:  class Sample {
2:      public static void main(String[] args) {
3:          new Test().func();
4:      }
5:  }
6:  class Test {
7:      public void func() {
8:          throw new Exception();
9:      }
10: }
```

7
章
例外処理

このコードのコンパイルを成功させるためには、どのような修正を行う必要があ
りますか。2つ選択してください。

A. 7行目をpublic void func() throws Exception { に修正する
B. 7行目をpublic void func() throws Error { に修正する
C. 8行目をthrow new Exception("uncheck"); に修正する
D. 8行目を
   try {
       throw new Exception();
   } catch(RuntimeException e) { }
   に修正する
E. 3行目を
   try {
       new Test().func();
   } catch(RuntimeException e) { }
   に修正する
F. 3行目を
   try {
       new Test().func();
   } catch(Exception e) { }
   に修正する

■ ■ ■

解説　**例外処理**についての問題です。

8行目でチェックされる例外のExceptionがスローされるため、必ず例外処理を定義しなければコンパイルは成功しません。

例外処理としては、

- 例外発生箇所をtryブロックで囲み、catchブロックで例外処理
- 例外発生メソッドにthrowsキーワードを指定し、メソッド呼び出し元で対処

という対処方法があります。

したがって、例外発生メソッドにthrowsキーワードを指定し、呼び出し元でtry-catchブロックを定義し対処している選択肢Aと選択肢Fの組み合わせが正解となります。

その他の選択肢の解説は、以下のとおりです。

選択肢B

func()メソッドで発生する例外はExceptionです。Errorに対するthrowsを指定しても呼び出し元に発生例外を戻すことはできません。したがって、不正解です。

選択肢C

明示的に例外を作成する際に、コンストラクタの引数にエラーメッセージとして文字列を渡すことができますが、例外の対処方法に関係はありません。したがって、不正解です。

選択肢D、E

throwsキーワードやtry-catchブロックでRuntimeExceptionに対する処理を行っていますが、設問のコードで発生するExceptionはスーパークラス、RuntimeExceptionはサブクラスとなりますので、対処することはできません。したがって、不正解です。

解答 A、F

次のコードを確認してください。

```
1:  class Test {
2:      public static void func() throws Exception {
3:          System.out.println("func()");
4:      }
5:      public static void main(String[] args) {
6:          func();
7:      }
8:  }
```

このコードをコンパイル、および実行するとどのような結果になりますか。1つ選択してください。

- A. func()
- B. 何も出力されない
- C. コンパイルエラーが発生する
- D. 例外が発生し、プログラムが強制終了する

7
章
例外処理

解説 **throwsキーワード**についての問題です。

2行目のfunc()メソッドには「throws Exception」が指定されています。意味としては、「func()メソッド内でException例外が発生した場合、呼び出し元に発生した例外を戻す」という状態です。

つまり、func()メソッドを呼び出す際には、以下の処理が必要です。

- 呼び出し処理自体をtryブロックで囲み、catchブロックで例外処理を定義
- 呼び出し元メソッドにthrowsキーワードを指定する

6行目では、上記どちらの処理も行っていないため、コンパイルエラーが発生します。

したがって、選択肢Cが正解です。

解答 C

次のコードを確認してください。

```
1:   class Test {
2:       public static void func() throws Exception {
3:           throw new Exception("throw");
4:       }
5:       public static void main(String[] args) {
6:           try {
7:               func();
8:           } catch(Exception e) {
9:               System.out.println(e.getMessage());
10:          }
11:      }
12:  }
```

このコードをコンパイル、および実行するとどのような結果になりますか。1つ選択してください。

- A. throw
- B. java.lang.Exception
- C. コンパイルエラーが発生する
- D. 例外が発生し、プログラムが強制終了する

解説　**throwキーワード**ついての問題です。

　throwキーワードは「例外を明示的に発生させる」キーワードです。独自作成した例外を発生する際や、例外処理の動作テストを行う際に使用します。

　問題のコードでは、7行目でfunc()メソッドを呼び出しています。func()メソッドの処理として3行目でthrowキーワードを使用し、例外が発生します。

　throwキーワードの構文は、以下のとおりです。

構文

```
throw 例外オブジェクト
```

```
throw new Exception();

または、

Exception ex = new Exception();
throw ex;
```

　発生したException例外は、2行目に定義したthrowsキーワードによって、呼び出し元に返されます。func()メソッドの呼び出し元である7行目に例外が戻りますが、tryブロックに囲まれている処理であるため、8行目以降のcatchブロックへ制御が移行します。

　8行目のcatchブロックで発生した例外をキャッチし、キャッチした例外に対してgetMessage()メソッドを呼び出しています。getMessage()メソッドは例外オブジェクトに対して呼び出すことが可能で「詳細例外メッセージを取得できる」メソッドとなります。

```
public String getMessage()
```

　何らかの原因で発生した例外オブジェクトの場合は、「JVMが例外の種類に合わせて割り当てたメッセージ文字列」が取得できます。しかし問題のコードでは、3行目で例外を明示的に発生させているため、その際は例外オブジェクト作成のコンストラクタに渡した文字列が詳細メッセージとなります。

　つまり、9行目のgetMessage()メソッド呼び出しで取得できる文字列は「throw」となります。

　したがって、選択肢Aが正解です。

例外オブジェクトに対して呼び出せるgetMessage()メソッドは、例外クラスのスーパークラスであるThrowableクラスのメソッドとなります。このため、すべてのサブクラスの例外クラスに継承されており、呼び出しが可能となります。

解答　A

問題 **7-14**

重要度 ★ ★ ★

次のコードを確認してください。

```
 1:  class Test {
 2:      public void func() throws Exception {
 3:          System.out.println("Test");
 4:      }
 5:  }
 6:  class ExTest extends Test {
 7:      @Override
 8:      public void func() throws RuntimeException {
 9:          System.out.println("ExTest");
10:      }
11:  }
12:  class Sample {
13:      public static void main(String[] args) {
14:          new ExTest().func();
15:      }
16:  }
```

このコードをコンパイル、および実行するとどのような結果になりますか。1つ選択してください。

- **A.** Test
- **B.** ExTest
- **C.** 8行目でコンパイルエラーが発生する
- **D.** 14行目でコンパイルエラーが発生する

 解説　**throwsキーワードを指定しているメソッドのオーバーライド**についての問題です。

throwsキーワードは、メソッドに指定することで例外発生時にメソッド呼び出し元へ例外オブジェクトを返します。

throwsキーワードを指定しているメソッドをオーバーライドする際のルールは、以下のとおりです。

- サブクラスで同じthrowsキーワードを使用できる
- サブクラスでthrowsキーワード自体省略できる
- スーパークラスのthrowsキーワードで指定している例外クラスの「サブクラス例外」をサブクラスのthrowsキーワードで指定できる

問題のコードでは、2行目のスーパークラスメソッドではthrows Exceptionを指定しています。また、オーバーライドした8行目のサブクラスメソッドでは「サブクラス例外」のthrows RuntimeExceptionを指定しています。つまり、オーバーライドのルールとしては問題ありません。

　したがって、選択肢Bが正解です。

解答 B

8章

モジュール
システム

本章のポイント

▶ **モジュール型JDK**
Java SE 9から追加されたモジュール型JDK
について理解します。従来の開発方法の問題
点とモジュールシステムによって実現できる
ことを理解します。

重要キーワード
モジュール、モジュールグラフ

▶ **モジュールの宣言とモジュール間のアクセス**
プログラムコードをモジュール化するための
方法を理解します。また、モジュール化され
たJava SEの標準APIの構造についても理解
します。

重要キーワード
module-info.java、exports、requires、
transitive、java.baseモジュール

▶ **モジュール型プロジェクトのコンパイルと実行**
コンパイルや実行の際に必要になるモジュー
ルの指定方法や、JDKに追加されたモジュー
ルの依存関係を分析するツールの基本的な使
用方法を理解します。

重要キーワード
javaコマンド、javacコマンド、
jmodコマンド、jdepsコマンド

次のコードを確認してください。

bar モジュールの module-info.java

```
1:   module bar {
2:       exports bar to test;
3:   }
```

foo モジュールの module-info.java

```
1:   module foo {
2:   requires transitive bar;
3:   exports foo;
4:   }
```

test モジュールの module-info.java

```
1:   module test {
2:       requires foo;
3:   }
```

bar パッケージについて、正しい説明はどれですか。1つ選択してください。

- **A.** foo モジュールでは可視だが、test モジュールでは不可視である
- **B.** test モジュールでは可視だが、foo モジュールでは不可視である
- **C.** foo および test モジュールでは可視である
- **D.** foo および test モジュールでは不可視である

解説　**モジュールシステムにおける module-info.java ファイルの定義方法**についての問題です。

　モジュールとはパッケージやリソースをまとめたもののことです。モジュールという仕組みを使えば、外部に公開するパッケージを宣言したり、依存するモジュールを宣言したりすることも簡単に行えます。このため、開発時や実行時に必要なモジュール間の関係を検証することも可能になります。

　モジュールシステムでは、モジュールの定義は**module-info.java**ファイルに記述します。module-info.java ファイルの構文は、以下のとおりです。

```
module モジュール名 {
    exports 公開するパッケージの宣言 [to 公開先のモジュール名];
    requires [transitive] 依存するモジュールの宣言;
}
```

module-info.javaファイルはjavacコマンドでコンパイルし、通常はJARファイル内のルート階層に配置します。JAR（Java ARchive）とはJavaアプリケーションやライブラリを配布するためのアーカイブです。

exports文ではそのモジュール内における公開パッケージを指定します。1つの文に複数のパッケージを指定することはできません。必要に応じて複数のexports文を記述します。また、exports文では「to モジュール名」を記述して、公開先のモジュール名を指定できます。公開先のモジュール名を複数指定する場合には「,」（カンマ）で区切って列挙します。

requires文ではそのモジュールが依存するモジュールを指定します。exports文と同様に、複数のモジュールを指定することはできません。必要に応じて複数のrequires文を記述します。また、requires文には、**transitive**キーワードを追加してそのモジュールに依存するモジュールに依存関係を推移的に指定できます。

選択肢の解説は、以下のとおりです。

barモジュールのbarパッケージはtestモジュールに公開されています。

testモジュールはfooモジュールに依存しており、fooモジュールはtransitiveキーワードにより、推移的にbarモジュールに依存しています。

barパッケージはfooモジュールには公開されていないため、fooモジュールでは不可視となりますが、fooモジュールに依存するtestモジュールからは可視になります。したがって、選択肢Bが正解です。

参考

ここでの「依存関係」は、公開先モジュールを利用する際の関係を表しています。

 解答 B

問題 **8-2**

重要度 ★ ★ ☆

次のコードを確認してください。

module-info.java

```
1:  module org.java.foo {
2:      requires java.logging;
3:      requires java.xml;
4:      exports org.java.bar;
5:  }
```

このモジュール定義から描いたモジュールグラフを正しく表しているものはどれですか。1つ選択してください。

A.

B.

C.

D.

E 上記のいずれでもない

解説 **モジュール定義にもとづくモジュールグラフ**についての問題です。

このモジュール定義によって関係するモジュールはorg.java.foo、java.logging、

java.xmlの3つになります。選択肢に含まれるjava.baseはJava SEプラットフォームの基盤APIのモジュールになり、暗黙的にrequires java.base;がコンパイル時に挿入されます。

各選択肢の解説は、以下のとおりです。

選択肢A、B

4行目のexports文で指定されているorg.java.barは公開するパッケージを表しています。モジュールグラフはモジュール間の関係を表現し、パッケージとの関係は含みません。したがって、不正解です。

選択肢C

2行目、3行目のrequires文で、java.loggingモジュールとjava.xmlモジュールに依存しています。また、java.baseモジュールには暗黙的に依存するため、モジュール間の関係は正しく表されています。したがって、正解です。

選択肢D

選択肢C同様ですが、暗黙的に依存するjava.baseモジュールへの依存関係がありません。したがって、不正解です。

解答 C

問題 8-3

重要度 ★ ★ ★

次のコードを確認してください。

module-info.java

```
1:  module foo {
2:      exports foo;
3:      exports bar;
4:  }
```

このモジュール定義からわかるモジュールグラフを正しく表しているものはどれですか。1つ選択してください。

A. foo -> java.base
B. bar -> foo
C. bar -> foo -> java.base
D. bar -> foo -> foo および java.base

モジュールグラフとはモジュール間の依存関係を表現したもので、どのモジュールがどのモジュールに依存するかを表現します。

Java SE 9から**モジュールシステム**が導入され、java.langパッケージなどの標準ライブラリはjava.seモジュールに属するように変更されました。java.seモジュールのパッケージは公開されており、開発するモジュールにてrequires文で指定しなくても使用できます。

各選択肢の解説は、以下のとおりです。

選択肢A

この問題で定義されているモジュールはfooモジュール1つだけです。module-info.java内に依存するモジュールの指定はありませんが、java.seモジュールについてはrequires文で指定しなくても使用できます。したがって、正解です。

選択肢B

この問題ではbarモジュールの定義はありません。exports文はこのモジュールから公開するパッケージの指定になり、barモジュールへの依存を指定するものではありません。したがって、不正解です。

選択肢C

選択肢B同様に、barモジュールの定義はありません。fooモジュールからjava.baseモジュールへの依存は成立しますが、前述のとおりbarモジュールからfooモジュールへの依存は未定義です。したがって、不正解です。

選択肢D

選択肢B、C同様に、barモジュールの定義はありません。exports foo;によってfooパッケージを公開していますが、モジュール名とパッケージ名が同じ名前になることは問題ありません。したがって、不正解です。

 解答 A

baz.module モジュール内の foo パッケージと bar パッケージを、foo モジュールと bar モジュールに対して公開するためのモジュール定義として適切なものはどれですか。1つ選択してください。

A. ```
module baz.module {
    exports foo to foo, bar;
    exports bar to foo, bar;
}
```

B. ```
module baz.module {
    exports foo, bar;
}
```

C. ```
module baz.module {
    exports * to foo;
    exports * to bar;
}
```

D. ```
module baz.module {
    exports foo & bar to foo, bar;
}
```

E. 上記のいずれでもない

解説　　**モジュールシステムにおける module-info.java ファイルの定義方法**についての問題です。

　モジュール内のパッケージを特定のモジュールにのみ公開する場合には exports 文を使用しますが、1つの文で指定できるパッケージは1つだけです。to 句を使用して公開するモジュールは「,」（カンマ）で列挙して、複数指定することができます。

　各選択肢の解説は、以下のとおりです。

選択肢A

　to 句を使用して foo パッケージと bar パッケージをそれぞれ foo および bar モジュールに公開しています。公開するパッケージの指定は1つの文につき1つだけですが、公開先のモジュールは「,」（カンマ）で区切って複数列挙することができます。したがって、正解です。

選択肢B

　1つの exports 文に複数のパッケージを指定しています。この指定は許可されていません。また、公開先を foo モジュールおよび bar モジュールに限定する指

定もありません。したがって、不正解です。

選択肢C

exports文にワイルドカードとしての＊（アスタリスク）を指定することはできません。したがって、不正解です。

選択肢D

exports文に＆（アンパサンド）を指定して公開するパッケージを列挙することはできません。したがって、不正解です。

（解答）A

問題 8-5

重要度 ★★★

モジュールの定義について、正しい説明はどれですか。1つ選択してください。

A. モジュール名にアンダースコア（_）を含めることはできない
B. モジュール名は、モジュールに含まれるルートパッケージの名前と同じにしなければならない
C. モジュールがコンパイルされると、module-info.javaファイルがコンパイラの出力ディレクトリに生成される
D. プロジェクトにモジュールが1つのみである場合、そのモジュール専用のディレクトリは必要ない
E. Javaパッケージは複数のモジュールによって公開することはできない
F. 上記のいずれでもない

解説　**モジュール定義の構造要件**についての問題です。

モジュールには複数のJavaパッケージを含めることができ、Javaパッケージは単一のモジュールにのみ含めることができます。

各選択肢の解説は、以下のとおりです。

選択肢A

モジュール名の命名規則は、変数名やメソッド名などの命名規則と同一です。アンダースコアは将来のリリースのために予約されていますが、要件ではありません。したがって、不正解です。

選択肢B

モジュールには複数のパッケージを含めることができます。その場合ルートパッケージの名前は一意には定まらない可能性がありますが、これは許容されてい

ます。したがって、不正解です。

選択肢C

モジュールはmodule-info.javaファイルに定義します。module-info.javaファイルはコンパイラによってコンパイルされ、module-info.classファイルが生成されます。したがって、不正解です。

選択肢D

プロジェクトとは一般にソフトウェアの開発単位のことを指しますが、複数のモジュールを使用する可能性があります。単一のモジュールで構成されるプロジェクトにおいても、モジュールの定義やそのモジュールに属するパッケージのディレクトリは必須です。したがって、不正解です。

選択肢E

パッケージはいずれか1つのモジュールに含まれ、そのモジュール内の定義で公開するかどうか指定できます。複数のモジュールで公開することはできません。したがって、正解です。

解答 E

問題 **8-6**

重要度 ★★★

Javaモジュールシステムが実装された主なニーズとして、正しい説明はどれですか。2つ選択してください。

- A. 信頼できる構成
- B. 強力なカプセル化
- C. スケーラブルなプラットフォーム
- D. プラットフォームの整合性向上
- E. パフォーマンスの向上

解説 **モジュールシステムの概要**についての問題です。

JavaモジュールシステムはJSR 376 (Java Platform Module System) で仕様が公開されていますが、大きな2つの目標は以下のとおりです。

- 開発者に対して学習しやすく、使いやすいこと
- Java SEプラットフォーム自体とその実装をモジュール化することができ、スケーラブルであること

このモジュールシステムの目標が設定された背景には、大規模なアプリケーション開発における以下2点の要望に対処する必要がありました。

- **信頼できる構成**
  モジュールシステムのないプラットフォームではJARファイルなどで提供されるコンポーネント間の関係を表すことができず、必要なコンポーネントの欠落が実行時までわかりません。また、コンポーネントに対する適切な公開範囲を指定できず、コンポーネントの適切な利用を管理することができません。

- **強力なカプセル化**
  従来のプラットフォームにおいて、アクセス可能なコンポーネントの内部パッケージに対する部分的なアクセスを制御することができません。アクセスを制御するには、パッケージ単位で公開するパッケージと非公開のパッケージを宣言できなければなりません。

上記2点のニーズに対処することで、モジュールシステムによって下記3つの機能強化が図られることになりました。

- **スケーラブルなプラットフォーム**
  モジュールシステムの実現により、開発者がアプリケーションで実際に必要な機能のみを組み込んだカスタム構成が可能になりました。

- **プラットフォームの整合性向上**
  モジュールにおけるパッケージの公開指定により、プログラムにおける実装内部のパッケージに対する意図せぬ使用を防ぐことが可能になりました。

- **パフォーマンスの向上**
  プログラム実行に必要なクラスは実行時にロードされますが、モジュールシステムの実現により、事前に必要なモジュールのみを読み込む最適化が促進されます。結果的にパフォーマンスの向上が見込めます。

各選択肢の解説は、以下のとおりです。

選択肢A、B
  モジュールシステムが実装された直接的なニーズの内容に合致します。したがって、正解です。

選択肢C、D、E
  モジュールシステムのニーズに対処した結果として間接的に得られた成果になります。したがって、不正解です。

参考

JSR (Java Specification Requests) は、Javaにおける仕様要求のことを指します。イメージとしては、さまざまなJavaテクノロジーの仕様や技術文書となります。JSRはJCP (Java Community Process) で公開されています。Javaのモジュールシステムについては、JSR 376 (https://jcp.org/en/jsr/detail?id=376) で公開されています。

解答 A、B

問題 8-7

重要度 ★★★

モジュール型JDKの利点について、誤った説明はどれですか。1つ選択してください。

A. アプリケーションのサイズをより小さくパッケージ化できる
B. 不必要な内部APIを非公開にすることができる
C. 開発時や実行時に不足しているパッケージを検出できる
D. 上記のいずれも誤っていない

解説 **モジュールシステムの概要**についての問題です。

モジュールシステムを導入したJDKを「**モジュール型JDK**」といい、Java SE 9から採用されました。

モジュール型JDKによって、アプリケーションの処理内容や、実行環境となるデバイスに必要なモジュールのみで構成されるカスタム実行環境を作成できます。このため、アプリケーションのサイズを小さくできる可能性があります。

また、アプリケーションからの予期せぬ操作を防ぐために、Javaプラットフォーム自体が使用する内部APIをカプセル化し、非公開にすることができます。

さらに、モジュール型JDKはそのモジュール定義の内容によりコンパイル時や、実行時にモジュールグラフを作成し、必要なモジュールの依存関係や、実パッケージへのアクセス可否を検証できます。コンパイル時や実行時に確認することができるモジュールのことを「観測可能なモジュール」といい、コンパイル時や実行時のオプションで指定することができます。

したがって、選択肢A、B、Cはすべて適切な説明になっており、選択肢Dが正解です。

解答 D

8-8

モジュール型JDKにおけるソースファイルをコンパイルする際に、必要なモジュールの場所を指定するオプションはどれですか。2つ選択してください。

A. `-m`
B. `-p`
C. `-mp`
D. `-module-path`
E. `--module-path`
F. `--module`

解説　**モジュール型JDKにおけるコマンドラインオプション**についての問題です。

　モジュール型JDKでは**javacコマンド**や**javaコマンド**のオプションとして、コンパイルや実行時に必要なモジュールの場所を指定することができます。コマンドラインオプションの形式は2種類あり、基本は – (ハイフン) 1文字をオプションに付与します。

　-- (ハイフン2文字) のオプションは理解しやすい名前のオプション名になっており、- (ハイフン) 1文字のオプションの別名として用意されていることがあります。すべてのオプションに両方の指定方法があるわけではないため、注意が必要です。

　各選択肢の解説は、以下のとおりです。

選択肢A
　「-m モジュール名」（または「--module モジュール名」）オプションは複数モジュールのコンパイル時に特定のモジュールのみをコンパイルする際に使用します。--module-source-pathオプションと組み合わせて使用します。したがって、不正解です。

選択肢B
　-pオプションは、コンパイル時に必要になるモジュール検索パスを指定するオプションです。コンパイル時に必要になるモジュールのルートディレクトリを指定します。したがって、正解です。

選択肢C
　javacコマンドに-mpオプションは存在しません。したがって、不正解です。

選択肢D
　javacコマンドに-module-pathオプションは存在しません、したがって、不正解です。

選択肢E
　--module-pathオプションは、-pオプションの別名オプションです。動作は

選択肢Bの-pオプションと同一になります。したがって、正解です。

選択肢F

--moduleオプションは、-mオプションの別名オプションです。動作は選択肢
Aの-mオプションと同一になります。したがって、不正解です。

解答 B、E

問題 **8-9**

重要度 ★ ★ ★

モジュール型JDKにおける観測可能なモジュールのリストを確認するためのコ
マンドはどれですか。1つ選択してください。

A. `java --list-modules`
B. `java --show-modules`
C. `javac -list`
D. `javac -modules`
E. `jdeps --observable-modules`

解説 **モジュール型JDKにおける観測可能なモジュール**についての問題です。

「観測可能なモジュール」とは、コンパイル時や実行時に検索可能なモジュールの
ことを指します。観測可能なモジュールは大きく以下の2種類に分けられます。

- **システムモジュール**
  java.baseやjava.sqlなどの実行環境に用意されている標準モジュール

- **モジュール検索パスに指定されているモジュール**
  --module-pathや--module-source-pathなどのオプションで指定した自
  作またはサードパーティベンダより提供されているモジュール

各選択肢の解説は、以下のとおりです。

選択肢A

--list-modulesオプションは、実行時の観測可能なモジュールをリストするオ
プションです。--module-pathで追加したモジュールも追加し、リストされま
す。したがって、正解です。

選択肢B

javaコマンドには--show-moduleオプションは存在しません。したがって、

不正解です。

選択肢C

javacコマンドには観測可能なモジュールのリストを確認するオプションはなく、-listオプションも存在しません。したがって、不正解です。

選択肢D

javacコマンドに-modulesオプションは存在しません、したがって、不正解です。

選択肢E

jdepsコマンドはモジュール型JDKが導入されたJava SE 9から追加されたJavaクラス間の依存関係分析ツールです。分析対象となるモジュールがどのモジュールに依存するかをリストできます。jdepsコマンドには必須の引数として、分析対象となるモジュールのclassファイルや、ディレクトリまたはJARファイルのパスを指定します。また、jdepsコマンドには--observable-modulesオプションは存在しません。したがって、不正解です。

解答 A

問題 **8-10**

重要度 ★★★

モジュール型JDKにおける、Javaクラス間の依存関係を分析するために使用できるコマンドはどれですか。1つ選択してください。

A. java
B. javac
C. jdeps
D. jmod

解説 **モジュール型JDKにおけるコマンドラインツール**についての問題です。

モジュール型JDKの導入によって、既存のコマンドラインツールへの拡張のほか、専用の分析ツールやモジュール型JDKのアーキテクチャに対応したツールが追加されています。

各選択肢の解説は、以下のとおりです。

選択肢A

javaコマンドは、Javaアプリケーションを起動する場合に使用するツールです。したがって、不正解です。

選択肢B

javacコマンドは、Javaソースファイルをコンパイルする場合に使用するツールです。したがって、不正解です。

選択肢C

jdepsコマンドは、モジュール型JDKにおけるJavaクラス間の依存関係を分析するツールです。したがって、正解です。

選択肢D

jmodコマンドはモジュール型JDKにJMODファイルを作成したり、既存のJMODファイルの内容をリストするときに使用するツールです。通常のJARファイルに内包するものに加えて、実行環境に依存するネイティブコードも含めることができます。JMOD形式のファイルはコンパイル時、および必要なモジュールのみを元にカスタムJREを作成する際に使用でき、実行時に使用することはできません。カスタムJREの作成によって、配布するアプリケーションサイズを小さくすることができますが、設問の意図とは異なります。したがって、不正解です。

解答 C

模擬試験 1

問題 1 ■■■

次のコードを確認してください。

```
1:   String str1 = "Hello";
2:   String str2 = "Hello";
3:   String str3 = new String("Hello");
4:   String str4 = str3.intern();
5:   String str5 = str3.toString();
6:   StringBuilder sb1 = new StringBuilder("Hello");
7:   String str6 = sb1.toString();
```

各文字列の比較について、結果がfalseになるものはどれですか。3つ選択してください。

- **A.** str1 == str2
- **B.** str1 == str3
- **C.** str3 == str4
- **D.** str2 == str4
- **E.** str3 == str5
- **F.** str1 == str6

問題 2 ■■■

次のコードを確認してください。

```
1:   import java.util.Arrays;
2:
3:   class Test {
4:       public static void main(String args[]) {
5:           String[] strs = {"A","B","C","D"};
6:           String[] strs2 = {"A","B","c","D"};
7:           System.out.println(Arrays.mismatch(strs, strs2));
8:       }
9:   }
```

このコードをコンパイル、および実行すると、どのような結果になりますか。1つ選択してください。

- **A.** 2
- **B.** 3
- **C.** c
- **D.** C

問題 3

■ ■ ■

次のコードを確認してください。

```
 1:  class Test {
 2:      public static void main(String[] args) {
 3:          int i = 10;
 4:          String message;
 5:          if(i == 10) {
 6:              message = "i is 10";
 7:          }
 8:          System.out.println(message);
 9:      }
10:  }
```

このコードをコンパイル、および実行すると、どのような結果になりますか。1つ選択してください。

A. i is 10
B. 何も出力されない
C. コンパイルエラーが発生する
D. 実行時エラーが発生する

問題 4

■ ■ ■

次のコードを確認してください。

```
 1:  import java.util.*;
 2:  class Test {
 3:      public static void main(String[] args) {
 4:          List<String> list = new ArrayList<>(Arrays.asList("SE", "EE", "ME"));
 5:          Set<String> set = new HashSet<>(list);
 6:          set.add("Java");
 7:          list.clear();
 8:          System.out.println(list.size() + " : " + set.size());
 9:      }
10:  }
```

このコードをコンパイル、および実行すると、どのような結果になりますか。1つ選択してください。

A. 0 : 0
B. 0 : 1
C. 0 : 4
D. コンパイルエラーが発生する
E. 実行時エラーが発生する

次のコードを確認してください。

```
1:   import java.util.*;
2:   class Test {
3:       public static void main(String[] args) {
4:           List<String> list = List.of("Java");
5:           Map<Integer, String> map = new HashMap<>();
6:           map.put(101, list.get(0));
7:           list.clear();
8:           System.out.println(map.get(101));
9:       }
10:  }
```

このコードをコンパイル、および実行すると、どのような結果になりますか。1つ選択してください。

- **A.** Java
- **B.** 何も出力されない
- **C.** null
- **D.** コンパイルエラーが発生する
- **E.** 実行時エラーが発生する

次のコードを確認してください。

```
1:   class Test {
2:       public static void main(String args[]) throws RuntimeException {
3:           System.out.print(Math.floor(-0));
4:       }
5:   }
```

このコードをコンパイル、および実行すると、どのような結果になりますか。1つ選択してください。

- **A.** 0
- **B.** -0
- **C.** 0.0
- **D.** -0.0

問題 7

次のコードを確認してください。

```
1:  class Test {
2:      public static void main(String args[]) {
3:          String[] strs = new String[]{"J","a","v","a"};
4:          // insert code here
5:          }
6:      }
7:  }
```

4行目に挿入するコードで正しくコンパイルできるものはどれですか。2つ選択してください。(2つのうち、いずれか1つを挿入すれば、設問の条件を満たします。)

A. for(var i = 0;i < strs.length;++i){
B. for(var var:strs){
C. for(var i=0,i2=0;i < strs.length;i++){
D. for(var str=null:strs){

問題 8

次のコードを確認してください。

```
1:  class Vehicle {
2:  }
3:  class Car extends Vehicle {
4:  }
5:  class CarTest {
6:      public static void main(String args[]) {
7:          // insert code here
8:      }
9:  }
```

7行目にどのコードを挿入すれば、コンパイルできますか。3つ選択してください。(3つのうち、いずれか1つを挿入すれば、設問の条件を満たします。)

A. Vehicle v = new Vehicle();
B. Vehicle v = new Car();
C. java.lang.Object o = new Vehicle();
D. Car c = new Vehicle();

モジュール記述子 (module-info.java) の情報を表示するコマンドとして、適切な
記述はどれですか。1つ選択してください。

    A. `java --print-descriptor`
    B. `javac --check-module`
    C. `javac --check-descriptor`
    D. `jdeps --check`
    E. `jdeps --check-module`

次のコードを確認してください。

```
1:   int i=0;
2:   while(i<=10) System.out.print(i++); // Here is the master
3:
4:   i = 0; // ❶
5:   for(;i<10;) { System.out.print(i++); }
6:
7:   for(int j=0; ;j++) { // ❷
8:   System.out.print(j);
9:       if(j==10) break;
10:  }
11:
12:  i=1; // ❸
13:  for(;;i+=2) {
14:      System.out.print(--i);
15:      if(i==10)break;
16:  }
17:
18:  i=0; // ❹
19:  for(;i==i;) {
20:  switch(i){
21:       default:
22:              if((i+=2)==10) break;
23:      }
24:      System.out.print(--i);
25:  }
```

1、2行目のコードと同じ結果が得られるコードブロックはどれですか。2つ選択してください。

- A. ❶
- B. ❷
- C. ❸
- D. ❹

次のコードを確認してください。

```
1:   class Test {
2:       int no;
3:       public static void main(String args[]) {
4:           int no = 100;
5:           Test obj = new Test(no);
6:           no = obj.noMethod(no);
7:           System.out.println(no);
8:       }
9:       int noMethod(int x){
10:          int no = 300;
11:          return this.no;
12:      }
13:      Test(int x){
14:          int no = x + 100;
15:      }
16:  }
```

このコードをコンパイル、および実行すると、どのような結果になりますか。1つ選択してください。

- A. 0
- B. 100
- C. 200
- D. 300

次のコードを確認してください。

```
1:  class MyClass {
2:      int num;
3:      void foo() {
4:          num = 100;
5:      }
6:  }
7:  class Main {
8:      public static void main(String args[]) {
9:          MyClass mc = new MyClass();
10:         MyClass mc2 = mc;
11:         mc.foo();
12:         mc2.num *= 2;
13:         mc2 = null;
14:         System.out.println(mc.num);
15:     }
16: }
```

このコードをコンパイル、および実行すると、どのような結果になりますか。1つ選
択してください。

A. 100
B. 200
C. 0
D. 何も出力されない
E. コンパイルエラーが発生する

次のコードを確認してください。

```
1:  import java.util.List;
2:
3:  class Test {
4:      public static void main(String args[]) {
5:          int[] list = null;
6:          var vlist = List.of(list);
7:          int[] list2 = {1, 2, 3};
8:          vlist.add(1, list2);
9:          System.out.println(vlist.isEmpty());
10:     }
11: }
```

このコードをコンパイル、および実行すると、どのような結果になりますか。1つ選択してください。

A. true
B. false
C. コンパイルエラーが発生する
D. 実行時エラーが発生する

問題 14 ■■■

次のコードを確認してください。

```
1:   class EnhFor {
2:       public static void main(String[] args) {
3:           String[] str = {"a", "b", "c", "d"};
4:           for(String s : str) {
5:               if("a".equals(s)) {
6:                   continue;
7:               }
8:               System.out.print(s);
9:               if("c".equals(s)) {
10:                  break;
11:              }
12:          }
13:      }
14:  }
```

このコードをコンパイル、および実行すると、どのような結果になりますか。1つ選択してください。

A. ab
B. ac
C. bc
D. abc
E. bd

次のコードを確認してください。

```
 1:   class WhileTest {
 2:       public static void main(String[] args) {
 3:           String[] str = {"aa", "bb", "cc"};
 4:           int num = 0;
 5:           while(num < str.length) {
 6:               System.out.print(num + str[num++] + num);
 7:           }
 8:       }
 9:   }
```

このコードをコンパイル、および実行すると、どのような結果になりますか。1つ選択してください。

- **A.** 0aa01bb12cc2
- **B.** 0aa11bb22cc3
- **C.** 1aa12bb23cc3
- **D.** 1aa22bb33cc3
- **E.** 実行時に例外が発生する

次のコードを確認してください。

```
 1:   abstract class Vehicle {
 2:       public Vehicle() {
 3:           System.out.print(1);
 4:       }
 5:   }
 6:   class Car extends Vehicle {
 7:       public Car() {
 8:           System.out.print(2);
 9:       }
10:   }
11:   public class TestCar {
12:       public static void main(String[] args) {
13:           new Car();
14:       }
15:   }
```

このコードをコンパイル、および実行すると、どのような結果になりますか。1つ選択してください。

A. 1　　　　　　　　　　　B. 2
C. 12　　　　　　　　　　　D. 21
E. コンパイルエラーが発生する

問題 17　■■■

二次元配列の宣言として正しいものはどれですか。4つ選択してください。

A. `int [][] i = {{10, 20, 30},{40, 50, 60}};`
B. `int []i2[] = {{10, 20, 30},{40, 50, 60}};`
C. `int i3[][] = {{10, 20, 30},{40, 50, 60}};`
D. `int i4[][] = ((10, 20, 30),(40, 50, 60));`
E. `int i5[][] = {{'1', '2', '3'},{'4', '5', '6'}};`
F. `int i6[][] = {{"1", "2", "3"},{"4", "5", "6"}};`

問題 18　■■■

次のコードを確認してください。

```
1:  class MyAry {
2:      public static void main(String args[]) {
3:          boolean b[] = new boolean[5];
4:          char c[] = new char[9];
5:          double d[] = new double[6];
6:          String s[] = new String[3];
7:          System.out.println("" + b[0] + c[0] + d[0] + s[0]);
8:      }
9:  }
```

このコードをコンパイル、および実行すると、どのような結果になりますか。1つ選択してください。（実行結果はWindowsのコマンドプロンプトを使用した想定です。）

A. `truenull`　　　　　　　　B. `falsenullnull`
C. `true0.0null`　　　　　　　D. `falsenull0.0null`
E. `false0.0null`

次のコードを確認してください。

```
1:   class Test {
2:       static final int check = 0;
3:       public static void main(String args[]) {
4:           int i = 0;
5:           switch(i){
6:               case Test.check:
7:                   System.out.print("case!");
8:               default:
9:                   System.out.print("default!");
10:          }
11:      }
12:  }
```

このコードをコンパイル、および実行すると、どのような結果になりますか。1つ選択してください。

A. case!
B. case!default!
C. コンパイルエラーが発生する
D. 実行時エラーが発生する

Java言語の特徴として正しいものはどれですか。2つ選択してください。

A. Java言語のデータ（値）はすべてオブジェクトである
B. Objectクラスはすべてのクラスのスーパークラスである
C. オブジェクトは複数の変数から同時に参照することはできない
D. クラスは他のクラスから継承をすることができる

モジュール化されたアプリケーションをコンパイルするためのオプションとして、適切なものはどれですか。2つ選択してください。

（なお、コンパイルするモジュールはfooモジュールに依存し、モジュール記述子や配置は正しく設定されているものとします。また、コンパイルする対象のファイル名は省略されています。）

A. javac -d foo［ソースファイル名…］
B. javac -p foo［ソースファイル名…］
C. javac -m foo［ソースファイル名…］
D. javac --module foo［ソースファイル名…］
E. javac --module-path foo［ソースファイル名…］

問題 22

■■■

モジュールシステムの説明として、不適切な記述はどれですか。1つ選択してください。

A. 内部APIの想定されない使用を防ぐことができる
B. 実行デバイスに特化したランタイムを構成することができる
C. コンパイル時や実行時にライブラリの過不足を検証することができる
D. 強固なカプセル化を実現することができる
E. 不適切なものはない

問題 23

■■■

次のコードを確認してください。

```
1:  class InitializeAry {
2:      public static void main(String args[]) {
3:          int num1[] = new int[3];
4:          int num2[];
5:          num2 = num1;
6:          num1[0] = 1; num1[1] = 2; num1[2] = 3;
7:          System.out.println(num2[0] + num2[1] + num2[2]);
8:      }
9:  }
```

このコードをコンパイル、および実行すると、どのような結果になりますか。1つ選択してください。

A. 0
B. 6
C. 123
D. 実行時に例外が発生する
E. コンパイルエラーが発生する

他のクラスを使用する際、明示的なインポートが不要なクラスは、どれですか。2つ
選択してください。

- A. 同じパッケージのクラス
- B. サブパッケージのクラス
- C. java.langパッケージのクラス
- D. java.utilパッケージのクラス

次のコードを確認してください。

```
1:   class SbTest {
2:       public static void main(String[] args) {
3:           int x = 100;
4:           int y = x;
5:           x++;
6:           StringBuilder sb1 = new StringBuilder("123");
7:           StringBuilder sb2 = sb1;
8:           sb1.append("4");
9:           System.out.println((x == y) + " " + (sb1 == sb2));
10:      }
11:  }
```

このコードをコンパイル、および実行すると、どのような結果になりますか。1つ選
択してください。

- A. true true
- B. true false
- C. false true
- D. false false
- E. コンパイルエラーが発生する

次のコードを確認してください。

```
1:  module bar {
2:      exports bar to foo;
3:  }
```

```
1:  module foo {
2:  requires transitive bar;
3:  exports my.foo;
4:  }
```

```
1:  module test {
2:  requires foo;
3:  }
```

このモジュール定義から描いたモジュールグラフを正しく表しているものはどれですか。1つ選択してください。

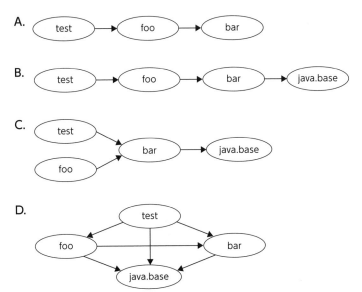

A. test → foo → bar

B. test → foo → bar → java.base

C. test, foo → bar → java.base

D. test → foo, bar; foo → java.base; test → java.base; bar → java.base

次のコードを確認してください。

```
1:   class Test {
2:       private int no;
3:       private void add() {
4:           no++;
5:       }
6:       public void disp() {
7:           System.out.print(no);
8:       }
9:   }
10:  class ExTest extends Test {
11:      public void func() {
12:          super.add();
13:      }
14:      public static void main(String[] args) {
15:          ExTest et = new ExTest();
16:          et.func();
17:          et.disp();
18:      }
19:  }
```

このコードをコンパイル、および実行すると、どのような結果になりますか。1つ選択してください。

    A. 0   B. 1
    C. コンパイルエラーが発生する   D. 実行時エラーが発生する

次のコードを確認してください。

```
1:   class Test {
2:       public static void main(String args[]) {
3:           System.out.println(Integer.parseInt("10",0xf));
4:       }
5:   }
```

このコードをコンパイル、および実行すると、どのような結果になりますか。1つ選択してください。

A. 10   B. 15
C. 16   D. 0xa

次のコードを確認してください。

```
1:   interface Animal { }
2:
3:   interface Dog extends Animal { }
4:
5:   class Pug implements Dog { }
6:
7:   class Main {
8:       public static void main(String args[]) {
9:           Animal a = // insert code here
10:      }
11:  }
```

9行目にどのコードを挿入すれば、正常にコンパイル、実行できますか。1つ選択し
てください。

A. new Animal();   B. (Animal)new Dog();
C. (Dog)new Pug();   D. (Animal)new Object();

次のコードを確認してください。

```
1:   class Test {
2:       public static void main(String args[]) {
3:           int[] iarray = {100, 200, Integer.valueOf(iarray[0])};
4:           System.out.println(iarray[2]);
5:       }
6:   }
```

このコードをコンパイル、および実行すると、どのような結果になりますか。1つ選
択してください。

A. 100   B. 200
C. コンパイルエラーが発生する   D. 実行時エラーが発生する

次のコードを確認してください。

```
1:   interface Bot{
2:       void msg(String msg);
3:   }
4:   class Test {
5:       public static void main(String args[]) {
6:           // insert code here
7:           b.msg("odin");
8:       }
9:   }
```

6行目にどのコードを挿入すれば、正常にコンパイル、実行できますか。1つ選択し
てください。

A. Bot b = (msg) -> System.out.println(x);
B. Bot b = (msg) -> {System.out.println(msg)};
C. Bot b = x -> {return;};
D. Bot b = x -> {return x;};

次のコードを確認してください。

```
1:   import java.time.LocalDate;
2:   class Test {
3:       public static void main(String args[]) {
4:           LocalDate ldate = LocalDate.of(2000, 6, 1);
5:           ldate.plusYears(20);
6:           ldate.plusDays(23);
7:           ldate.minusMonths(-1);
8:           System.out.println(ldate);
9:       }
10:  }
```

このコードをコンパイル、および実行すると、どのような結果になりますか。1つ選
択してください。

A. 2000-6-1　　　　　B. 2020-5-24
C. 2020-7-24　　　　D. 実行時エラーが発生する

問題 33　■■■

次のコードを確認してください。

```
 1:   class DoWhile {
 2:       public static void main(String[] args) {
 3:           String[] str = {"a", "b", "c"};
 4:           int num = 0;
 5:           do
 6:               while(num < str.length)
 7:                   System.out.print(++num);
 8:           while(num < str.length);
 9:       }
10:   }
```

このコードをコンパイル、および実行すると、どのような結果になりますか。1つ選択してください。

- A. 012
- B. 123
- C. 012012012
- D. 123123123
- E. 無限ループになる

問題 34　■■■

メソッドのオーバーロードについて、正しい記述はどれですか。2つ選択してください。

- A. 異なるメソッド名で、引数の数が同じメソッドを定義すること
- B. 異なるメソッド名で、引数の型が同じメソッドを定義すること
- C. 同じメソッド名で、引数の型が異なるメソッドを定義すること
- D. 同じメソッド名で、引数の数が異なるメソッドを定義すること

次のコードを確認してください。

```
1:   import java.util.ArrayList;
2:   import java.util.List;
3:
4:   class Customer {
5:       public int id;
6:       public String name;
7:       Customer(int id, String name){
8:           this.id = id;
9:           this.name = name;
10:      }
11:      public String toString(){
12:          return this.id + ":" + this.name;
13:      }
14:  }
15:  class Test {
16:      public static void main(String args[]) {
17:          List<Customer> customers = new ArrayList<Customer>();
18:          customers.add(new Customer(1,  "AAA"));
19:          customers.add(new Customer(2,  "BBB"));
20:          customers.add(new Customer(3,  "CCC"));
21:
22:          // insert code here
23:          for(Customer c:customers){
24:              System.out.println(c);
25:          }
26:      }
27:  }
```

22行目に挿入するコードでコンパイルエラーになるものはどれですか。1つ選択してください。

    A. customers.removeIf(c -> c.id < 2);

    B. customers.removeIf(c -> c.id == 1);

    C. customers.removeIf(c -> {return c.id == 1;});

    D. customers.removeIf((Customer c) -> {c.id == 1;});

次のコードを確認してください。

```
1:  class App {
2:      private static int v1;
3:      private int v2;
4:      public App() {
5:          this(20, 40);
6:      }
7:      public App(int v1, int v2) {
8:          this.v1 = v1;
9:          this.v2 = v2;
10:     }
11:     public void func() {
12:         System.out.print(v1 + " : " + v2 + " : ");
13:     }
14: }
15: class Test {
16:     public static void main(String[] args) {
17:         App a1 = new App(10, 30);
18:         App a2 = new App();
19:         a1.func(); a2.func();
20:     }
21: }
```

このコードをコンパイル、および実行すると、どのような結果になりますか。1つ選択してください。

A. 10 ： 30 ： 20 ： 40 ：
B. 10 ： 40 ： 20 ： 40 ：
C. 20 ： 40 ： 20 ： 40 ：
D. 20 ： 30 ： 20 ： 40 ：
E. コンパイルエラーが発生する

次のコードを確認してください。

```
 1:  class Employee {
 2:      String name;
 3:      double baseSalary;
 4:
 5:      Employee(String name, double baseSalary) {
 6:          this.name = name;
 7:          this.baseSalary = baseSalary;
 8:      }
 9:  }
10:
11:  class Sales extends Employee {
12:      double commission;
13:
14:      public Sales(String name, double baseSalary, double commission) {
15:          // insert code here
16:      }
17:  }
```

15行目にどのコードを挿入すれば、正常にコンパイルできますか。1つ選択してください。

- A. Employee(name, baseSalary);
     this.commission = commission;
- B. this.commission = commission;
     Employee(name, baseSalary);
- C. super(name, baseSalary);
     this.commission = commission;
- D. this.commission = commission;
     super(name, baseSalary);
- E. super(name, baseSalary, commission);

次のコードを確認してください。

```
1:  module test {
2:  requires foo;
3:  }
```

```
1:  module foo {
2:  requires bar;
3:  exports my.foo;
4:  }
```

```
1:  module bar {
2:  exports bar;
3:  }
```

このモジュール定義から描いたモジュールグラフを正しく表しているものはどれですか。1つ選択してください。

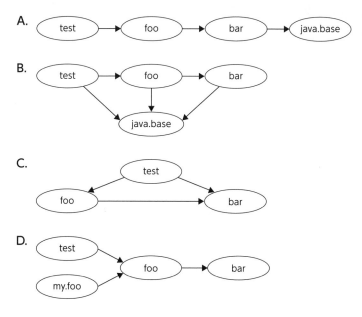

次のコードを確認してください。

```
1:  class Test {
2:      public static void main(String args[]) {
3:          String str = "Hello Java SE Version 11.";
4:          str.substring(6);
5:          str = str.intern();
6:          System.out.println(str);
7:      }
8:  }
```

このコードをコンパイル、および実行すると、どのような結果になりますか。1つ選択してください。

A. Hello

B. Hello Java SE Version 11.

C. true

D. false

次のコードを確認してください。

```
1:  interface TestA {
2:      public abstract void funcA();
3:  }
4:  interface TestB {
5:      public abstract void funcB();
6:  }
7:  interface TestC extends TestA, TestB {
8:      public abstract void funcC();
9:  }
10: class TestD implements TestC {
11:     public void funcA() { }
12:     public void funcB() { }
13:     public void funcC() { }
14: }
```

このコードをコンパイルすると、どのような結果になりますか。1つ選択してください。

A. コンパイルが成功する

B. 7行目が原因でコンパイルエラーが発生する

C. 8行目が原因でコンパイルエラーが発生する

D. 10行目が原因でコンパイルエラーが発生する

次のコードを確認してください。

```
 1:  class User {
 2:      private String name;
 3:
 4:      public void setName(String name) {
 5:          this.name = name;
 6:      }
 7:      public String toString() {
 8:          return name;
 9:      }
10:  }
11:
12:  public class Test {
13:      static void changeUser(User user) {
14:          // insert code here
15:      }
16:      public static void main(String[] args) {
17:          User user = new User();
18:          user.setName("Java");
19:          changeUser(user);
20:          System.out.println("user is " + user.toString());
21:      }
22:  }
```

14行目にどのコードを挿入すれば、「user is Duke」と出力できますか。1つ選択してください。

A. `user.setName("Duke");`　　　　　B. `user.changeUser("Duke");`

C. `User.setName("Duke");`　　　　　D. `user = User.setName("Duke");`

E. `user.setName() = "Duke";`

次のコードを確認してください。

```
1:  import java.util.Arrays;
2:  class Test {
3:      public static void main(String[] args) {
4:          int[] ary1 = {10, 10, 10};
5:          int[] ary2 = {10, 0, 20};
6:          System.out.println(Arrays.compare(ary1, ary2));
7:      }
8:  }
```

このコードをコンパイル、および実行すると、どのような結果になりますか。1つ選択してください。

A. -1
B. 0
C. 1
D. 10
E. 30

次のコードを確認してください。

```
1:  class Test {
2:      public static void main(String[] args) {
3:          String s1 = "Java ";
4:          String s2 = "Programing";
5:          s1.concat(s2);
6:          System.out.println(s1.substring(5, 8));
7:      }
8:  }
```

このコードをコンパイル、および実行すると、どのような結果になりますか。1つ選択してください。

A. Pro
B. Prog
C. コンパイルエラーが発生する
D. 実行時エラーが発生する

問題 44 ■ ■ ■

観測可能なモジュールが検索される順番として、適切な記述はどれですか。1つ選択してください。

① コンパイルモジュール (コンパイル時のみ)
② アップグレードモジュール
③ システムモジュール
④ アプリケーションモジュール
⑤ ルートモジュール

    A. ③ → ⑤ → ④ → ① → ②
    B. ③ → ② → ⑤ → ① → ④
    C. ⑤ → ③ → ④ → ① → ②
    D. ⑤ → ① → ② → ③ → ④
    E. ⑤ → ③ → ② → ① → ④

問題 45 ■ ■ ■

次のコードを確認してください。

```
1:   import java.util.*;
2:   class Test {
3:       public static void main(String[] args) {
4:           List<String> list = new ArrayList<>(List.of("Gold", "Silver",
     "Bronze"));
5:           list.forEach(e -> System.out.println(e));
6:       }
7:   }
```

5行目でラムダ式を使用し、コレクションの各要素を出力しています。forEach()メソッドの引数に関連のある適切な型はどれですか。1つ選択してください。

    A. java.util.function.Function
    B. java.util.function.Consumer
    C. java.util.function.Supplier
    D. java.util.function.Predicate

次のコードを確認してください。

```
 1:  class Customer {
 2:      private int id;
 3:      private String name;
 4:      public Customer(int id) {
 5:          this.id = id;
 6:          this.name = "Tom";
 7:      }
 8:      public Customer(int i, String n) {
 9:          this(i);
10:          name = n;
11:      }
12:      public Customer(int id, String name, String lang) {
13:          this(id, name);
14:      }
15:      public void disp() {
16:          System.out.println(id + " : " + name);
17:      }
18:  }
19:  class Test {
20:      public static void main(String[] args) {
21:          new Customer(101, "Duke", "Java").disp();
22:      }
23:  }
```

このコードをコンパイル、および実行すると、どのような結果になりますか。1つ選択してください。

A. 0 : Duke   B. 0 : Tom

C. 101 : Duke   D. 101 : Tom

E. コンパイルエラーが発生する

問題 47

■ ■ ■

次のコードを確認してください。

```
 1:   class Test {
 2:       public static void main(String args[]) {
 3:           int count = 0;
 4:           do{
 5:               count++;
 6:               continue;
 7:               count++;
 8:           }while(count < 10);
 9:           System.out.println("end.");
10:       }
11:   }
```

このコードをコンパイル、および実行すると、どのような結果になりますか。1つ選択してください。

A. end.

B. 無限ループになる

C. コンパイルエラーが発生する

D. 実行時エラーが発生する

問題 48

■ ■ ■

次のコードを確認してください。

```
 1:   class Test {
 2:       public static void main(String args[]) {
 3:           String hello = " Java Programming for jdk 11 ";
 4:           var v = hello.split(" ");
 5:           System.out.println(v.length);
 6:       }
 7:   }
```

このコードをコンパイル、および実行すると、どのような結果になりますか。1つ選択してください。

A. 5

B. 6

C. 7

D. 11

次のコードを確認してください。

```
1:  class Employee {
2:      private String name;
3:      private static String compName;
4:      public Employee(String name, String comp) {
5:          this.name = name;
6:          this.compName = comp;
7:      }
8:      public static void main(String[] args) {
9:          Employee e1 = new Employee("Taro", "AAA");
10:         Employee e2 = new Employee("Hanako", "BBB");
11:         System.out.print(Employee.compName + " : ");
12:         System.out.print(e1.compName + " : ");
13:         compName = "CCC";
14:         System.out.print(e2.compName);
15:     }
16: }
```

このコードをコンパイル、および実行すると、どのような結果になりますか。1つ選
択してください。

A. BBB : AAA : BBB   B. BBB : AAA : CCC

C. BBB : BBB : CCC   D. AAA : AAA : CCC

E. AAA : BBB : BBB

次のコードを確認してください。

Test.java

```
1:  package test;
2:  import silver.Customer;
3:  class Test {
4:      public static void main(String[] args) {
5:          silver.Customer c = new Customer(100, "Duke");
6:          System.out.println(c);
7:      }
8:  }
```

Customer.java

```
 1:  package silver;
 2:  class Customer {
 3:      int id;
 4:      String name;
 5:      public Customer(int id, String name) {
 6:          this.id = id;
 7:          this.name =name;
 8:      }
 9:      public String toString() {
10:          return id + " : " + name;
11:      }
12:  }
```

このコードをコンパイル、および実行すると、どのような結果になりますか。1つ選択してください。

- A. 何も出力されない
- B. 「100 : Duke」が出力される
- C. オブジェクトのハッシュ値が出力される
- D. コンパイルエラーが発生する
- E. 実行時エラーが発生する

問題 51

Java開発環境の説明で正しいものはどれですか。2つ選択してください。

- A. JDK11では、64ビット版・32ビット版バイナリが提供されている
- B. JDK11では、JavaFXがサポートされている
- C. JDK11では、Java Web Startは削除された
- D. JDK11では、Appletは削除された

次のコードを確認してください。

```
 1:  interface I1 {
 2:      float getRange(int low, int high);
 3:  }
 4:
 5:  interface I2 {
 6:      float getAvg(int a, int b, int c);
 7:  }
 8:
 9:  abstract class C1 implements I1, I2 {
10:  }
11:
12:  class C2 implements I1 {
13:      public float getRange(int x, int y) {
14:          return 3.14f;
15:      }
16:  }
17:
18:  interface I3 extends I1 {
19:      float getAvg(int a, int b, int c, int d);
20:  }
```

このコードをコンパイルすると、どのような結果になりますか。1つ選択してください。

    A. 正常にコンパイルできる
    B. 5行目でコンパイルエラーが発生する
    C. 9行目でコンパイルエラーが発生する
    D. 12行目でコンパイルエラーが発生する
    E. 18行目でコンパイルエラーが発生する

問題 53

次のコードを確認してください。

```
1:  class Test {
2:      public static void main(String args[]) {
3:          // insert code here
4:          for(var i:list){
5:              System.out.println(i);
6:          }
7:      }
8:  }
```

3行目にどのコードを挿入すれば正しく実行できますか。2つ選択してください。(2つのうち、いずれか1つを挿入すれば、設問の条件を満たします。)

A. var list = {1,2,3,4,5,6};
B. var list = new int[] {1,2,3,4,5,6};
C. var list = new int[] {1,'2',3,'4',5,6};
D. var list = int[] {1,2,3,4,5,6};

問題 54

次のコードを確認してください。

```
1:  class Test {
2:      public static void main(String[] args) {
3:          int x = 0, y = 0;
4:          int ans = 0;
5:
6:          ans += ++x;
7:          System.out.print(ans + " : ");
8:          ans += y++;
9:          System.out.print(ans);
10:     }
11: }
```

このコードをコンパイル、および実行すると、どのような結果になりますか。1つ選択してください。

A. 1 : 0   **B.** 1 : 1
C. 2 : 1   **D.** 2 : 2
E. コンパイルエラーが発生する

次のコードを確認してください。

```
 1:  class Fruits {
 2:      protected String name;
 3:      protected static Fruits fruits;
 4:      Fruits(){
 5:          fruits = this;
 6:      }
 7:      protected String getName(){
 8:          return fruits.name;
 9:      }
10:  }
11:  class Painapple extends Fruits {
12:      protected String name;
13:      Painapple(String name){
14:          super.name = name;
15:      }
16:      protected String getName(){
17:          return this.name;
18:      }
19:  }
20:  class Test extends Fruits {
21:      public static void main(String args[]) {
22:          Fruits fruits = new Painapple("N67-10");
23:          fruits.name = "Gold";
24:          fruits.fruits.name = "SnackPine";
25:          System.out.println(fruits.getName());
26:      }
27:  }
```

このコードをコンパイル、および実行すると、どのような結果になりますか。1つ選択してください。

- A. N67-10
- B. Gold
- C. SnackPine
- D. null

問題 56

■ ■ ■

次のコードを確認してください。

```
1:  class Square {
2:      int squares = 81;
3:
4:      public static void main(String[] args) {
5:          new Square().go();
6:      }
7:
8:      void go() {
9:          incr(++squares);
10:         System.out.println(squares);
11:     }
12:
13:     void incr(int squares) {
14:         squares += 10;
15:     }
16: }
```

このコードをコンパイル、および実行すると、どのような結果になりますか。1つ選択してください。

A. 81
B. 82
C. 91
D. 92
E. コンパイルエラーが発生する

問題 57

■ ■ ■

次のコードを確認してください。

```
1:  class Test {
2:      public static void main(String args[]) {
3:          Object[][] list = new Object[1][];
4:          list[0] = new int[2];
5:          System.out.print(list[0][0]);
6:          System.out.print(list[0][1]);
7:      }
8:  }
```

このコードをコンパイル、および実行すると、どのような結果になりますか。1つ選択してください。

A. 00

B. 01

C. コンパイルエラーが発生する

D. 実行時エラーが発生する

問題 58 ■■■

次のコードを確認してください。

```
 1:  class Foo {
 2:      private int num;
 3:      public Foo(int n) {
 4:          num = n;
 5:      }
 6:      public void setNum(int n) {
 7:          num = n;
 8:      }
 9:      public int getNum() {
10:          return num;
11:      }
12:  }
13:
14:  public class Bar {
15:      static void changeFoo(Foo f) {
16:          // insert code here
17:      }
18:      public static void main(String[] args) {
19:          Foo f = new Foo(100);
20:          changeFoo(f);
21:          System.out.println("f is " + f.getNum());
22:      }
23:  }
```

16行目にどのコードを挿入すれば「f is 512」と出力できますか。1つ選択してください。

A. f = new Foo(512);

B. f.changeFoo(512);

C. Foo.setNum(512);

D. f.setNum(512);

E. f = Foo.getNum(512);

次のコードを確認してください。

```
 1:  class Customer {
 2:      private int id;
 3:      private String name;
 4:      public Customer(int id) {
 5:          id = id;
 6:          name = "unknown";
 7:      }
 8:      public Customer(int i, String n) {
 9:          id = i;
10:          name = n;
11:      }
12:      public void disp() {
13:          System.out.println(id + " : " + name);
14:      }
15:  }
16:  class Test {
17:      public static void main(String[] args) {
18:          new Customer(100).disp();
19:          new Customer(101, "Duke").disp();
20:      }
21:  }
```

このコードをコンパイル、および実行すると、どのような結果になりますか。1つ選択してください。

- A. 100 : unknown
  101 : Duke
- B. 0 : unknown
  101 : Duke
- C. 100 : unknown
  0 : null
- D. 0 : unknown
  0 : null
- E. コンパイルエラーが発生する

次のコードを確認してください。

```
1:  public interface Test {
2:      public void func();
3:  }
```

この Test インタフェースを実装するクラス定義として、コンパイルが成功するものはどれですか。1つ選択してください。

A.
```
class TestA implements Test {
    public void func();
}
```

B.
```
class TestB implements Test {
    public int func() { }
}
```

C.
```
abstract class TestC implements Test {
    public void func();
}
```

D.
```
abstract class TestD implements Test {
    public abstract void func();
}
```

Predicate<T>型に対するラムダ式として、不適切な記述はどれですか。1つ選択してください。

A. `Predicate<Integer> lambda = (Integer x) -> x ==0;`
B. `Predicate<Integer> lambda = (x) -> x==0;`
C. `Predicate<Integer> lambda = x -> x==0;`
D. `Predicate<Integer> lambda = x -> {return x==0;};`
E. `Predicate<Integer> lambda = (int x) -> x==0;`

問題 62

次のコードを確認してください。

```
1:   import java.util.List;
2:   class Test {
3:       public static void main(String args[]) {
4:           var list = List.of(2018, '9', 25, "JavaSE11");
5:           // insert code here
6:               System.out.println(i);
7:           }
8:       }
9:   }
```

5行目に挿入するコードとしてコンパイル、実行できるものはどれですか。2つ選択してください。(2つのうち、いずれか1つを挿入すれば、設問の条件を満たします。)

A. for(var i:list){
B. for(int i:list){
C. for(Object i:list){
D. for(String i:list){

問題 63

多次元配列の定義として、適切なコードはどれですか。1つ選択してください。

A. int[][] array2D = {{0, 1, 2, 4} {5, 6}};
B. int[][] array2D = new int[2][2];
   array2D[0][0] = 1;
   array2D[0][1] = 2;
   array2D[1][0] = 3;
   array2D[1][1] = 4;
C. int[][][] array3D = {{0, 1}, {2, 3}, {4, 5}};
D. int[][][] array3D = new int[2][2][2];
   array3D[0][0] = 0;
   array3D[0][1] = 1;
   array3D[1][0] = 2;
   array3D[0][1] = 3;
E. int[][] array2D = {0, 1};

次のコードを確認してください。

```
1:  class Test {
2:      public void func() {
3:          this.disp();
4:      }
5:      public void disp() {
6:          System.out.print("Test");
7:      }
8:  }
9:  class ExTest extends Test {
10:     public void disp() {
11:         System.out.print("ExTest");
12:     }
13:     public static void main(String[] args) {
14:         Test t = new ExTest();
15:         t.disp(); System.out.print(" : ");
16:         t.func();
17:     }
18: }
```

このコードをコンパイル、および実行すると、どのような結果になりますか。1つ選択してください。

A. Test : Test
B. Test : ExTest
C. ExTest : Test
D. ExTest : ExTest

次のコードを確認してください。

```
1:  class Test {
2:      public static void main(String[] args) {
3:          func(new Object[3]);
4:          func(new int[3]);
5:          func(new Integer[3]);
6:      }
7:      public static void func(Object[] obj) { }
8:  }
```

このコードをコンパイルすると、どのような結果になりますか。1つ選択してください。

A. コンパイルが成功する

B. 4行目でコンパイルエラーが発生する

C. 5行目でコンパイルエラーが発生する

D. 4行目と5行目でコンパイルエラーが発生する

問題 66

次のコードを確認してください。

```
1:  class Flag {
2:      public static void main(String args[]) {
3:          boolean flag1 = false;
4:          boolean flag2 = true;
5:          System.out.print(flag1 = flag2 && flag1);
6:          System.out.print((flag1 = flag2) && flag1);
7:      }
8:  }
```

このコードをコンパイル、および実行すると、どのような結果になりますか。1つ選択してください。

A. truetrue

B. truefalse

C. falsetrue

D. falsefalse

E. コンパイルエラーが発生する

問題 67

モジュール記述子に関する説明について、不適切なものはどれですか。1つ選択してください。

A. module-info.javaというファイル名で作成する必要がある

B. module モジュール名{ }で宣言する必要がある

C. モジュール化するプログラムコードのルート階層に配置する必要がある

D. 依存するモジュールは、すべて明示的にrequires文で指定する必要がある

E. 不適切なものはない

次のコードを確認してください。

```
1:  class Test {
2:      public static void main(String args[]) {
3:          StringBuilder stb = new StringBuilder("Hello Programming World!");
4:          // insert code here
5:          System.out.println(stb);
6:      }
7:  }
```

このコードは実行すると「Hello Java World!」を表示します。そのために、4行目に挿入するコードとして適切なものはどれですか。1つ選択してください。

- **A.** stb.replace("Java", 6, 16);
- **B.** stb.replace("Java", 6, 17);
- **C.** stb.replace(6, 16, "Java");
- **D.** stb.replace(6, 17, "Java");

次のコードを確認してください。

```
1:  class Sample {
2:      public static void main(String[] args) {
3:          String s1 = "1 ";
4:          String s2 = "2 ";
5:          String s3 = s1.concat(s2);
6:          String s4 = "3 ";
7:          s3 = s3.concat(s4);
8:          s3.replace('3', '4');
9:          s1 = s4.concat(s3);
10:         System.out.println(s1);
11:     }
12: }
```

このコードをコンパイル、および実行すると、どのような結果になりますか。1つ選択してください。

- **A.** 3 1 2 4
- **B.** 3 1 2 3
- **C.** 4 1 2 4
- **D.** 1 1 2 3

問題 70 ■■■□

次のコードを確認してください。

```
 1:  class Test {
 2:      public static void main(String[] args) {
 3:          try {
 4:              func();
 5:          } catch(RuntimeException e) {
 6:              System.out.println("catch");
 7:          }
 8:      }
 9:      public static void func() throws Exception {
10:          throw new RuntimeException();
11:      }
12:  }
```

このコードをコンパイル、および実行すると、どのような結果になりますか。1つ選択してください。

- **A.** catch
- **B.** 何も出力されない
- **C.** 4行目が原因でコンパイルエラーが発生する
- **D.** 9行目が原因でコンパイルエラーが発生する
- **E.** 10行目が原因でコンパイルエラーが発生する

問題 71 ■■■□

次のコードを確認してください。

```
 1:  class Test {
 2:      public static void main(String args[]) {
 3:          StringBuilder stb = new StringBuilder("JavaSE11");
 4:          stb.delete(4,5);
 5:          System.out.println(stb);
 6:      }
 7:  }
```

このコードをコンパイル、および実行すると、どのような結果になりますか。1つ選択してください。

- **A.** Java11
- **B.** JavaS11
- **C.** JavaE11
- **D.** 実行時エラーが発生する

次のコードを確認してください。

```
1:  class Calc {
2:      static Short num1,num2;
3:      public static void main(String[] args) {
4:          int result;
5:          num1 = 5;
6:          result = num1 + num2;
7:          System.out.print(result);
8:      }
9:  }
```

このコードをコンパイル、および実行すると、どのような結果になりますか。1つ選択してください。

A. 5
B. コンパイルエラーが発生する
C. 実行時にClassCastExceptionが発生する
D. 実行時にNullPointerExceptionが発生する
E. 実行時にIllegalStateExceptionが発生する

次のコードを確認してください。

```
1:  class Test {
2:      static int no = 10;
3:      Test(int no){
4:          this.no = no;
5:      }
6:      int getNo(){
7:          return this.no;
8:      }
9:      public static void main(String args[]){
10:         Test obj = new Test(20);
11:         System.out.println(Test.no);
12:     }
13: }
```

このコードをコンパイル、および実行すると、どのような結果になりますか。1つ選択してください。

A. 10

B. 20

C. コンパイルエラーが発生する

D. 実行時エラーが発生する

問題 74

次のコードを確認してください。

```
1:  class Test {
2:      public static void main(String[] args) {
3:          int[] ary = {1, 2, 3};
4:          for(int i : ary) {
5:              switch(i) {
6:                  case 1:
7:                      System.out.print("1");
8:                      continue;
9:                  case 2:
10:                     System.out.print("2");
11:                     continue;
12:                 default:
13:                     System.out.print("3");
14:             }
15:             break;
16:         }
17:     }
18: }
```

このコードをコンパイル、および実行すると、どのような結果になりますか。1つ選択してください。

A. 123

B. 12

C. 1

D. 8行目、11行目が原因でコンパイルエラーが発生する

E. 15行目が原因でコンパイルエラーが発生する

次のコードを確認してください。

```
1:  class Test {
2:      public static void main(String[] args) {
3:          int num = Integer.parseInt(args[0], 8);
4:          System.out.println(num);
5:      }
6:  }
```

このコードをコンパイルし、以下のコマンドで実行すると、どのような結果になります
か。1つ選択してください。

```
> java Test 16
```

- A. 14
- B. 16
- C. 20
- D. 3行目でNumberFormatExceptionが発生する

次のコードを確認してください。

```
1:  class Test {
2:      public static void main(String args[]) {
3:          int i = 10;
4:          int i2 = 11;
5:          String str = null;
6:          switch(i|i2){
7:              case 10: str = "Java";
8:              case 11: str = "Java11";
9:              default: str = "JavaSE11";
10:         }
11:         System.out.println(str);
12:     }
13: }
```

このコードをコンパイル、および実行すると、どのような結果になりますか。1つ選
択してください。

A. Java

B. Java11

C. JavaSE11

D. コンパイルエラーが発生する

次のコードを確認してください。

```java
1:    interface A {
2:        public void m1();
3:    }
4:
5:    class B implements A {
6:    }
7:
8:    class C implements A {
9:        public void m1() {
10:       }
11:   }
12:
13:   class D implements A {
14:       public void m1(int x) {
15:       }
16:   }
17:
18:   abstract class E implements A {
19:   }
```

コンパイルエラーの原因となるクラス、またはインタフェースはどれですか。2つ選択してください。

A. Aインタフェース

B. Bクラス

C. Cクラス

D. Dクラス

E. Eクラス

次のコードを確認してください。

```
1:    import java.io.IOException;
2:
3:    class Test {
4:        public static void main(String args[]) {
5:            try {
6:                Test.ex();
7:                System.out.print("Hello");
8:            } catch (IOException e) {
9:                System.out.print(e.getMessage());
10:           }
11:           System.out.print("Java");
12:       }
13:       public static void ex() throws IOException,RuntimeException{
14:           throw new RuntimeException("Exception");
15:       }
16:   }
```

このコードをコンパイル、および実行すると、どのような結果になりますか。1つ選択してください。

- A. Java
- B. HelloJava
- C. コンパイルエラーが発生する
- D. 実行時エラーが発生する

次のコードを確認してください。

ソースファイル名：Access1.java

```
1:    package pack1.pack2;
2:
3:    public class Access1 {
4:        public static int num = 55;
5:    }
```

ソースファイル名：Access2.java

```
1:   import static pack1.pack2.Access1.*;
2:
3:   public class Access2 {
4:       int num1 = Access1.num;
5:       int num2 = num;
6:       int num3 = pack1.pack2.Access1.num;
7:   }
```

Access1クラスとAccess2クラスの説明として、正しいものはどれですか。1つ選択してください。

 A. Access2クラスのみコンパイルに成功する
 B. Access1クラスとAccess2クラスがコンパイルに成功する
 C. Access2クラスの4行目が原因でコンパイルエラーが発生する
 D. Access2クラスの5行目が原因でコンパイルエラーが発生する
 E. Access2クラスの6行目が原因でコンパイルエラーが発生する

問題 80

次のコードを確認してください。

```
1:   class Test {
2:       public static void main(String args[]) {
3:           if(test("True")) {
4:               System.out.println("True");
5:           } else {
6:               System.out.println("Not true");
7:           }
8:       }
9:       static Boolean test(String str) {
10:          return Boolean.valueOf(str);
11:      }
12:  }
```

このコードをコンパイル、および実行すると、どのような結果になりますか。1つ選択してください。

 A. True   **B.** Not true
 C. 実行時に例外が発生する
 D. 3行目でコンパイルエラーが発生する
 E. 10行目でコンパイルエラーが発生する

問題 1

 解説 **文字列操作**に関する問題です。

文字列の内容比較にはequals()メソッドを使用します。==演算子を使用した比較は参照比較になります。また、文字列は**内容が不変（イミュータブル）**であるため、不必要なオブジェクト生成を避ける特徴を持ちます。

各選択肢の解説は、以下のとおりです。

選択肢A

1行目と2行目の「"」（ダブルクォーテーション）で囲んで定義した文字列は暗黙的にインターン化されます。一度生成されたものがあれば、再利用されるため、同一のオブジェクトを参照することになります。したがって、不正解です。

※インターン化とは、「同じ文字列であれば、同じオブジェクトを参照すること」です。

選択肢B

3行目でnewを使って明示的にインスタンス化しています。文字列オブジェクトを新規作成するため、異なるオブジェクトを参照することになります。したがって、正解です。

選択肢C

4行目で新規にインスタンス化した文字列を、intern()メソッドを使用して明示的にインターン化しています。str4が参照するオブジェクトは、前述のコードですでにインターン化されているオブジェクト（str1およびstr2）と同じであるため、str3とは異なるオブジェクトになります。したがって、正解です。

選択肢D

前述のとおり、str4はインターン化されたオブジェクトを参照しています。したがって、不正解です。

選択肢E

5行目において、str3が参照するオブジェクトのtoString()メソッドを使用していますが、Stringクラスの場合には文字列が明示的に生成されることはなく、自身のオブジェクトの参照を返します。したがって、不正解です。

選択肢F

6行目でインスタンス化したStringBuilderのtoString()メソッドを使用しています。Stringクラス以外のtoString()メソッドは文字列が明示的に生成されます。したがって、正解です。

解答 B、C、F

問題 2

 配列の比較についての問題です。

　Arraysクラスは配列のソートや検索を行うクラスです。Arraysクラスのmismatch()メソッドは配列の要素を比較し、最初に異なる位置の要素番号を戻り値として返します。したがって、選択肢Aが正解です。

 A

問題 3

 変数の初期化についての問題です。

　3行目で変数iに10を代入し、5行目のif文で10と比較を行っています。したがって、5行目のif文の結果は確実にtrueとなります。

　しかし、4行目で宣言のみ行われている変数messageは、if文がtrueの際は値が代入されていますが、仮に条件式がfalseとなった場合、変数messageは初期化されません。

　このように、分岐文を定義する場合は「実際の条件結果に関係なく」どのような分岐結果となったとしても、必ず利用する変数を初期化しなければなりません。

　したがって、選択肢Cが正解です。

 C

問題 4

 Listコレクションのメソッドについての問題です。

　4行目でArrayListコレクションを生成し、3つの文字列要素を追加しています。その後、5行目ではHashSetコレクションを作成し、Listコレクションの要素を代入しています。

　6行目ではSetコレクションに要素を1つ追加しているため、6行目終了時点では、ListコレクションとSetコレクションは以下の要素を保持しています。

　List コレクション：3つの要素 ("SE", "EE", "ME")
　Set コレクション：4つの要素 ("SE", "EE", "ME", "Java")

　7行目でListコレクションに対し、clear()メソッドを呼び出しているためListコレクションの要素はすべて削除されます。

　しかし、コレクション同士の要素の受け渡しはあくまでも「オブジェクト参照情報のコピー」となるため、Setコレクションが保持している要素には影響はありません。

したがって、選択肢Cが正解です。

 C

 List コレクションのメソッドについての問題です。

java.util.Listインタフェースのof()メソッドはListコレクションを作成するメソッドです。Java SE 9で追加されたメソッドです。

メソッド定義

```
static <E> List<E> of(E e1)
```

- 引数にリストの要素を渡し、「**変更不可能**」なリストを作成します

ポイントとしては、List.of()で作成されるリストは変更不可能となるため、要素の追加や削除を行うと例外 (UnsupportedOperationException) が発生します。

問題のコードでは、4行目で "Java" を要素に保持する変更不可能なリストを作成しています。以降、要素の追加や削除が行えません。

しかし、mapへ要素をコピーした後、7行目でclear()で要素を削除しているため例外が発生します。

したがって、選択肢Eが正解です。

参考

次のようにnewキーワードを利用したリスト作成を行えば、例外が発生せずに実行できます。

```
4:         List<String> list = new ArrayList<>(List.of("Java"));
```

 E

 Java APIの利用についての問題です。

Mathクラスのfloor()メソッドは、計算上の整数と等しい、最大の (正の無限大に最も近い) double値を返します。ただし、以下の場合は、引数と同じ値が返されます。

- 引数が整数と等しい場合

- 引数がNaN、無限大、正のゼロ、または負のゼロの場合

−0は0として扱われ、戻り値がdouble型であるため0.0が出力されます。したがって、選択肢Cが正解です。

 解答 C

 問題 7

 解説 **for**についての問題です。

選択肢A、Bは正しい文法です。選択肢Cのvar型は変数を同時に宣言することはできません。選択肢Dの拡張forループは、変数の初期化はできません。したがって、選択肢A、Bが正解です。

 解答 A、B

 問題 8

 解説 **参照型のキャスト**についての問題です。

選択肢A

Vehicle型の変数vにVehicleオブジェクトを代入しています。変数と代入するオブジェクトの型が一致しているため、正常に代入できます。したがって、正解です。

選択肢B

Vehicle型の変数vにCarオブジェクトを代入しています。Carクラスは、Vehicleクラスを継承したサブクラスです。サブクラス型の参照情報はスーパークラス型の変数に暗黙的に代入できます。したがって、正解です。

選択肢C

java.lang.Object型の変数oにVehicleオブジェクトを代入しています。すべてのクラスは暗黙的にjava.lang.Objectクラスを継承しているため、VehicleオブジェクトをObject型の変数へ代入できます。したがって、正解です。

選択肢D

Car型の変数cにVehicleオブジェクトを代入しています。VehicleクラスはCarクラスのスーパークラスです。スーパークラス型の参照情報はサブクラス型の変数へ代入できません。したがって、不正解です。

 解答 A、B、C

問題 9

解説 **モジュール型プロジェクトのコンパイルと実行**についての問題です。

　モジュールシステムの導入に伴い、コンパイルや実行に際して、モジュールの指定や検査を行うためのオプションやツールが追加されています。jdepsコマンドは、クラスファイルの依存関係をパッケージレベルまたはクラスレベルで表示することができるアナライザです。出力は通常、標準出力に対して行いますが、専用のDOTファイルに出力することも可能です。

　各選択肢の解説は、以下のとおりです。

選択肢A、B、C、E

　いずれも存在しないオプションです。したがって、不正解です。

選択肢D

　java.baseモジュールの依存関係をチェックした結果は、以下のとおりです。

```
> jdeps --check java.base
java.base (jrt:/java.base)
  [Unused qualified exports in java.base]
    exports jdk.internal.misc to java.sql
    exports jdk.internal.vm.annotation to jdk.internal.vm.ci
    exports sun.nio.ch to jdk.sctp
    exports sun.security.ssl to java.security.jgss
```

　java.baseモジュールはJava SE Platformの基盤となるAPIを定義します。--checkオプションは指定されたモジュールの依存関係を分析します。対象となるモジュールのモジュール記述子、他のモジュールとの依存関係、および遷移削減後のモジュールグラフを出力します。また、未使用の修飾された公開パッケージも出力します。したがって、正解です。

解答 D

問題 10

解説 **for文**についての問題です。

　設問のwhile文はiの値が0〜10までの間、繰り返し出力されます。

　選択肢Aはfor文の初期化の式と後処理の式が省略されていますが、文法としては適切です。結果について、iの値が10になった時点で繰り返しは終了します。インクリメント演算子は後置のため出力されるのは9までです。したがって、不正解です。

　選択肢BとCはそれぞれ継続条件が省略されていますが、if文の条件式も含め、適

切に処理されます。選択肢Cは後処理の式でiの値が2ずつ増えますが、デクリメント演算子は前置のため1ずつ増えて出力されます。したがって、選択肢BとCは正解です。

選択肢Dは文法としては適切です。また、switch内にcaseラベルがなくdefaultラベルのみですが、文法としては適切です。ただし、defaultラベルのif文におけるbreak文は、直近のdefaultラベルを終了することになるため、ループ自体は継続されます。結果としてループが終了することはなく無限ループとなります。したがって、不正解です。

 解答 B、C

問題 11

 解説 **変数のスコープ**についての問題です。

4行目から開始したプログラムは、mainメソッドのローカル変数noに100を格納します。次に、5行目でTestクラスのインスタンス化を行い、13行目のTestコンストラクタの引数xに100を渡します。14行目のコンストラクタのローカル変数noには、xの値100と100を足して200が代入されますが、コンストラクタ内のローカル変数であるため、以降の処理では使用されません。

6行目に戻り、9行目のnoMethod()メソッドを呼び出し、引数xにmainメソッドのローカル変数noの100を渡します。

11行目でTestクラスの変数this.noを返します。ここで、返されるTestクラスの変数this.noは値が一度も設定されていないため、インスタンス化時の初期値である0が返されます。返された値0は6行目のmainメソッドのローカル変数noに代入されます。最後の7行目では、mainメソッドのローカル変数noの値0を出力します。

したがって、選択肢Aが正解です。

 解答 A

問題 12

 解説 **オブジェクトへのアクセス**についての問題です。

9行目では、MyClassオブジェクトを生成し、変数mcで参照しています。

10行目では、変数mcの参照情報を、変数mc2へ代入します。変数mcと変数mc2は同一のオブジェクトを参照します。

11行目では、mc.foo();により変数numに100を代入します。

12行目では、mc2.num *= 2;により、11行目で100が代入されている変数numに対して乗算を行い、変数numの値は200になります。

13行目では、変数mc2にnullを代入することで、変数mc2の参照は失われますが、変数mcは生成したオブジェクトを参照しています。

したがって、14行目では「200」を出力するため、選択肢Bが正解です。

 B

 問題 13

 Listコレクションについての問題です。

Listクラスのof()メソッドは、引数に指定された要素から不変のリストを作成します。6行目のリスト作成時に引数に指定された要素がnullの場合は、NullPointerExceptionが発生します。したがって、選択肢Dが正解です。

 D

問題 14

 break文と**continue文**についての問題です。

4行目の拡張for文では、3行目で宣言した配列strから順に要素を取り出し、変数sに代入してループ処理を行います。

変数sが"a"のときは、6行目でcontinueを実行し、以降の処理がスキップされます。したがって、変数sがaのときは何も出力されません。

変数sが"b"のときは、8行目で「b」と出力されます。

変数sが"c"のときも、8行目で「c」と出力されます。10行目でbreak文を実行しfor文のループを終了します。

したがって、実行結果は「bc」と出力されるため、選択肢Cが正解です。

 C

問題 15

while文についての問題です。

5行目の条件式str.lengthは3となるため、変数numが0、1、2の間ループします。

6行目のstr[num++]は配列strのnum番目の要素を取得してから、変数numをインクリメントします。

よって、str[num++]はループ内でaa、bb、ccと変化するため、num + str[num++] + numは、「0aa1」「1bb2」「2cc3」と順に出力します。

したがって、実行結果は「0aa11bb22cc3」と出力されるため、選択肢Bが正解です。

参考

num++を++numと変更した場合は、インクリメントしてから配列strのnum番目の要素を取得します。この場合、3回目のループでstr[++num]を実行したときに例外が発生します。

 B

問題 16

 スーパークラスのコンストラクタ呼び出しについての問題です。

コンストラクタを呼び出してオブジェクトを生成する際には、まずスーパークラスのコンストラクタを呼び出す必要があります。

7行目のCar()コンストラクタにはスーパークラスのコンストラクタ呼び出しが明記されていませんが、コンパイルしたタイミングでsuper();の呼び出し処理が先頭行に暗黙的に追加されます。8行目で「2」と出力される前に、2行目のVehicleクラスのコンストラクタを呼び出し、3行目で「1」と出力されます。

したがって、実行結果は「12」と出力されるため、選択肢Cが正解です。

 C

問題 17

 二次元配列の宣言についての問題です。

各選択肢の解説は、以下のとおりです。

選択肢A、B、C

構文に沿った記述のため、正解です。

選択肢D

「{」が「(」になっているため、コンパイルエラーが発生します。したがって、不正解です。

選択肢E

int配列型をchar型の値で初期化していますが、int型にchar型の値を代入する場合は、暗黙的な型変換が適用されます。したがって、正解です。

選択肢F

int配列型をString型で初期化しているため、コンパイルエラーが発生します。したがって、不正解です。

A、B、C、E

 配列の初期値についての問題です。

配列の生成時、明示的に値を代入していない要素は、初期値で初期化されます。各データ型の初期値は以下のとおりです。

|表| **各データ型の初期値**

データ型	初期値
byte	0
short	0
int	0
long	0
float	0.0f
double	0.0d
char	'¥u0000'（空文字）
boolean	false
参照型（String型など）	null

したがって、実行結果は「false 0.0null」と出力されるため、選択肢Eが正解です（falseと0.0の間は空文字を表現しています）。

 E

 switch文についての問題です。

caseで指定できるのは定数式です。6行目のTestクラスの定数化された変数check（値は0）の指定は問題ありません。4行目の変数iの値は0ですから、5行目のswitch文の判定によって6行目に移動します。その後、7行目のcase!が出力されますが、break文がないため、8行目、9行目も実行され、続いてdefault!も出力されます。したがって、選択肢Bが正解です。

 B

問題 20

 Java言語の特徴についての問題です。

各選択肢の解説は、以下のとおりです。

選択肢A

Java言語には参照型（オブジェクトや配列）と基本データ型（プリミティブ型）のデータが存在します。したがって、不正解です。

選択肢B

java.lang.ObjectクラスはJava言語におけるすべてのスーパークラスです。継承を行っていない自作クラスも暗黙的にextends Objectが付与されます。したがって、正解です。

選択肢C

1つのオブジェクトに対し代入演算子を使用し、複数の変数で参照することが可能です。したがって、不正解です。

選択肢D

継承を行いサブクラスとして定義が可能です。したがって、正解です。

 B、D

問題 21

 モジュール化されたアプリケーションのコンパイルについての問題です。

モジュール化されたアプリケーションをコンパイルするには、モジュールの検索パスを指定する必要があります。

モジュールの検索パスを指定する場合は-pまたは--module-pathオプションを指定します。--module-pathのように、ハイフンが2つ続くオプションはハイフンが1つのオプションの別名となります。

また、--module-source-pathオプションを使用すると、指定したディレクトリ配下に存在する複数のモジュールを一括してコンパイルすることができます。

したがって、選択肢B、Eが正解です。

 B、E

問題 22

 モジュールシステムの概要についての問題です。

各選択肢の解説は、以下のとおりです。

選択肢A

モジュールの開発者によって明示的に公開されないパッケージはすべて非公開になります。結果として、公開しないパッケージはそのモジュール内でのみの内部使用に限定することが可能になり、そのモジュールに依存するモジュールからの不適切な使用を防ぐことが可能になります。

選択肢B

Javaプラットフォームにて標準的に用意されているパッケージは、すべてモジュールに分割されました。今後のリリースでモジュールの数は増減する可能性がありますが、アプリケーションの機能や、対象デバイスに必要なモジュールのみで構成されたカスタムランタイムを構成できます。結果的にランタイムのサイズを削減することも可能になります。

選択肢C

モジュールシステムを利用する場合、各モジュールにはモジュール間の依存性を明示的に宣言する必要があります。この結果、コンパイル時と実行時の両方で必要になるモジュールを認識できるようになります。

選択肢D

モジュールの定義において、exports文でパッケージが明示的に公開された場合のみ、他のモジュールからアクセスできます。その場合でもアクセス元のモジュールでは、公開されるパッケージを含むモジュールの使用をrequires文で明示的に宣言しない限り使用できません。このため、従来のパッケージを利用した構成と比較して、より厳密なカプセル化が実現できます。

選択肢E

選択肢A、B、C、Dの説明はすべて正しい解説です。したがって、正解です。

 解答 E

 問題 23

解説 **配列の参照情報の代入**についての問題です。

配列型の変数は参照変数です。別の配列型変数を代入した場合は参照情報が上書きされます。

5行目では変数num1の参照情報を変数num2に代入しているため、変数num2は変数num1と同一の配列を参照します。

6行目で変数num1が参照する配列の各要素に1、2、3を代入すると、num2はnum1と同じ配列を参照しているため、num2[0]、num2[1]、num2[2]の各値も1、

2、3となります。

　したがって、7行目で各要素の合計値である「6」が出力されるため、選択肢Bが正解です。

 B

問題 24

 クラスのインポートについての問題です。

　他のクラスを使用する場合、import文などを使用してクラスのインポート（取り込み）が必要となるのは、以下の2つです。

- 自クラスとは異なるパッケージのクラス
- ライブラリにおいてjava.langパッケージ以外のパッケージのクラス

　したがって、選択肢A、Cが正解です。

 A、C

問題 25

 StringBuilderの参照情報についての問題です。

　4行目では、変数xを変数yに代入していますが、基本データ型の場合にはデータのコピーが行われ、変数xと変数yはそれぞれ独立して100を保持します。

　5行目では、変数xをインクリメントすると、変数xは101、変数yは100と異なる値になります。

　7行目では、変数sb1を変数sb2に代入していますが、StringBuilderオブジェクトは参照情報になるため、変数sb1と変数sb2は同一のStringBuilderオブジェクトを参照します。

　9行目では、x == yとsb1 == sb2を比較した結果を出力しています。

　x == yは異なる値のため「false」が出力され、sb1 == sb2は同一のオブジェクトを参照するため「true」を出力します。

　したがって、実行結果は「false true」と出力されるため、選択肢Cが正解です。

 C

解説　**モジュール定義にもとづくモジュールグラフ**についての問題です。

　本設問を構成するモジュールはbarモジュール、fooモジュール、testモジュールおよび、java.baseモジュールの4つになります。barモジュールの定義には依存するモジュールが定義されていませんが、fooモジュールも含め、java.baseモジュールに暗黙的に依存します。

　fooモジュールの定義には、barモジュールに対する推移的な依存関係 (transitive) が指定されているため、fooモジュールに依存するモジュールはbarモジュールにも依存します。したがって、fooモジュールに依存するtestモジュールはbarモジュールに推移的に依存します。

　各選択肢の解説は、以下のとおりです。

選択肢A

　testモジュール、fooモジュール、barモジュール間の依存関係は正しいですが、fooモジュールに依存するモジュールはbarモジュールに推移的に依存します。モジュールグラフにはtestモジュールからbarモジュールに対する依存関係がありません。したがって、不正解です。

選択肢B

　barモジュールとjava.baseモジュールが依存関係を持っていますが、java.baseモジュールはすべてのモジュールが暗黙的に依存するモジュールです。したがって、不正解です。

選択肢C

　testモジュールからfooモジュールへの依存関係がありません。また、選択肢Bと同様にjava.baseモジュールへの依存関係もbarモジュールのみになっています。したがって、不正解です。

選択肢D

　fooモジュールはbarモジュールに推移的に依存し、結果的にtestモジュールもbarモジュールに依存します。また、各モジュールからjava.baseモジュールへの依存関係もあるため、正しいモジュールグラフを表現しています。したがって正解です。

 解答　D

 解説　**スーパークラスのメソッド呼び出し**についての問題です。

15行目ではサブクラスオブジェクトを生成し、16行目でfunc()メソッドを呼び出しています。func()メソッドはサブクラスのExTestクラスに定義されているメソッドであるため呼び出し可能です。

11行目のfunc()メソッドでは、12行目でスーパークラスで定義されているadd()メソッドを呼び出しています。「super.メソッド名」の定義自体は正しいですが、3行目で定義されたadd()メソッドのアクセス修飾子がprivateです。

継承関係が存在していてもprivate修飾子は「外部からのアクセスは禁止」というルールになるため、サブクラス（別クラス）からの呼び出しはコンパイルエラーとなります。

したがって、選択肢Cが正解です。

参考
add()メソッドの修飾子がprotectedまたは省略（修飾子なし）、publicであればサブクラスからも呼び出し可能です（実行結果は1が出力されます）。

 解答 C

 問題 28

 解説 **Java APIの利用**についての問題です。

3行目のInteger.parseInt("10",0xf)は1つ目の引数の文字列を整数表現に変換するメソッドです。2つ目の引数は1つ目の引数の基数を指定します。1つ目の引数は文字列の「10」で、2つ目の引数が0xf(15)進数です。15進数の10を10進数（整数表現）に変換すると15になります。したがって、選択肢Bが正解です。

解答 B

 問題 29

解説 **参照変数とインスタンス化**についての問題です。

Animal型の参照変数へインスタンスを代入するためには、Animalインタフェースを実装するクラスのオブジェクトが必要です。

各選択肢の解説は、以下のとおりです。

選択肢A
Animalインタフェースは、インスタンス化できません。インタフェースは、インタフェースを実装するクラスを定義してインスタンス化する必要があります。したがって、不正解です。

選択肢B

選択肢Aと同様にDogインタフェースもインスタンス化できません。したがって、不正解です。

選択肢C

Pugクラスをインスタンス化し、Dog型にキャストしています。DogインタフェースはAnimalインタフェースを継承しているため、Animal型の変数へ代入できます。したがって、正解です。

選択肢D

Objectクラスのオブジェクトを生成しています。ObjectクラスはAnimal型のインタフェースを実装しないため、キャストおよび、代入を行うことはできません。したがって、不正解です。

 解答 C

問題 30

 解説 **配列**についての問題です。

3行目のコードで配列を初期化していますが、初期化前の自身の値を使用することはできません。Integer.valueOf(iarray[0]) はコンパイルエラーになります。したがって、選択肢Cが正解です。

 解答 C

問題 31

 解説 **ラムダ式**についての問題です。

Botインタフェースのmsgメソッドは、戻り値がvoidで引数にString型の引数が指定されています。Botインタフェースに従ったラムダ式を定義する必要があります。

選択肢Aは引数がmsgでSystem.out.println(x);の引数がxとなっており、ラムダ式内でx変数が見つからないため、コンパイルエラーとなります。

選択肢Bは{ }でラムダ式が囲まれているため、複数行の定義となります。そのため、命令の最後には ; (セミコロン) が必要になるためコンパイルエラーとなります。

選択肢Cはラムダ式の定義に問題はないため、コンパイルおよび実行可能です。ただし、処理内容はreturnのみであるため実行しても何も表示されません。

選択肢DはBotインタフェースの戻り値がvoid定義であるにもかかわらず、変数xを戻り値として返しているため、コンパイルエラーになります。

何も表示されませんが、正常にコンパイル実行できるのは選択肢Cのみです。し
たがって、選択肢Cが正解です。

 C

問題 32

 日時APIについての問題です。

　4行目でLocalDateクラスを使用して日付オブジェクト（2000-06-01）を作成し
ます。5行目のplusYears()メソッドで年数を加え、6行目のplusDays()で日付を加
え、7行目のminusMonths()メソッドで月を減らします。ここでLocalDateのイン
スタンスは不変であるため、新しく変更されたオブジェクトを戻り値で受け取る必要
があります。しかし、各メソッドで戻り値を受け取っていないため、ldate変数のオブ
ジェクトは初期のまま変化しません。したがって、選択肢Aが正解です。

 A

問題 33

 while文とdo-while文のループについての問題です。

　5～8行目のdo-while文内の、6～7行目でwhile文が定義されています。

　6行目のwhile文の条件式は num < str.length と定義されているため、0 < 3の
条件を満たす間、ループ処理を実行します。

　7行目では、++numにより変数numをインクリメントしてから出力します。イン
クリメントしてから出力するため「1」「2」「3」と順番に出力されます。

　変数numが3の時点で6行目の内側のwhile文が終了し、8行目でdo-while文の
ループ条件を評価します。8行目の条件式は、num < str.length と定義されていま
す。8行目の評価が行われる時点で3 < 3の評価となるため、false判定でdo-while
文を終了します。

　したがって、実行結果は「123」と出力されるため、選択肢Bが正解です。

 B

問題 34

 メソッドのオーバーロードについての問題です。

　オーバーロードは、同一クラス内に引数の数や型が異なる同じ名前のメソッドを

複数定義することです。

　つまり、オーバーロードを行うためには、引数の数、または型が異なるメソッドを
定義する必要があります。

　したがって、選択肢C、Dが正解です。

 C、D

 ラムダ式についての問題です。

　ラムダ式の構文は、以下のとおりです。

構文

```
(データ型 変数名) -> {return 処理 ;}
```

- データ型は、変数名が1つの場合は省略できる
- { }内は、1文のみの場合は、return、; (セミコロン) を省略可能

　選択肢A、B、Cはラムダ式の構文に従っていて、2より小さいidのCustomerを
削除します。選択肢Dは{ }で囲まれているため、return文が必要です。したがって、
選択肢Dが正解です。

 D

 インスタンス変数とstatic変数についての問題です。

　17行目でのオブジェクト生成を行うと、コンストラクタでの初期化によって変数
v1には10、変数v2には30が代入されます。

　その後、18行目で2つ目のオブジェクトを生成しています。引数なしのコンストラ
クタ呼び出しを行うと5行目のthis()キーワードにより7行目のコンストラクタが呼
び出され、数v1には20、変数v2には40が代入されます。

　ただし、変数v1はstatic変数のため、生成された2つのオブジェクトで共有され
る値となります。つまり、17行目で生成された1つ目のオブジェクトの変数v1も20
に上書きされます。

　したがって、選択肢Dが正解です。

 D

解説 **サブクラスのコンストラクタ**についての問題です。

Salesクラスは Employeeクラスを継承しています。

サブクラスのコンストラクタでは、先頭の処理においてスーパークラスまたは自クラスのコンストラクタ呼び出しが必要です。Salesクラスには、他にコンストラクタの定義がないため、スーパークラスのコンストラクタを呼び出す必要があります。

スーパークラスのコンストラクタ呼び出しには super()を使用します。

スーパークラスでは、5行目で引数2つのコンストラクタを宣言しているため、15行目からスーパークラスのコンストラクタを呼び出す際は引数を2つ渡します。よってsuper(name, baseSalary);と記述します。

また、スーパークラスのコンストラクタを呼び出した後に this.commission=commission;と記述することで、Salesクラスのメンバ変数 commissionに引数で渡された値を代入します。

したがって、選択肢Cが正解です。

解答 C

 解説 **モジュール定義にもとづくモジュールグラフ**についての問題です。

本設問を構成するモジュールは testモジュール、fooモジュール、barモジュール、java.baseモジュールの4つになります。testモジュールは fooモジュールに依存し、fooモジュールは barモジュールに依存しています。exports文は公開するパッケージを指定するため、my.fooパッケージや、barパッケージはモジュールグラフとは無関係です。また、java.baseモジュールは、すべてのモジュールが暗黙的に依存するモジュールになります。

各選択肢の解説は以下のとおりです。

選択肢A

testモジュール、fooモジュール、barモジュール間の依存関係は正しいですが、java.baseモジュールはすべてのモジュールと依存関係を持ちます。したがって、不正解です。

選択肢B

testモジュール、fooモジュール、barモジュール間および、各モジュールとjava.baseモジュールが依存関係を持っています。したがって、正解です。

選択肢C

testが依存するモジュールは fooモジュールですが、fooモジュールから barモ

ジュールには推移的 (transitive) な依存関係が存在しません。そのためtestモジュールとbarモジュール間には直接的な依存関係が存在しません。したがって、不正解です。

選択肢D
本設問において、my.fooはfooモジュールによって公開されているパッケージです。モジュールグラフとは関係ありません。したがって、不正解です。

 解答 B

 問題 39

 解説 **文字列の扱い (StringクラスとStringBuilderクラス)** についての問題です。

3行目で、文字列「Hello Java SE Version 11.」を変数strに格納しています。

4行目では、substring()メソッドで6文字目以降の文字の切り出しを行いますが、切り出した文字列の戻り値を受け取っていないため、str変数の文字列は「Hello Java SE Version 11.」のまま変化しません。

5行目では、intern()メソッドでstr変数の参照している文字列オブジェクトを返し、str変数に格納します。結果的にstr変数には同じ文字列「Hello Java SE Version 11.」が格納されます。

6行目の出力では「Hello Java SE Version 11.」が出力されます。したがって、選択肢Bが正解です。

 解答 B

問題 40

 解説 **インタフェースの継承**についての問題です。

7行目でTestCインタフェースを定義していますが、TestAインタフェースとTestBインタフェースを同時に継承しています。このように同時に複数の継承を行うことを「多重継承」と呼びます。

Javaではクラスの多重継承は禁止されており、コンパイルエラーが発生しますが、インタフェースの多重継承は可能です (7行目)。

インタフェースの継承によって、TestCインタフェースは、funcA()、funcB()、funcC()メソッドの3つの抽象メソッドを定義したことになるため、実装を行ったTestDクラスではすべてのメソッドのオーバーライドが必要となります。

したがって、選択肢Aが正解です。

解答 A

解説 **参照変数を引数に持つメソッド**についての問題です。

17～18行目では、Userオブジェクトを生成し、インスタンス変数nameへ"Java"を代入しています。

17行目
```
User user = new User();
```

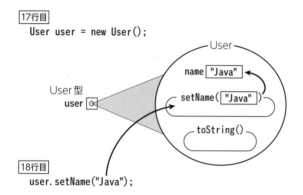

18行目
```
user.setName("Java");
```

19行目では、changeUser()メソッドを呼び出す際に、変数userを渡しています。

つまり、17行目で生成したUserオブジェクトの参照情報を13行目のchangeUser()メソッドの引数に渡しているため、13行目と17行目で宣言している変数userは、同一のUserオブジェクトを参照します。

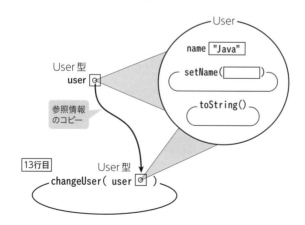

20行目で「user is Duke」と出力するには、13行目のchangeUser()メソッドの処理でUserオブジェクトのインスタンス変数nameに "Duke" を代入する必要があ

ります。

　インスタンス変数nameに値を代入するには、4行目のsetName()メソッドを呼び出します。13行目で宣言したchangeUser()メソッドのローカル変数userで参照しているUserオブジェクトと17行目で宣言した変数userは同一のオブジェクトを参照しているため、20行目でuser.toString()メソッドを呼び出すことによって、"Duke"を取得できます。

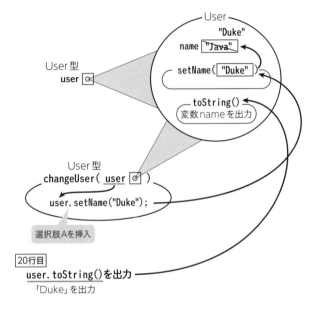

　よって、条件を満たすためのメソッド呼び出しはuser.setName("Duke");となります。

　したがって、選択肢Aが正解です。

　他の選択肢はすべてコンパイルエラーが発生するため、不正解です。

 A

 配列の比較についての問題です。

　配列操作のクラスであるjava.util.Arraysクラスのcompare()メソッドはJava SE 9で導入されました。

メソッド定義

```
public static int compare(int[] a, int[] b)
```

- 第1引数の配列と第2引数の配列を辞書順に比較する
- 戻り値は以下のようになる

　　0：それぞれの配列が同じ要素で同じ順序の場合

　　負数：第1引数の配列のほうが小さい場合

　　正数：第2引数の配列のほうが小さい場合

※ compare()メソッドはさまざまなデータ型でオーバーロードされている

※ 比較は先頭要素から要素を比較し、値が異なる要素があった場合、上記ルールによって戻り値が返される

　問題のコードでは、配列ary1と配列ary2の要素のうち、[1]番目の要素が異なります（ary1[1]は10、ary2[1]は0）。そのため、[1]番目の要素の比較が行われ、「第2引数の配列のほうが小さい」ため「正数」である「1」が返されます。

　したがって、選択肢Cが正解です。

 C

問題 43

 Stringクラスの**concat()メソッド**、**substring()メソッド**についての問題です。

　5行目でconcat()メソッドを呼び出し、変数s1とs2の文字列を連結しています。

メソッド定義

```
public String concat(String str)
```

- オブジェクトの文字列と引数の文字列を連結し、「新規文字列」として戻り値を返す

　注意点としては上の説明のとおり、「連結した文字列を新規文字列オブジェクト」として生成します。つまり、concat()メソッドは呼び出し時に「戻り値を受け取る変数」などを用意しておく必要があります。

　問題のコードの5行目は、concat()メソッドを呼び出しているものの、連結後の文字列を受け取っていないため、連結された文字列「Java Programing」は6行目以降で利用することができません。

　6行目でsubstring()メソッドで5番目から8番目の文字を指定し、部分文字列の

取得を行っています。しかし、変数s1は"Java"の文字列のままです。したがって該当する番号の文字がないため実行時エラー（StringIndexOutOfBoundsException）が発生します。

　したがって、選択肢Dが正解です。

substring()メソッドは、文字列から指定した場所の部分文字列を取得するメソッドです。

メソッド定義

```
public String substring(int beginIndex, int endIndex)
```

substring()メソッドの第1引数の「beginIndex番目」は含まれ、第2引数の「endIndex番目」は含まれません。つまり、文字列の「beginIndex」番目～「endIndex−1」番目の文字列を抜き出します。

たとえば、変数s1が文字列「Java」を参照しているときに、次のように呼び出したとします。

```
String str = s1.substring(0, 2);
```

この場合、「0番目（先頭の文字列）」から「1番目（先頭から2文字目）」の部分文字列の「Ja」を抜き出し、左辺の変数strに代入します。

問題のコードの5行目が次のようになっていた場合は、連結した文字列を変数s1に再代入しているため、6行目の結果は「Pro」となります。

```
5:          s1 = s1.concat(s2);
6:          System.out.println(s1.substring(5, 8));
```

 D

問題 44

解説 **モジュール型JDKにおける、観測可能なモジュールの検索パス**についての問題です。

　モジュール型JDKではコンパイル時や実行時に、観測可能なモジュールを元にしてモジュールグラフが作成されます。モジュールが検索される順番は、以下のとおりです。

1. **ルートモジュール**

　　実行時に-m（--module）を使用することで明示的に指定します。指定しない場合のルートモジュールは実装固有です。また、--add-modulesを使用して、

ルートモジュールを追加することも可能です。

2. **コンパイルモジュール（コンパイル時のみ）**

   コンパイル時に--module-source-pathを使用して、コンパイルに必要なソースコードモジュールを追加することが可能です。

3. **アップグレードモジュール**

   --upgrade-module-pathを使用して、ランタイムに含まれているモジュールを差し替えることが可能です。

4. **システムモジュール**

   ランタイムが用意しているjava.baseなどの標準モジュールです。jlinkなどを使用してカスタマイズされたランタイムが提供される場合、含まれるモジュールは異なる可能性があります。また、仕様上、JREを提供するベンダによって異なる可能性があります。

5. **アプリケーションモジュール**

   --module-pathを使用して、その他コンパイルや実行に必要なモジュールを指定することが可能です。

したがって、選択肢Dが正解です。

 D

問題 45

 コレクションのforEach()メソッドについての問題です。

コレクションのすべての要素を取り出すために、forEach()メソッドがIterableインタフェースに定義されています。Iterableインタフェースは、ListやCollectionインタフェースのスーパーインタフェースです。

メソッド定義

```
default void forEach(Consumer<? super T> action)
```

- 引数には「各要素へ行う処理」をConsumer型で定義する

Consumerは汎用的関数型インタフェースで、java.util.functionパッケージに定義されています。ラムダ式を使ってコレクションの各要素に対する処理を定義します。問題のコードの場合は各要素の出力です。

したがって、選択肢Bが正解です。

B

問題 46

 <u>this()</u>についての問題です。

　21行目でCustomerオブジェクトを生成していますが、コンストラクタの引数が3つのため、初期化処理として12行目のコンストラクタが呼び出されます。

　13行目で、受け取った引数3つのうち2つ (101, "Duke") をthis()キーワードで指定し、8行目のコンストラクタを呼び出します。

　8行目のコンストラクタでは、第1引数のiを引数にthis()キーワードで4行目のコンストラクタを呼び出しています。4行目のコンストラクタでメンバ変数idには101、nameには"Tom"が代入されます。

　しかし、初期化処理はこれで終わりではなく、7行目でコンストラクタが終了してから呼び出し元の9行目に制御 (処理の順番) が戻り、10行目の処理が実行されます。つまり、一度代入が完了したメンバ変数name ("Tom") に引数n ("Duke") を代入します。

　したがって、選択肢Cが正解です。

 C

問題 47

 <u>do-while と continue文</u>についての問題です。

　3行目で変数countに0を格納します。4行目でdo-while構文に入り、5行目で変数countがインクリメントされて値が1増えます。6行目のcontinue文によって繰り返し処理になります。そのため、7行目は絶対に実行されない命令となります。Javaのコンパイラは実行されない命令をチェックするため、コンパイルエラーが発生します。したがって、選択肢Cが正解です。

 C

問題 48

<u>String</u>についての問題です。

　Stringのsplit()メソッドは、対象の文字列を引数に指定された文字列で分解して配列に格納します。4行目で指定されているsplit()メソッドの引数は" " (空白) です。

　最初の空白文字が出現するのは、hello文字列の先頭文字 (0番目の文字) です。

そのため先頭文字の前が1つの要素として切り出されます。次の空白文字列はJavaの後ろにある空白のため、2つ目の要素は"Java"となります。以降も、11まで空白文字列ごとに順番に切り出します。最後の空白以降に文字はないため、全体で6個の文字列に分解され配列に格納されます。配列の0番目の要素は、何もない文字列になります。したがって、選択肢Bが正解です。

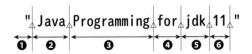

 B

問題 49

　static変数の呼び出しについての問題です。

static変数は「クラス変数」とも呼ばれ、オブジェクト個々に保持する変数（インスタンス変数）ではなくクラスに1つ「共有」の変数を保持します。

利用する場合、「クラス名.static変数名」が一般的な呼び出し方になりますが、問題のコードのようにオブジェクトを生成した後、参照変数を利用してstatic変数を呼び出すことも可能です。ただし、各オブジェクトから呼び出された場合も、static変数が管理している値は、「クラスに1つだけ管理し共有する」というイメージは変わりません。

9行目のインスタンス化でstatic変数のcompNameには"AAA"が代入されます。その後、10行目で2つ目のオブジェクト生成が行われますが、1つ目と2つ目のオブジェクトそれぞれが参照するstatic変数は同じものを参照しているというのがポイントです。

つまり、10行目で2つ目のオブジェクトを生成した際に、compNameには"BBB"が代入されるということは、9行目で生成した1つ目のオブジェクトが参照するcompNameも"BBB"に変更されるということです。したがって、11行目と12行目の呼び出しはどちらも"BBB"となります。

そして、13行目の代入により、参照変数e1とe2で参照しているそれぞれのオブジェクトが参照するcompNameは"CCC"となります。つまり、14行目では"CCC"が出力されます。

したがって、選択肢Cが正解です。

 C

問題 50

 解説 **他パッケージのクラス利用**についての問題です。

他パッケージのクラスを利用する場合、次の条件を満たしている必要があります。

- import文を定義し、利用するクラスのインポートを行う (または完全指定クラス名で指定)
- 利用するクラスがpublicクラスであること

問題のコードでは、「利用されるクラス」であるCustomerクラスにpublic修飾子を指定していない (2行目) ため、他パッケージからの利用ができません (修飾子なしの場合は「省略」となり、同一パッケージからの利用のみに限られます)。

したがって、選択肢Dが正解です。

参考

Customerクラスにpublic修飾子が指定されていれば、問題のコードは実行することができ「100 : Duke」が出力されます。Testクラスの2行目でimport文を定義しCustomerクラスのインポートが完了しているため、問題なくCustomerクラスを利用することができます。また、import文でインポートを行った上で、5行目のように「完全指定クラス名 (パッケージ名込みのクラス名)」を利用するのも問題はありません。

解答 D

問題 51

 解説 **Java開発環境**についての問題です。

Java SE 11での主な変更点は、以下のとおりです。

- AppletおよびWeb StartアプリケーションはJava SE 9で非推奨になり、JDK 11で削除された
- WindowsおよびmacOSでのJREの自動更新は使用できなくなった
- WindowsおよびmacOSでは、以前のリリースではJDKのインストール時にオプションでJREのインストールを指定できたが、JDK 11では必須になった
- JREまたはサーバーJREは提供されなくなり、JDKのみが提供されるようになった
- JavaFXはJDKに含まれなくなった。JavaFXのWebサイト (https://openjfx. io/) から個別にダウンロードできる
- 32ビット版バイナリが提供されなくなった

したがって、選択肢C、Dが正解です。

C、D

問題 52

 インタフェースと**抽象クラス**についての問題です。

インタフェースを実装したクラスは、インタフェースで定義された抽象メソッドをオーバーライドするか、抽象クラスとして定義する必要があります。また、インタフェースを継承して新しいインタフェースを定義できます。

- **l1、l2インタフェース**：抽象メソッドのみ定義となっているためインタフェースの定義として正しいです。
- **l3インタフェース**：l1インタフェースを継承していますが、l1インタフェースとは異なる抽象メソッドを定義しているため問題ありません。
- **C1クラス**：l1インタフェースとl2インタフェースを実装していますが、抽象メソッドはオーバーライドしていません。しかし、C1クラスは抽象クラスのためオーバーライドが必須ではないため問題ありません。（抽象クラスであるC1クラスを継承したサブクラスでオーバーライドを行えばよい。）
- **C2クラス**：l1インタフェースを実装し、l1インタフェースに定義されている抽象メソッドをオーバーライドしているため、実装クラスの定義として正しいです。

したがって、選択肢Aが正解です。

 A

問題 53

 Local Variable Typeインタフェースの使用についての問題です。

選択肢A
　配列が値の場合は、newキーワードとデータ型が必要です。したがって、不正解です。

選択肢B
　正しい命令構文です。したがって、正解です。

選択肢C
　正しい命令構文です。文字型（char）は数値型（int）として取り扱うことが可能です。したがって、正解です。

選択肢D

配列が値の場合は、newキーワードとデータ型が必要です。したがって、不正解です。

 B、C

問題 54

 インクリメント演算子についての問題です。

6行目で複合代入演算子とインクリメント演算子を組み合わせて処理を行っています。インクリメント演算子（++）が「前置」のため、まず変数xの値に1が加算され、その後に変数ansへ代入が行われますので、7行目では「1：」が出力されます。

8行目では、変数yに対してのインクリメント演算子が後置のため、先に複合代入演算が行われた後、変数yに1が加算されます。つまり、8行目では変数ansに対して加算は行われないため、9行目でも「1」が出力されます。

したがって、選択肢Bが正解です。

 B

問題 55

 継承についての問題です。

22行目でPainappleクラスをインスタンス化します。4行目から6行目のFruitsのコンストラクタでは、自身のオブジェクトを3行目の変数fruitsに格納しています。

13行目から15行目のコンストラクタにより、Fruitsクラスのname変数に文字列「N67-10」を設定します。12行目のPainappleクラスの変数nameは初期化によりデフォルト値のnullが設定されます。

その後、23行目と24行目で、Fruitsクラスのname変数に文字列「Gold」と「SnackPine」を続けて格納していますが、Painappleクラスの変数nameに変化はありません。25行目では、Painappleクラスの変数nameの値nullが出力されます。

したがって、選択肢Dが正解です。

 D

問題 56

 メソッドの値渡しについての問題です。

メソッドの値渡しとは、引数の値をコピーしてメソッドに渡すことです。

5行目では、Squareオブジェクトを生成し、go()メソッドを呼び出しています。

9行目では、incr()メソッドに++squaresを渡して呼び出します。変数squaresが81で初期化されているため、インクリメントした値82を渡します。

13行目のincr()メソッドの引数で宣言している変数squaresに82が渡され、14行目のsquares+=10;では、incrメソッドの引数で宣言している変数squaresに10加算しています。

この場合、クラスのメンバである2行目の変数squaresの値は変わりません。9行目からは値をコピーしてincr()メソッドに渡しているため、10行目で出力される変数squaresは、2行目で宣言している変数squaresを指しています。変数squaresは9行目でインクリメントしているため82です。したがって、選択肢Bが正解です。

 解答 B

問題 57

 解説 **多次元配列**についての問題です。

3行目でObject型の多次元配列のインスタンスを作成して、行方向のみの領域を確保しています。4行目では列方向の領域を確保していますが、int型配列を指定しているため、コンパイルエラーとなります。多次元配列を作成する場合は、すべて同じデータ型である必要があります。したがって、選択肢Cが正解です。

 解答 C

問題 58

 解説 **オブジェクトのメソッド呼び出し**についての問題です。

19行目で生成したFooオブジェクトの参照は、20行目でchangeFoo()メソッドへ渡されます。

15行目で宣言しているchangeFoo()メソッドは、引数にFoo型の変数fを宣言しており、19行目で生成したFooオブジェクトを参照します。19行目で宣言した変数fと、15行目で宣言した変数fは同一のオブジェクトを参照します。

16行目では、変数fが参照しているオブジェクトのメンバ変数numに512を設定する処理が必要です。変数numに値を設定するには、6行目で宣言しているsetNum()メソッドを呼び出します。

したがって、選択肢Dが正解です。

 解答 D

問題 59

 解説 **メンバ変数とローカル変数**についての問題です。

問題のコードでは、2種類の変数が宣言されています。

- **メンバ変数 (インスタンス変数)** [2、3行目で宣言]
  有効範囲はクラス (オブジェクト) 全体
- **ローカル変数** [4行目、8行目の引数として宣言]
  有効範囲は宣言されたブロック (コンストラクタ) 内のみ

また、変数のルールとして、以下のものがあります。

- それぞれの変数で「同じ名前の変数」を宣言するのは可
  - ➡ それぞれ有効範囲が異なるため
  - ➡ どちらの変数も使える範囲の場合は、「ローカル変数」が優先されて使用される
- thisキーワードを変数に指定することで、その変数が「メンバ変数」であることを定義できる

上記のルールに従うと、4行目のコンストラクタでは、コンストラクタの引数に宣言されたローカル変数idに100が格納されます。しかし5行目では、「id = id;」という式になっています。これは「メンバ変数 = 引数 (ローカル変数)」という代入式ではなく、「引数 (ローカル変数) = 引数 (ローカル変数)」という代入になります。

ローカル変数が優先されるため、18行目で生成されたCustomerオブジェクトのメンバ変数idは初期化処理が行われないため、デフォルトの初期値0が代入されます。

8行目のコンストラクタでは、コンストラクタの引数は「i」と「n」という名前で宣言されているため、メンバ変数とは名前が重複していません。このため9行目のidと10行目のnameは、thisキーワードを指定しなくても、それぞれメンバ変数として認識されるため、値101と文字列「Duke」が問題なく代入されます。

したがって、選択肢Bが正解です。

 解答 B

問題 60

 解説 **インタフェースの実装**についての問題です。

各選択肢の解説は、以下のとおりです。

選択肢A

TestAクラスでTestインタフェースを実装しています。しかしfunc()メソッド

のオーバーライドの定義で処理を定義していないため、コンパイルエラーが発生します。したがって、不正解です。

選択肢B

func()メソッドのオーバーライドの定義で、戻り値の型宣言が「int型」となっています。インタフェースのfunc()メソッドはvoid型のため、オーバーライドとしては不適切です。したがって、不正解です。

選択肢C

抽象クラスにおいて、func()メソッドを抽象メソッドとして定義しています。しかし、抽象クラスで抽象メソッドを定義する場合は、abstract修飾子を必ず指定しなければなりません。したがって、不正解です。

選択肢D

抽象クラスで、インタフェースと同じメソッドを再度抽象メソッドとして定義しています。抽象クラスは「サブクラスを定義して利用する」ことが目的のため、抽象クラスの定義の場合は必ずしもオーバーライドを行う必要はありません。したがって、正解です。

 D

問題61

　関数型インタフェースのPredicate<T>型と、**ラムダ式を使用した実装方法**についての問題です。

Predicate<T>型は引数として1つのオブジェクトを受け取り、booleanの値を返すtestメソッドを持つ関数型インタフェースです。関数型インタフェースを実装したクラスを定義する場合はラムダ式を使用するとシンプルに記述できます。

Predicate<T>型は、コレクションから条件に一致するエレメントを削除したり、単一のオブジェクトを評価する際に使用します。明示的に呼び出す場合には、boolean result = lambda.test(100); のように型パラメータで定義されているデータを引数に渡します。

各選択肢の解説は、以下のとおりです。

選択肢A

左辺の引数の宣言は（型 変数名）と冗長なコードですが、適切です。右辺の処理は { } で囲んだコードブロックではありませんが、単文の処理は省略可能なため適切です。したがって、不正解です。

選択肢B

左辺の引数の宣言は型が省略されていますが、引数はPredicate<T>の型パラ

メータより推測することが可能なため、省略した形で問題ありません。右辺の
処理については、選択肢Aと同じく適切です。したがって、不正解です。

選択肢C

左辺の引数の宣言は変数のみとなっており、( )も省略されていますが、適切で
す。この場合のように、引数の宣言部において、引数が1つの場合のみ( )を省
略することができます。引数なし、引数が2つ以上の場合には省略することは
できません。右辺の処理については、選択肢Aと同じく適切です。したがって、
不正解です。

選択肢D

左辺の引数の宣言は選択肢Cと同様に適切です。{ }は右辺の処理部については
{ }で囲んだコードブロックになっており、適切です。処理内容が複数に渡る場
合に使用することができますが、単文での使用も可能です。また、他の選択肢
ではreturn文を省略していますが、{ }を使用したコードブロックではreturn文
は省略できません。加えて、1文であっても文の終わりを表す;(セミコロン) は
省略できません。したがって、不正解です。

選択肢E

左辺の引数の宣言はint型です。関数型インタフェースの型パラメータであるT
は参照型のみ指定することができます。ラムダ式における引数の宣言で定義可
能な型は参照型のため、コンパイルに失敗します。したがって、正解です。

 E

問題 62

 Local Variable Type インタフェースについての問題です。

4行目の型推論のvar型のlistは、現在Object[]配列型です。そのため、拡張for
ループで集合要素を取り出した値を格納する変数の型はObject型に対応していな
ければなりません。Object型に対応できるのは、選択肢A、Cです。
したがって、選択肢A、Cが正解です。

 A、C

問題 63

 多次元配列についての問題です。

多次元配列とは、配列の配列 (二次元も含む) です。配列の配列の配列を生成す

れば、三次元配列となるように、何次元の配列でも生成可能です。

各選択肢の解説は、以下のとおりです。

選択肢A

{0, 1, 2, 4} と {5, 6} の間に「,」がないため、不正解です。

選択肢B

2行2列の二次元配列を生成し、後から各要素に値を代入しています。構文に沿った記述であるため、正解です。

選択肢C

左辺の宣言は三次元配列ですが、右辺で生成しているのは二次元配列であるため、データ型が一致しません。したがって、不正解です。

選択肢D

各要素への代入時、array3D[][]の各要素には配列を代入する必要がありますが、代入している値は配列ではなく整数のため、データ型が一致しません。したがって、不正解です。

選択肢E

左辺が二次元配列ですが、右辺が一次元の配列で、データ型が一致しません。したがって不正解です。

選択肢Bで生成される二次元配列のイメージ図は、以下のとおりです。

選択肢B
```
int[][] array2D = new int[2][2];
array2D[0][0] = 1;
array2D[0][1] = 2;
array2D[1][0] = 3;
array2D[1][1] = 4;
```

int 配列型
array2D

	[0]	[1]
[0]	1	2
[1]	3	4

 解答 B

 問題 64

解説　**オーバーライド**についての問題です。

14行目でサブクラスオブジェクトが生成され、15行目でdisp()メソッドを呼び出

しています。disp()メソッドはオーバーライドされている（5行目と10行目）ため、サブクラス側のdisp()メソッド（10行目）が呼び出され「ExTest」が出力されます。

　その後、16行目でfunc()メソッドを呼び出した場合、スーパークラスで定義されている2行目のfunc()メソッドが呼び出され、3行目の処理でdisp()メソッドが呼び出されています。disp()メソッドはオーバーライドされているため、Testクラス内からの呼び出しであってもオーバーライド側（10行目）が呼び出されます。

　したがって、選択肢Dが正解です。

 解答 D

問題 65

 解説 **Object型配列**についての問題です。

　7行目のfunc()メソッドの引数にはObject型の配列を定義しています。3行目の呼び出しでは、引数として同じ型であるObject型配列を指定しているため、問題なくメソッドの呼び出しが可能です。

　4行目ではint型の配列を生成していますが、Object型配列には代入することができません。したがって、コンパイルエラーが発生します。

　5行目では、ラッパークラスのInteger型の配列を生成しています。Object型とは継承関係となるため、7行目の引数（Object型配列）にInteger型配列は代入可能です。

　したがって、選択肢Bが正解です。

 解答 B

問題 66

 解説 **代入演算子と論理演算子の優先順位**についての問題です。

　代入演算子（＝）は演算子の優先順位としては最も低いです。

　5行目ではflag2 && flag1を先に評価します。変数flag1がfalse、変数flag2がtrueのためflag2 && flag1はfalseとなります。結果として5行目では「false」が出力されます。

　6行目では、先に変数flag1に変数flag2の値を代入します。変数flag2がtrueのため変数flag1もtrueとなります。次に、true && flag1を評価し、双方がtrueのため「true」が出力されます。

　したがって、実行結果は「falsetrue」と出力されるため、選択肢Cが正解です。

 解答 C

問題 67

 モジュール記述子についての問題です。

選択肢A、B、Cの内容は適切です。

選択肢D

依存するモジュール内でtransitiveを使用して別モジュールに対する推移的な依存関係を指定している場合には、明示的に依存関係を指定する必要はありません。また、java.baseモジュールは、すべてのモジュールが暗黙的に依存するモジュールになります。したがって、Dが正解です。

解答 D

問題 68

 文字列の扱い (StringクラスとStringBuilderクラス) についての問題です。

StringBuilderのreplace()メソッドの構文は、以下のとおりです。

構文

```
replace(int start, int end, String str)
```

- start：置き換える最初の文字の位置
- end：置き換える最後の文字の位置−1
- str：置き換える文字列

6文字目から16文字目の文字列「programming」を「Java」に置き換えたいため、end値は17 (16+1) にする必要があります。したがって、選択肢Dが正解です。

解答 D

問題 69

 Stringクラスのメソッドについての問題です。

5行目でconcat()メソッドを呼び出し変数s1と変数s2を結合し、7行目では変数s4と結合しています。7行目実行後の変数s3は "1 2 3 " を保持しています。

8行目で変数s3のreplace()メソッドを呼び出し文字列置換を行っていますが、置換後の文字列を変数で受け取っていません。もし変数s3が保持している文字列を置換するのであれば、次のように8行目で、左辺に変数を定義する必要があります。

```
s3 = s3.replace('3', '4');
```

　設問のコードでは置換後の結果を受け取っていないため、9行目で"3"と"123"を結合した結果として10行目では「3 1 2 3 」と出力されます。したがって、選択肢Bが正解です。

 B

 例外処理についての問題です。

　問題のコードでは、4行目でfunc()メソッドを呼び出しています。9行目のfunc()メソッドでは、10行目でRuntimeExceptionを明示的に発生させています。

　しかし、func()メソッドでは9行目でthrows Exceptionの定義が行われているため「Exception例外（サブクラス例外含む）が発生した場合、例外オブジェクトを呼び出し元へ戻す」という意味になります。つまり、例外処理は呼び出し元で行わせることになります。

　4行目に制御（処理の順序）と例外オブジェクトが戻りますが、4行目の呼び出しはtryブロック内の処理のため、catchブロックへ移行します。

　しかし、5行目で定義されているcatchブロックの対処例外がRuntimeException例外であり、9行目でthrowsされたException例外のサブクラス例外となるためコンパイルエラーとなります。

　したがって、選択肢Cが正解です。

参考

次のように、5行目のcatchブロックが9行目のthrowsキーワードで指定している例外クラスと同じであれば、コンパイルは成功し実行できます。

```
5:          } catch(Exception e) {
6:              System.out.println("catch");
7:          }
```

 C

 StringBuilderクラスについての問題です。

　StringBuilderのdelete()メソッドの構文は、以下のとおりです。

構文

```
delete(int start, int end)
```

- start：開始インデックス（この値を含む）
- end：終了インデックス（この値を含まない）

　4行目のdelete()メソッドで4文字目と5文字目を指定しています。これは文字列「SE」を指定しています。endの終了インデックスは含まれないため、文字「S」だけが削除されます。したがって、選択肢Cが正解です。

 解答 C

問題 72

 解説　**例外クラス**についての問題です。

　2行目では参照型（ラッパークラス）であるShortクラス型の変数宣言をしています。

　変数num1は5行目で初期化されていますが、変数num2は初期化されないまま6行目の処理を実行しています。変数num2は初期値であるnullが代入されている状態となるため、6行目を実行した時点でNullPointerExceptionが発生します。

　したがって、選択肢Dが正解です。

 解答 D

問題 73

 解説　**static変数**についての問題です。

　2行目で定義されたstatic変数は、JVM全体で共有される変数となります。static変数にアクセスするには、「クラス名.static変数名」または「インスタンス変数(this).static変数名」の形式での呼び出しとなります。

　10行目から開始されたプログラムはまず、Testクラスをインスタンス化します。インスタンス化時に3行目のコンストラクタの引数noに20が設定され、4行目のthis.noにより、static変数が10から20に変化します。その後、11行目のTest.noによって現状のstatic変数noの値20が出力されます。したがって、選択肢Bが正解です。

 解答 B

解説 <u>switch文</u>と<u>ループ制御</u>についての問題です。

　3行目で要素数3つの配列を生成し、4行目の拡張for文で各要素を利用してswitch文を実行しています。

　8行目、11行目でcontinue文を定義していますが、このcontinue文はswitch文に対しての処理ではなく、4行目の拡張for文に対して「ループ処理のスキップ」を意味する定義となります。したがって、定義自体に問題はありません。

　switch文の処理としては、1回目のループでは、変数iには「1」が代入されるため、6行目のcaseに一致します。「1」を出力した後、continue文が呼ばれるため「以降のループ処理はスキップ」されます（9行目〜15行目の処理）。

　その後、変数iの値が「2」となり、再びループの先頭処理としてswitch文に入り、分岐が開始されます。2回目のループでは、9行目のcaseに一致し、「2」の出力が行われ11行目のcontinue文で再び「以降のループ処理がスキップ」されます。

　そして、3回目のループでは、12行目のdefaultの処理が実行され「3」が出力されます。その後、switch文の制御は何も行われていないため、14行目でswitch文自体の処理は終わります。以後、15行目のbreak文が実行され、4行目の拡張for文が強制終了となります。

　したがって、選択肢Aが正解です。

 解答 A

問題 75

 解説 <u>IntegerクラスのparseInt()メソッド</u>についての問題です。

　java.lang.IntegerクラスのparseInt()メソッドは「引数の文字列を数値へ変換」するメソッドです。たとえば、"100"のような文字列をint型の100へ変換します。

メソッド定義

```
public static int parseInt(String s) throws NumberFormatException
```

- 引数の文字列sをint型へ変換する
- 変換できない文字列を渡した場合はNumberFormatExceptionが発生する

　「引数が1つ」だけのparseInt()メソッドは、数値変換する際に「10進数」で変換を行います。しかし問題のコードでは、parseInt()メソッドに引数が2つ渡されています。2つの場合の定義は以下になります。

メソッド定義

```
public static int parseInt(String s, int radix) throws NumberFormatException
```

- 第1引数の文字列sを数値変換する際に、第2引数を「基数」とする

つまり、数値変換する際の「○進数」を第2引数で指定することができます。問題のコードでは、parseInt()メソッドの第2引数は「8」を指定しているので、「8進数での数値変換」という意味になります。

コマンドライン引数では16を渡しているため、「8進数」の「16」を10進数で表現すると「14」となります。

したがって、選択肢Aが正解です。

 解答 A

 問題 76

解説 **switch文**についての問題です。

6行目のswitch文で「i｜i2」のOR演算が行われ、結果が11になります。switch-caseに従い、8行目が実行されます。しかし、break命令がないため9行目も実行され、str変数には「JavaSE11」が格納されます。11行目でstr変数が出力されるため「JavaSE11」が出力されます。したがって、選択肢Cが正解です。

 解答 C

 問題 77

解説 **インタフェースの実装**についての問題です。

インタフェースを実装したクラスは、インタフェースに定義されたメソッドをすべてオーバーライドする必要があります。オーバーライドしない場合はそのクラスを抽象クラスで定義する必要があります。

5行目のクラスBでは、Aインタフェースで定義しているm1()メソッドをオーバーライドしていないため、コンパイルエラーが発生します。

13行目のクラスDでは、int型の引数1つのm1()メソッドを定義していますが、Aインタフェースで定義しているm1()メソッドをオーバーライドしていないため、コンパイルエラーが発生します。

したがって、選択肢B、Dが正解です。

解答 B、D

問題 78

 解説 **例外**と**例外処理**についての問題です。

　6行目でTestクラスのex()メソッドを呼び出します。13行目に定義されたex()メソッドはthrows IOException,RuntimeExceptionが指定されているため、呼び出しにはIOExceptionの対処としてtry-catchが必要です。RuntimeExceptionに対する対処は任意のため、try-catchによる例外処理は必須ではありません。

　次にex()メソッドの14行目が実行されます。throw RuntimeException("Exception")によって実行時例外となります。しかし、呼び出しを行った6行目では、try-catchによるRuntimeExceptionの例外処理を行っていないため実行時例外となります。したがって、選択肢Dが正解です。

 解答 D

問題 79

 解説 **静的インポート**についての問題です。

　静的インポートとは、static変数やstaticメソッドをクラス名を指定せずに使用するためのインポート機能です。

　静的インポートの構文は、以下のとおりです。

構文

```
import static パッケージ名.クラス名.static変数名;
import static パッケージ名.クラス名.staticメソッド名;
import static パッケージ名.クラス名.*;
```

　各選択肢の解説は、以下のとおりです。

　選択肢A、B

　　Access1クラスのコンパイルは成功しますが、Access2クラスはコンパイルエラーが発生します（選択肢Cの解説を参照）。したがって、不正解です。

　選択肢C

　　Access1.numという呼び出しは、「クラス名.変数名」の形式で変数numにアクセスしようとしています。Access2クラスの1行目では静的インポートを行い、static変数numをインポートしていますが、Access1クラス自体のイン

ポートは行っていません。したがって、4行目が原因でコンパイルエラーが発生するため、正解です。

選択肢D

numという呼び出しで変数numに直接アクセスしています。1行目の静的インポート文によりAccess1クラス内のstatic変数を変数名のみでアクセス可能です。したがって、5行目が原因でコンパイルエラーは発生しないため、不正解です。

選択肢E

pack1.pack2.Access1.numという呼び出しで、パッケージ名も含めた正しい指定で変数numまでアクセスしています。したがって、6行目が原因でコンパイルエラーは発生しないため、不正解です。

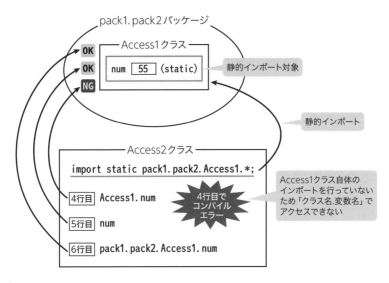

解答 C

問題 80

 ラッパークラスのメソッドについての問題です。

ラッパークラスとは、基本データ型（プリミティブ型）の値をオブジェクトで扱うためクラスです。「基本データ型の値は利用できず、参照型のオブジェクトのみ利用可能」な場合にラッパークラスを利用します。たとえば、コレクションの格納データなどに利用します。

| 表 | ラッパークラス

基本データ型	対応するラッパークラス
byte	Byte
short	Short
int	Integer
long	Long
float	Float
double	Double
char	Character
boolean	Boolean

　上記の表のように、基本データ型に対応したラッパークラスがjava.langパッケージによって提供されています。

　9行目で定義されているtest()メソッドはBooleanクラスを戻り値の型に定義しています。

　3行目で文字列の"True"を渡してメソッドを呼び出し、10行目でtrueを値に持つBooleanオブジェクトを返します。

　10行目のBoolean.valueOf()メソッドは文字列が "true"（大文字、小文字は区別しない）と等しければboolean型のtrueを返します。

　3行目のif文では、Booleanオブジェクトを基本データ型のboolean型に自動型変換されるためtrue判定となり、4行目で「True」と出力されます。

　したがって、選択肢Aが正解です。

 （解答） A

模擬試験 2

問題 1

■ ■ ■

次のコードを確認してください。

```
1:   class LoopCon {
2:       public static void main(String args[]) {
3:           int[] ary = {1, 2, 3, 4, 5};
4:           for(int i : ary) {
5:               if(i < 2) {
6:                   // insert code here
7:               }
8:               System.out.print(i);
9:               if(i == 3) {
10:                  // insert code here
11:              }
12:          }
13:      }
14:  }
```

6行目と10行目にどのコードを挿入すれば、「2345」と出力されますか。1つ選択してください。

- **A.** 6行目：continue;
  10行目：break;
- **B.** 6行目：break;
  10行目：break;
- **C.** 6行目：break;
  10行目：continue;
- **D.** 6行目：continue;
  10行目：continue;

問題 2

■ ■ ■

次のコードを確認してください。

```
1:   class Test {
2:       public static void main(String args[]) {
3:           StringBuilder stb = new StringBuilder("JavaS11");
4:           stb.deleteCharAt('S');
5:           System.out.println(stb);
6:       }
7:   }
```

このコードをコンパイル、および実行すると、どのような結果になりますか。1つ選択してください。

A. Java11
B. JavaS11
C. コンパイルエラーが発生する
D. 実行時エラーが発生する

問題 3

■ ■ ■

次のコードを確認してください。

```
1:  interface A {
2:      void disp();
3:  }
4:  interface B {
5:      int disp();
6:  }
7:  class IF implements B {
8:      public int disp(){
9:          System.out.println("interface-IF");
10:         return 0;
11:     }
12: }
13: class Test extends IF implements A,B {
14:     public static void main(String args[]) {
15:         Test t = new Test();
16:         t.disp();
17:     }
18:     public void disp(){
19:         System.out.println("interface-Test");
20:     }
21: }
```

このコードをコンパイル、および実行すると、どのような結果になりますか。1つ選
択してください。

A. interface-Test
B. interface-IF
C. コンパイルエラーが発生する
D. 実行時エラーが発生する

次のコードを確認してください。

```
1:   class Test {
2:       public static void main(String[] args) {
3:           Test t1 = new Test(10, "100");
4:           Test t2 = t1;
5:           Test t3 = new Test(10, "100");
6:           System.out.print((t1.getNo() == t3.getNo()) + " : ");
7:           System.out.print((t2.getId() == t3.getId()) + " : ");
8:           System.out.print(t1 == t3);
9:       }
10:      private int no;
11:      private String id;
12:      public Test(int n, String i) {
13:          no = n;
14:          id = i;
15:      }
16:      public int getNo() {
17:          return no;
18:      }
19:      public String getId() {
20:          return id;
21:      }
22:  }
```

このコードをコンパイル、および実行すると、どのような結果になりますか。1つ選択してください。

A. true : true : false   B. true : true : true
C. true : false : false   D. true : false : true

パッケージについて正しい説明はどちらですか。1つ選択してください。

A. パッケージ宣言を行っていないクラスは、名前のあるパッケージのクラスを参照できない。

B. パッケージ宣言を行っていないクラスは、名前のあるパッケージのクラスから参照できない。

次のコードを確認してください。

```
1:    interface Dog {
2:        public void walk();
3:    }
4:    class Poodle implements Dog {
5:        public void walk() {
6:            System.out.println("Poodle walking.");
7:        }
8:    }
9:    class MediumPoodle extends Poodle {
10:       public void walk() {
11:           System.out.println("MediumPoodle walking.");
12:       }
13:   }
14:   class Main {
15:       public static void main(String args[]) {
16:           Poodle poodle;
17:           Dog dog = new MediumPoodle();
18:           // insert code here
19:           poodle.walk();
20:       }
21:   }
```

18行目にどのコードを挿入すれば、コンパイル、および実行できるようになりますか。2つ選択してください。
（2つのうち、いずれか1つを挿入すれば、設問の条件を満たします。）

A. poodle = dog;
B. poodle = (MediumPoodle)dog;
C. poodle = (Poodle)dog;
D. poodle = (Dog)dog;

次のコードを確認してください。

ソースファイル名：Test1.java

```
1:  package test1;
2:  public class Test1 {
3:      void foo() {
4:          Test2 test2 = new Test2();
5:          test2.bar();
6:      }
7:  }
```

ソースファイル名：Test2.java

```
1:  package test2;
2:  public class Test2 {
3:      public void bar() {}
4:  }
```

Test1.javaとTest2.javaをコンパイルするために追加するコードとして、適切なものはどれですか。1つ選択してください。

    A. Test1.javaの1行目の後に、import test2;を追加する

    B. Test1.javaの1行目の後に、import test2.*;を追加する

    C. Test1.javaの1行目の後に、import test2.Test2.*;を追加する

    D. Test2.javaの1行目の後に、import test1;を追加する

    E. Test2.javaの1行目の後に、import test1.*;を追加する

次のコードを確認してください。

```
1:  class Test {
2:      public static void main(String[] args) {
3:          System.out.println("result : " + 1 + 2);
4:          System.out.println(1 + 2 + " : Java");
5:          System.out.println("" + 1 + 2);
6:      }
7:  }
```

このコードをコンパイル、および実行すると、どのような結果になりますか。1つ選択してください。

- A. result : 3
    3 : Java
    3
- B. result : 12
    12 : Java
    3
- C. result : 12
    3 : Java
    12
- D. result : 12
    12 : Java
    12
- E. 5行目が原因でコンパイルエラーが発生する

問題 9

■ ■ ■

次のコードを確認してください。

```
 1:  class FooEx extends Exception{}
 2:  class BarEx extends FooEx{}
 3:  interface FooIF {
 4:      abstact void foo() throws BarEx;
 5:      public void bar() throws FooEx;
 6:  }
 7:  abstract class AbsBar implements FooIF {
 8:      public void foo() throws FooEx{}
 9:      public abstract void bar() ;
10:  }
```

このコードをコンパイルすると、どのような結果になりますか。1つ選択してください。

- A. コンパイルに成功する
- B. 4行目でコンパイルエラーが発生する
- C. 5行目でコンパイルエラーが発生する
- D. 8行目でコンパイルエラーが発生する
- E. 9行目でコンパイルエラーが発生する

次のコードを確認してください。

```
1:  public class Speak {
2:      public static void main(String[] args) {
3:          Speak sp = new Tell();
4:          Tell te = new Tell();
5:          // insert code here
6:      }
7:  }
8:  class Tell extends Speak implements Truth {
9:      public void tell() {
10:         System.out.println("Right on!");
11:     }
12: }
13: interface Truth {
14:     public void tell();
15: }
```

5行目にどのコードを挿入すれば、「Right on!」と出力できますか。3つ選択してください。(3つのうち、いずれか1つを挿入すれば、設問の条件を満たします。)

A. sp.tell();

B. (Truth)sp.tell();

C. ((Truth)sp).tell();

D. te.tell();

E. (Truth)te.tell();

F. ((Truth)te).tell();

次のコードを確認してください。

```
1:  class Test {
2:      public static void main(String args[]) {
3:          for(String i:args){
4:              System.out.print(i);
5:          }
6:      }
7:  }
```

java Test Hello "Java World" と入力して実行すると、どのような結果になりますか。1つ選択してください。

A. Hello "Java World"
B. HelloJava World
C. Hello Java World
D. HelloJavaWorld

次のコードを確認してください。

```
1:  class Fruit {
2:      void foo() throws Exception {
3:          throw new Exception();
4:      }
5:  }
6:  class Orange extends Fruit {
7:      void foo() {
8:          System.out.println("B ");
9:      }
10: }
11: class FruitTest {
12:     public static void main(String[] args) {
13:         Fruit f = new Orange();
14:         f.foo();
15:     }
16: }
```

このコードをコンパイル、および実行すると、どのような結果になりますか。1つ選択してください。

A. Bが出力される
B. Bと出力した後に例外が発生する
C. 何も出力されず例外が発生する
D. 7行目でコンパイルエラーが発生する
E. 14行目でコンパイルエラーが発生する

次のコードを確認してください。

```
1:  class Test {
2:      public static void main(String args[]) {
3:          method(1, 3, 3);
4:      }
5:      public static void method(int[] x){}
6:      public static void method(int... x){}
7:      public static void method(int x){}
8:      public static void method(int x, int y){}
9:  }
```

このコードをコンパイル、および実行すると、どのような結果になりますか。1つ選択してください。

    A. 正常に実行される
    B. コンパイルエラーが発生する
    C. 実行時エラーが発生する

モジュールシステムの説明として、適切な記述はどれですか。1つ選択してください。

    A. 従来のモジュールを使用していないパッケージも、すべてモジュール化しなおす必要がある
    B. 従来のモジュールを使用していないパッケージは、すべて無名モジュールとして扱われる
    C. 従来のモジュールを使用していないパッケージは、すべて自動モジュールとして扱われる
    D. 従来のモジュールを使用していないパッケージは、構成の違いによって自動モジュールと無名モジュールに分類される

次のコードを確認してください。

```
1:   class Main {
2:       static int boxes[] = {10, 10, 10, 10, 1};
3:       static int boxes2[];
4:
5:       public static void main(String args[]) {
6:           boxes2 = Main.set(2, 20);
7:           for(int i : boxes) {
8:               System.out.print(i);
9:           }
10:          for(int i : boxes2) {
11:              System.out.print(i);
12:          }
13:      }
14:
15:      static int[] set(int index, int box) {
16:          for(int i = 0; i < index; i++) {
17:              boxes[index] = box;
18:          }
19:          return boxes;
20:      }
21:  }
```

このコードをコンパイル、および実行すると、どのような結果になりますか。1つ選択してください。

A. 101010101101020101
B. 101010101202010101
C. 202010101202010101
D. 101020101101020101

Java言語の特徴として正しいものはどれですか。1つ選択してください。

A. パッケージには複数のクラスが必要である
B. すべてのクラスはパッケージに属する
C. main()メソッドはクラス内の先頭に定義する
D. コマンドライン引数を受け取れるように、すべてのクラスにはmain()メソッドを定義する

次のコードを確認してください。

```
1:  class SbTest {
2:      public static void main(String[] args) {
3:          StringBuilder sb = new StringBuilder("abc");
4:          String s = "abc";
5:          // insert code here
6:          System.out.println(sb + " " + s);
7:      }
8:  }
```

5行目にどのコードを挿入すれば「abcABC abcABC」と出力できますか。1つ選択してください。

A. sb.append("ABC");
   sb.append("ABC");

B. sb = sb.concat("ABC");
   s = s. concat("ABC");

C. sb.append("ABC");
   s. concat("ABC");

D. sb.concat("ABC");
   s = s.append("ABC");

E. sb.append("ABC");
   s = s. concat("ABC");

次のコードを確認してください。

```
1:  // insert code here
2:      public abstract void bark();
3:  }
4:  // insert code here
5:      public void bark() {
6:          System.out.println("howl");
7:      }
8:  }
```

1行目と4行目にどのコードを挿入すれば、正常にコンパイルできますか。1つ選択してください。

A. 1行目：class Dog {

    4行目：class Poodle extends Dog {

B. 1行目：abstract Dog {

    4行目：class Poodle extends Dog {

C. 1行目：abstract class Dog {

    4行目：class Poodle extends Dog {

D. 1行目：abstract class Dog {

    4行目：class Poodle implements Dog {

問題 19

次のコードを確認してください。

```
 1:   class AryEquals {
 2:       public static void main(String[] args) {
 3:           String str1[] = {"AAA", "BBB", "CCC"};
 4:           String str2[] = {"AAA", "BBB", "CCC"};
 5:           String str3[] = new String[3];
 6:           str3[0] = "AAA";
 7:           str3[1] = "BBB";
 8:           str3[2] = "CCC";
 9:
10:           System.out.print(str1 == str1);
11:           System.out.print(" : ");
12:           System.out.print(str1 == str2);
13:           System.out.print(" : ");
14:           System.out.print(str1 == str3);
15:       }
16:   }
```

このコードをコンパイル、および実行すると、どのような結果になりますか。1つ選択してください。

A. true : true : true   B. true : true : false

C. false : true : false   D. true : false : false

E. false : false : false

次のコードを確認してください。

```
1:  class Test {
2:      public static void main(String args[]) {
3:          var var = 10;
4:          System.out.print(var);
5:      }
6:  }
```

このコードをコンパイル、および実行すると、どのような結果になりますか。1つ選択してください。

    A. 10
    B. コンパイルエラーが発生する
    C. 実行時エラーが発生する

次のコードを確認してください。

```
1:  class Test {
2:      public static void main(String args[]) {
3:          int[] array = new int[0];
4:          System.out.println(array.length);
5:      }
6:  }
```

このコードをコンパイル、および実行すると、どのような結果になりますか。1つ選択してください。

    A. 0
    B. 実行時にNegativeArraySizeExceptionが発生する
    C. 実行時にArrayIndexOutOfBoundsExceptionが発生する
    D. null

次のコードを確認してください。

```
 1:  class Customer {
 2:      public int id = 10;
 3:      public void disp() {
 4:          System.out.print(id);
 5:      }
 6:  }
 7:  class WebCustomer extends Customer {
 8:      private int id = 11;
 9:      public void disp() {
10:          System.out.print(id);
11:      }
12:      public static void main(String[] args) {
13:          Customer c = new WebCustomer();
14:          c.disp();
15:      }
16:  }
```

このコードをコンパイル、および実行すると、どのような結果になりますか。1つ選択してください。

- A. 10
- B. 11
- C. コンパイルエラーが発生する
- D. 実行時エラーが発生する

複数のモジュールをコンパイルするためのオプションとして、モジュールの場所を指定するために適切なものはどれですか。1つ選択してください。

- A. -m
- B. --module
- C. --source
- D. --module-path
- E. --module-source
- F. --module-source-path

次のコードを確認してください。

```
1:   class Test {
2:       public static void main(String[] args) {
3:           var v = new int[][]{{10,20}, {30, 40}};
4:           for( /* insert code here */ ) {
5:               for ( /* insert code here */ ) {
6:                   System.out.print(i + " : ");
7:               }
8:           }
9:       }
10:  }
```

4行目、5行目に挿入することで配列vのすべての要素を出力することができるコードはどれですか。2つ選択してください。

- **A.** 4行目：var[] n : v
  5行目：var i : n
- **B.** 4行目：var n : v
  5行目：var i : n
- **C.** 4行目：int n : v
  5行目：var i : n
- **D.** 4行目：var n : v
  5行目：int i : n

次のコードを確認してください。

```
1:   class MyAry {
2:       public static void main(String[] args) {
3:           String[] s = {null};
4:           double[] d = null;
5:
6:           System.out.println(s[0]);
7:           System.out.println(d);
8:       }
9:   }
```

このコードをコンパイル、および実行すると、どのような結果になりますか。1つ選択してください。

- A. コンパイルエラーが発生する
- B. java.lang.NullPointerExceptionが発生する
- C. null
  null
- D. null
  0.0
- E. 何も出力されない

問題 26

次のコードを確認してください。

```java
 1:    public class FooBar {
 2:        public static void main(String[] args) {
 3:            foo();
 4:        }
 5:        private static void foo() {
 6:            bar();
 7:        }
 8:        private static void bar() {
 9:            throw new Exception();
10:        }
11:    }
```

このコードをコンパイル、および実行するための記述として、適切なものはどれですか。1つ選択してください。

- A. 3行目：foo()メソッドの呼び出しをtry-catchブロックで囲む
- B. 6行目：bar()メソッドの呼び出しをtry-catchブロックで囲む
- C. 9行目：throw new Exception();をtry-catchブロックで囲む
- D. 5行目：foo()メソッドの定義にthrows Exceptionを追加する
- E. 8行目：bar()メソッドの定義にthrows Exceptionを追加する

次のコードを確認してください。

my.foo モジュールの module-info.java

```
1:  module my.foo {
2:      exports foo to test;
3:  }
```

my.foo モジュールのクラス

```
1:  package foo;
2:  public class MyFoo {
3:  }
```

my.bar モジュールの module-info.java

```
1:  module my.bar {
2:      exports bar;
3:      requires java.base;
4:  }
```

my.bar モジュールのクラス

```
1:  package bar;
2:  public class MyBar {
3:  }
```

my.test モジュールの module-info.java

```
1:  module my.test {
2:      requires my.bar;
3:  }
```

my.test モジュールのクラス

```
1:  public class MyTest {
2:      public static void main (String[] args){
3:          new foo.MyFoo(); // 行1
4:          new bar.MyBar(); // 行2
5:      }
6:  }
```

このコードをコンパイル、および実行すると、どのような結果になりますか。1つ選択してください。

A. 行1でのみコンパイルエラーが発生する
B. 行2でのみコンパイルエラーが発生する
C. 行1および行2でコンパイルエラーが発生する
D. 実行時に例外が発生する
E. プログラムは正しく実行される

問題 28

次のコードを確認してください。

```
1:    import java.util.ArrayList;
2:    import java.util.HashSet;
3:
4:    class Test {
5:        public static void main(String args[]) {
6:            var list = new ArrayList<Integer>(5);
7:            list.add(1);
8:            list.add(2);
9:            var map = new HashSet<Integer>(list);
10:           list.clear();
11:           list.add(3);
12:           for(int x:map){
13:               System.out.print(x);
14:           }
15:       }
16:   }
```

このコードをコンパイル、および実行すると、どのような結果になりますか。1つ選択してください。

A. 何も表示されない
B. 12
C. 3
D. 22
E. 223

汎用関数型インタフェースと定義されているメソッドの組み合わせについて、適切なものはどれですか。1つ選択してください。

    A. Predicate<T> <-> boolean test(T t)
    B. Consumer<T> <-> void accept(T t)
    C. Function<T,R> <-> R apply(T t)
    D. Supplier<T> <-> T get()
    E. すべての組み合わせは正しい

次のコードを確認してください。

```
1:   interface IF{
2:       void func();
3:   }
4:   abstract class AbsClass{
5:       //Line1
6:   }
7:   class ConClass extends AbsClass implements IF{
8:       //Line2
9:   }
```

このプログラムコードのコンパイルが成功するために行うこととして、適切なものはどれですか。1つ選択してください。

    A. Line1にabstract void func();を挿入する
    B. Line1にvoid func(){}を挿入する
    C. ConClassをabstractクラスにする
    D. Line2にvoid func(){}を挿入する
    E. 適切な選択肢はない

次のコードを確認してください。

ソースファイル名：Access1.java

```
1:    package utils;
2:
3:    public class Access1 {
4:        public static String getMessage(String message) {
5:            return message + message;
6:        }
7:    }
```

ソースファイル名：Access2.java

```
1:    // insert code here
2:
3:    public class Access2 {
4:        public static void main(String args[]) {
5:            System.out.println(getMessage("testMessage"));
6:        }
7:    }
```

Access2クラスの1行目にどのコードを挿入すれば、コンパイル、および実行できますか。1つ選択してください。

- **A.** import utils.*;
- **B.** import utils.Access1.*;
- **C.** static import utils.*;
- **D.** static import utils.Access1.*;
- **E.** import utils.Access1.getMessage;
- **F.** import static utils.Access1.getMessage;

次のコードを確認してください。

```
1:   public class Test {
2:       static int snum;
3:       int num;
4:       public static void main(String[] args) {
5:           Test test1 = new Test();
6:           Test test2 = new Test();
7:           test1.num++;
8:           test1.snum++;
9:           test2.num++;
10:          test2.snum++;
11:          System.out.print(test1.num);
12:          System.out.print(test1.snum);
13:          System.out.print(test2.num);
14:          System.out.print(test2.snum);
15:      }
16:  }
```

このコードをコンパイル、および実行すると、どのような結果になりますか。1つ選択してください。

- **A.** 1111
- **B.** 1112
- **C.** 1122
- **D.** 1212
- **E.** 1222

モジュール化されたアプリケーションを実行するためのオプションとして、適切なものはどれですか。なお、モジュール名やJavaクラスはコンパイル済みで適切な記述がされているものとします。1つ選択してください。

- **A.** java -p . simplemodule.foo/simple.pack.Main
- **B.** java -p . simplemodule.foo simple.pack.Main
- **C.** java -p . -m simplemodule.foo/simple.pack.Main
- **D.** java -p . -m simplemodule.foo simple.pack.Main
- **E.** java -p . -module simplemodule.foo/simple.pack.Main
- **F.** java -p . -module simplemodule.foo simple.pack.Main

次のコードを確認してください。

```
1:    import java.util.ArrayList;
2:    import java.util.List;
3:
4:    class Customer {
5:        public int id;
6:        public String name;
7:        Customer(int id,String name){
8:            this.id = id;
9:            this.name = name;
10:       }
11:       public String toString(){
12:           return this.id + ":" + this.name;
13:       }
14:   }
15:   class Test {
16:       public static void main(String args[]) {
17:           List<Customer> customers = new ArrayList<Customer>();
18:           customers.add(new Customer(99, "AAA"));
19:           customers.add(new Customer(100, "BBB"));
20:           customers.add(new Customer(101, "CCC"));
21:           customers.removeIf(s -> {if(s.id < 100){return false;}return
      true;});
22:           for(Customer c:customers){
23:               System.out.println(c);
24:           }
25:       }
26:   }
```

このコードをコンパイル、および実行すると、どのような結果になりますか。1つ選択してください。

A. 99:AAA   B. 100:BBB

C. 100:BBB   D. 何も出力されない
    101:CCC

次のコードを確認してください。

```
1:   class Customer {
2:       int no;
3:       String name;
4:       Customer() {
5:           // insert code here
6:       }
7:       public static void main(String[] args) {
8:           Customer cs = new Customer();
9:           // insert code here
10:          System.out.println(cs);
11:      }
12:      public String toString() {
13:          return no + " : " + name;
14:      }
15:  }
```

5行目、9行目にどのコードを挿入すれば、「101：Duke」と出力することができますか。2つ選択してください。(2つのうち、いずれか1つを挿入すれば、設問の条件を満たします。)

- A. 5行目に this.no = 101; this.name = "Duke";
- B. 5行目に this(101, "Duke");
- C. 9行目に cs.no = 101; cs.name = "Duke";
- D. 9行目に this.no = 101; this.name = "Duke";

次のコードを確認してください。

```
1:   class Test {
2:       public static void main(String[] args) {
3:           float f = 10 / 4;
4:           System.out.print(f + " : ");
5:           System.out.print(20 / 8 + " : ");
6:           System.out.print(10 / (float)4);
7:       }
8:   }
```

このコードをコンパイル、および実行すると、どのような結果になりますか。1つ選択してください。

A. 2.5 : 2 : 2.5
B. 2.0 : 2 : 2.0
C. 2.0 : 2.5 : 2.5
D. 2.5 : 2 : 2.0
E. 2.0 : 2 : 2.5

次のコードを確認してください。

```
1:    class Test {
2:        public static void main(String[] args) {
3:            int i = 10;
4:            int j = 10;
5:            final int Z = 15;
6:            switch(i) {
7:                case 3 | 5:
8:                    System.out.println("foo");
9:                    break;
10:               case j:
11:                   System.out.println("bar");
12:                   break;
13:               case Z:
14:                   System.out.println("baz");
15:           }
16:       }
17:   }
```

このコードのコンパイルを行うと、どのような結果になりますか。1つ選択してください。

A. 正常にコンパイルが成功する
B. 7行目でコンパイルエラーが発生する
C. 10行目でコンパイルエラーが発生する
D. 13行目でコンパイルエラーが発生する
E. 7行目と10行目でコンパイルエラーが発生する
F. 7行目と13行目でコンパイルエラーが発生する
G. 10行目と13行目でコンパイルエラーが発生する

次のコードを確認してください。

```
 1:  class Test {
 2:      public static void main(String[] args) {
 3:          StringBuilder sb = new StringBuilder(10);
 4:          sb.append("Java");
 5:          sb.append("Silver");
 6:          sb.insert(4, " ");
 7:          sb.replace(6, 12, "E");
 8:          System.out.println(sb);
 9:      }
10:  }
```

このコードをコンパイル、および実行すると、どのような結果になりますか。1つ選択してください。

- **A.** Java Silver
- **B.** Java SE
- **C.** コンパイルエラーが発生する
- **D.** 6行目が原因で実行時エラーが発生する
- **E.** 7行目が原因で実行時エラーが発生する

次のコードを確認してください。

```
 1:  class ForTest {
 2:      public static void main(String[] args) {
 3:          int i;
 4:          int j = 0;
 5:          for(i = /* insert code here */ ; i > 4; i--) {
 6:              j++;
 7:          }
 8:          System.out.println("j = " + j);
 9:      }
10:  }
```

5行目で変数iにどの値を代入すれば、「j = 3」と出力できますか。1つ選択してください。

A. 5 　　　　　B. 6
C. 7 　　　　　D. 8
E. 9

次のコードを確認してください。

```
1:   class Test {
2:       public static void main(String[] args) {
3:           int i = 9;
4:           do {
5:               System.out.print("do-");
6:               i++;
7:               continue;
8:           } while(i < 10);
9:           System.out.print("while");
10:      }
11:  }
```

このコードをコンパイル、および実行すると、どのような結果になりますか。1つ選択してください。

A. do-while
B. do-do-while
C. 「do-」を出力し続ける無限ループとなる
D. 7行目が原因でコンパイルエラーが発生する
E. 実行時エラーが発生する

モジュールの定義内に定義できる文として、適切なものはどれですか。1つ選択してください。

A. exports foo, foo.boo;
B. exports foo to boo,bee;
C. requires bar, baz;
D. requires bar from baz;
E. exports foo requires bar;

次のコードを確認してください。

```
1:    interface TestA {
2:        public void funcA();
3:    }
4:    interface TestB {
5:        public static void funcB() { }
6:    }
7:    interface TestC extends TestA {
8:        public void funcC();
9:    }
10:   interface TestD extends TestB {
11:       public void funcD();
12:   }
13:   interface TestE{
14:       public default void funcE() { }
15:   }
```

それぞれのインタフェースのうち、ラムダ式に使用できる関数型インタフェースと
して適切なものはどれですか。2つ選択してください。

A. TestAインタフェース   B. TestBインタフェース
C. TestCインタフェース   D. TestDインタフェース
E. TestEインタフェース

次のコードを確認してください。

```
1:    class Test {
2:        public static void main(String args[]) {
3:            var str = new String("Hello");
4:            System.out.print(str == "Hello");
5:            str = str.intern();
6:            System.out.print(str == "Hello");
7:        }
8:    }
```

このコードをコンパイル、および実行すると、どのような結果になりますか。1つ選
択してください。

A. truetrue

B. falsefalse

C. truefalse

D. falsetrue

次のコードを確認してください。

```
1:  class Test {
2:      public static void main(String args[]){
3:          Sub obj = new Sub();
4:      }
5:  }
6:  class Super{
7:      Super() {System.out.print("Super");}
8:  }
9:  class Sub extends Super{
10:     Sub(){
11:         super();this(10);
12:         System.out.print("Sub");
13:     }
14:     Sub(int x){
15:         super();
16:         System.out.print("Sub-int");
17:     }
18:  }
```

Subクラスをインスタンス化した場合に表示される文字列はどれですか。1つ選択してください。

A. SuperSuperSub-intSub

B. SuperSub-intSub

C. コンパイルエラーが発生する

D. 実行時エラーが発生する

次のコードを確認してください。

```
1:   class App {
2:       public static void main(String[] args) {
3:           String[] str = {"AA", "BB", "CC", "DD"};
4:           str[1] = str[3];
5:           String[] str2 = str;
6:           str2[3] = "XX";
7:           for(String s : str) {
8:               System.out.print(s + " ");
9:           }
10:      }
11:  }
```

このコードをコンパイル、および実行すると、どのような結果になりますか。1つ選択してください。

A. AA XX CC XX
B. AA DD CC DD
C. AA DD CC XX
D. AA XX CC DD
E. 実行時エラーが発生する

次のコードを確認してください。

```
1:   class MyStr {
2:       public static void main(String args[]) {
3:           String str1 = "abc";
4:           String str2 = new String("abc");
5:           System.out.print(str1 == str2);
6:           System.out.print(" ");
7:           System.out.print(str1.equals(str2));
8:           System.out.print(" ");
9:           str1 = str2;
10:          System.out.print(str1 == str2);
11:      }
12:  }
```

このコードをコンパイル、および実行すると、どのような結果になりますか。1つ選択してください。

A. true true true　　　B. true false true
C. false true false　　　D. false true true
E. false false true

問題 47 ■■■

次のコードを確認してください。

```
1:  class Test {
2:      public static void main(String[] args) {
3:          String str = "";
4:          StringBuilder sb = new StringBuilder();
5:          sb = sb.append("Java ");
6:          sb = sb.append("Programming");
7:          sb.delete(5, 16);
8:          str = sb.toString();
9:          str = str.trim();
10:         System.out.println(str.length());
11:     }
12: }
```

このコードをコンパイル、および実行すると、どのような結果になりますか。1つ選択してください。

A. 4　　　　　　　　　B. 5
C. 15　　　　　　　　D. 16
E. コンパイルエラーが発生する

問題 48 ■■■

JDK11で提供されない機能はどれですか。1つ選択してください。

A. JavaDB
B. jdb
C. RMI
D. jshell

次のコードを確認してください。

```
1:   class Scope {
2:       public static void main(String[] args) {
3:           int num = 1;
4:           Scope scope = new Scope();
5:           scope.foo(num);
6:           System.out.print(" main num = " + num);
7:       }
8:       void foo(int num) {
9:           System.out.print("foo num = " + --num);
10:      }
11:  }
```

このコードをコンパイル、および実行すると、どのような結果になりますか。1つ選択してください。

- **A.** foo num = 0 main num = 0
- **B.** foo num = 0 main num = 1
- **C.** foo num = 1 main num = 1
- **D.** 実行時に例外が発生する
- **E.** コンパイルエラーが発生する

次のコードを確認してください。

```
1:   import java.util.*;
2:   class Test {
3:       public static void main(String[] args) {
4:           List<Integer> list1 = List.of();
5:           List<String> list2 = Arrays.asList();
6:           System.out.println(list1.size() + " : " + list2.size());
7:       }
8:   }
```

このコードをコンパイル、および実行すると、どのような結果になりますか。1つ選択してください。

A. 0：0
B. 4行目が原因でコンパイルエラーが発生する
C. 5行目が原因でコンパイルエラーが発生する
D. 6行目でUnsupportedOperationExceptionが発生する
E. 6行目でNullPointerExceptionが発生する

次のコードを確認してください。

```
1:   class Main {
2:       static int i;
3:
4:       public static void main(String[] args) {
5:           int i = 10;
6:           i = set(i);
7:           i = get();
8:           println();
9:       }
10:      static int set(int i) {
11:          i = i;
12:          return i++;
13:      }
14:      static int get() {
15:          return i++;
16:      }
17:      static void println() {
18:          System.out.println(i);
19:      }
20:  }
```

このコードをコンパイル、および実行すると、どのような結果になりますか。1つ選択してください。

A. 0
B. 1
C. 10
D. 11
E. 12

次のコードを確認してください。

```
1:   class Test {
2:       public static void main(String args[]) {
3:           var list = new int[] {1, 2, 3, 4, 5, 6};
4:           // insert code here
5:               System.out.println(i);
6:           }
7:       }
8:   }
```

4行目に挿入するコードで、コンパイルエラーになるものはどれですか。1つ選択してください。

A. for(var i:list){   B. for(int i:list){
C. for(Object i:list){   D. for(String i:list){

次のコードを確認してください。

```
1:   class Test {
2:       public static void main(String args[]) throws RuntimeException {
3:           String[] list = null;
4:           try {
5:               for(var x:list){
6:                   System.out.print(x);
7:               }
8:               throw new RuntimeException("Exception");
9:           } catch (RuntimeException re) {
10:              System.out.print(re.getMessage());
11:          }
12:          System.out.print("Java");
13:      }
14:  }
```

このコードをコンパイル、および実行すると、どのような結果になりますか。1つ選択してください。

A. ExceptionJava   B. Java
C. nullJava   D. nullExceptionJava

次のコードを確認してください。

```
 1:  public class Test {
 2:      public static void main(String[] args) {
 3:          Message m, mA, mB;
 4:          m = new Message();
 5:          mA = new MessageA();
 6:          mB = new MessageB();
 7:          System.out.println(m.disp() + ", " + mA.disp() + ", " +
     mB.disp());
 8:      }
 9:  }
10:  class Message {
11:      public String disp() {
12:          return "message";
13:      }
14:  }
15:  class MessageA extends Message {
16:      public long disp() {
17:          return "AAA";
18:      }
19:  }
20:  class MessageB extends Message {
21:      public long disp() {
22:          return "BBB";
23:      }
24:  }
```

このコードをコンパイル、および実行すると、どのような結果になりますか。1つ選択してください。

    A. message, AAA, BBB
    B. 何も出力されない
    C. 実行時に例外が発生する
    D. コンパイルエラーが発生する

次のコードを確認してください。

```
1:   import java.util.*;
2:   class Test {
3:       public static void main(String[] args) {
4:           List<String> list = new ArrayList<>(List.of("Silver", "SE",
     "Java"));
5:           list.sort( /* insert code here */ );
6:           System.out.println(list);
7:       }
8:   }
```

5行目に挿入することで、文字数が少ない順に要素がソートされるラムダ式の定義
として適切なコードはどれですか。1つ選択してください。

A. (o1, o2) -> o1.length() > o2.length()
B. (o1, o2) -> o1.length() < o2.length()
C. (o1, o2) -> o1.length() - o2.length()
D. (o1, o2) -> o2.length() - o1.length()

次のコードを確認してください。

```
1:   import java.time.LocalDateTime;
2:   import java.time.format.DateTimeFormatter;
3:
4:   class Test {
5:       public static void main(String args[]) {
6:           LocalDateTime ldate = LocalDateTime.of(2020, 7, 24, 20, 0, 0);
7:           String date = null;
8:           // insert code here
9:           System.out.println(date);
10:      }
11:  }
```

8行目に挿入するコードで「2020-07-24」と出力結果が表示されるコードはどれで
すか。1つ選択してください。

A. `date = ldate.format(DateTimeFormatter.BASIC_ISO_DATE);`
B. `date = ldate.format(DateTimeFormatter.ISO_LOCAL_DATE);`
C. `date = ldate.format(DateTimeFormatter.ISO_DATE_TIME);`
D. `date = ldate.format(DateTimeFormatter.ISO_WEEK_DATE);`

問題 57

次のコードを確認してください。

```
1:  class LoopControl {
2:      public static void main(String[] args) {
3:          int[][] ary = {{1, 2, 3}, {4, 5, 6}, {7, 8, 9}};
4:          label:
5:          for(int i = 0;; i++) {
6:              for(int j = 0;; j++) {
7:                  if(i == j) {
8:                      continue label;
9:                  }
10:                 System.out.print(ary[i][j]);
11:                 if(i == 2) {
12:                     break label;
13:                 }
14:             }
15:         }
16:     }
17: }
```

このコードをコンパイル、および実行すると、どのような結果になりますか。1つ選択してください。

A. 4
B. 14
C. 47
D. 147
E. 1478

次のコードを確認してください。

```
1:  class Test {
2:      public static final Test obj = new Test();
3:      public static void main(String args[]) {
4:          Test.obj.disp();
5:          new Test().disp();
6:          Test.disp();
7:          obj.disp();
8:      }
9:      public void disp(){
10:         System.out.println("Hello.");
11:     }
12: }
```

コンパイルエラーになるのは何行目ですか。1つ選択してください。

A. 4行目　　　　　　　　B. 5行目
C. 6行目　　　　　　　　D. 7行目

次のコードを確認してください。

```
1:  class Foo {
2:      public static void main(String args[]) {
3:          int num = 4;
4:          if(num++ < 5) {
5:              System.out.println(num + "true");
6:          }else {
7:              System.out.println(num + "false");
8:          }
9:      }
10: }
```

このコードをコンパイル、および実行すると、どのような結果になりますか。1つ選択してください。

A. 4true　　　　　　　　B. 4false
C. 5true　　　　　　　　D. 5false
E. コンパイルエラーが発生する

次のコードを確認してください。

```
1:    interface Animal {
2:        public void walk();
3:    }
4:
5:    abstract class Dog implements Animal {
6:        public abstract void walk();
7:    }
8:
9:    // insert code here
```

ポリモフィズムを実現するために、9行目に挿入するクラスの定義として、適切なものはどれですか。2つ選択してください。(2つのうち、いずれか1つを挿入すれば、設問の条件を満たします。)

A.
```
class Pug implements Dog {
    public void walk() { }
}
```

B.
```
class Pug implements Animal {
    public void walk() { }
}
```

C.
```
class Pug extends Dog implements Animal {
    public void walk() { }
}
```

D.
```
class Pug extends Animal {
    public void walk() { }
}
```

問題 61

次のコードを確認してください。

```
1:  class Test {
2:      public static void main(String[] args) {
3:          double d1 = 3.46;
4:          double d2 = 3.87;
5:          System.out.print(Math.ceil(d1) + Math.ceil(d2) + " : ");
6:          System.out.print(Math.floor(d1) + Math.floor(d2));
7:      }
8:  }
```

このコードをコンパイル、および実行すると、どのような結果になりますか。1つ選択してください。

A. 8.0 : 6.0
B. 6.0 : 8.0
C. 8.0 : 8.0
D. 6.0 : 6.0

問題 62

次のコードを確認してください。

```
1:  class Pug {
2:      // insert code here
3:  }
4:  class Main {
5:      public static void main(String args[]) {
6:          Pug pug = new Pug();
7:          pug.eyes = 2;
8:          System.out.println(pug.eyes);
9:      }
10: }
```

2行目にどのコードを挿入すれば、正常にコンパイル、実行できますか。3つ選択してください。(3つのうち、いずれか1つを挿入すれば、設問の条件を満たします。)

A. int eyes;
B. final int eyes;
C. static int eyes;
D. private static int eyes;
E. transient int eyes;

問題 63

次のコードを確認してください。

```
1:  class Test {
2:      public static void main(String args[]) {
3:          String str = "Hello¥sJava¥¥sWorld!";
4:          System.out.println(str);
5:      }
6:  }
```

このコードをコンパイル、および実行すると、どのような結果になりますか。1つ選択してください。

- A. Hello Java World!
- B. Hello Java¥sWorld!
- C. コンパイルエラーが発生する
- D. 実行時エラーが発生する

問題 64

次のコードを確認してください。

```
1:  class Test {
2:      public static void main(String[] args) {
3:          double d1 = 2.44;
4:          double d2 = 2.64;
5:          System.out.println(Math.round(d1) + Math.round(d2));
6:      }
7:  }
```

このコードをコンパイル、および実行すると、どのような結果になりますか。1つ選択してください。

- A. 4.0
- B. 5
- C. 6.0
- D. コンパイルエラーが発生する

次のコードを確認してください。

```
1:  class Test {
2:      public static void main(String[] args) {
3:          String[][] ary = new String[3][];
4:          ary[0] = new String[]{"dog", "cat"};
5:          ary[1] = new String[]{"red", "blue", "white"};
6:          ary[2] = new String[]{"JP", "US", "UK", "NZ"};
7:          // insert code here
8:              // insert code here
9:                  System.out.print(str2 + " : ");
10:             }
11:             System.out.println();
12:     }
13:     }
14: }
```

7行目と8行目にどのようなコードを挿入すれば、二次元配列の要素をすべて出力できますか。どのような結果になりますか。1つ選択してください。

- A. 7行目：for(String str1 : ary) {
  8行目：for(String str2 : str1) {
- B. 7行目：for(String[] str1 : ary) {
  8行目：for(String str2 : str1) {
- C. 7行目：for(String str1 : ary) {
  8行目：for(String[] str2 : str1) {
- D. 7行目：for(String[] str1 : ary) {
  8行目：for(String[] str2 : str1) {

Reliable configuration（信頼できる構成）の説明として、適切な記述はどれですか。1つ選択してください。

- A. 必要となるモジュールのバージョンの検証を行う
- B. 複数の異なるモジュール内に存在する同一パッケージの選択を行う
- C. モジュール単位で必要なモジュールの不足を検証する
- D. 不必要なモジュールを除外する

次のコードを確認してください。

```
1:  class Test {
2:      public static void main(String args[]) {
3:          System.out.print(Math.round(Double.NaN));
4:          System.out.print(Math.round(0.0));
5:      }
6:  }
```

このコードをコンパイル、および実行すると、どのような結果になりますか。1つ選択してください。

- A. 0.00.0
- B. 00
- C. コンパイルエラーが発生する
- D. 実行時エラーが発生する

次のコードを確認してください。

```
1:  class Test {
2:      public static void main(String args[]) {
3:          Boolean b1 = new Boolean(Boolean.parseBoolean("true"));
4:          Boolean b2 = new Boolean(null);
5:          Boolean b3 = null;
6:          System.out.println(b1 + " : " + b2 + " : " + b3);
7:      }
8:  }
```

このコードをコンパイル、および実行すると、どのような結果になりますか。1つ選択してください。

- A. true : true : null
- B. true : false : null
- C. true : null : null
- D. コンパイルエラーが発生する

次のコードを確認してください。

```
1:   class Pug {
2:       void walk(int i) {
3:           System.out.println("Pug was walking " + i + "km");
4:       }
5:       void walk(double d) {
6:           System.out.println("Pug was walking " + d + "km");
7:       }
8:       void walk(String s) {
9:           System.out.println("Pug was walking " + s + "km");
10:      }
11:      void walk(short s) {
12:          System.out.println("Pug was walking " + s + "km");
13:      }
14:  }
15:  class Main {
16:      public static void main(String args[]) {
17:          (new Pug()).walk(10L);
18:      }
19:  }
```

17行目から、何行目のwalk()メソッドが呼び出されますか。1つ選択してください。

A. 2行目
B. 5行目
C. 8行目
D. 11行目

次のコードを確認してください。

```
1:   class MultiArray {
2:       public static void main(String args[]) {
3:           int[][] array = {{0}, {0, 1}, {0, 2, 3}, {0, 4, 5, 6}, {0, 7, 8,
9, 10}};
4:           System.out.println(array[3][2]);
5:           System.out.println(array[2][3]);
6:       }
7:   }
```

このコードをコンパイル、および実行すると、どのような結果になりますか。1つ選択してください。

- A. 2null
- B. 5null
- C. IllegalArgumentExceptionが発生する
- D. ArrayIndexOutOfBoundsExceptionが発生する
- E. コンパイルエラーが発生する

問題 71

次のコードを確認してください。

```
1:   class Employee {
2:       private final String name;
3:       private final String skill = "none";
4:       public Employee(String name, String skill) {
5:           this.name = name;
6:           this.skill = skill;
7:       }
8:       public void print() {
9:           System.out.println(name + " : " + skill);
10:      }
11:  }
12:  class Test {
13:      public static void main(String[] args) {
14:          new Employee("Duke", "Java").print();
15:      }
16:  }
```

このコードをコンパイル、および実行すると、どのような結果になりますか。1つ選択してください。

- A. Duke : Java
- B. Duke : none
- C. 2行目が原因でコンパイルエラーが発生する
- D. 5行目が原因でコンパイルエラーが発生する
- E. 6行目が原因でコンパイルエラーが発生する

次のコードを確認してください。

```
 1:  public class MyMAry {
 2:      public static void main(String[] args) {
 3:          int[][] ary = {{0}, {1, 2, 3}, {4, 5}, {6, 7, 8, 9}};
 4:          for(int i = 0; i < ary.length ; i++) {
 5:              for(int j = 0; j < /*insert code here*/ ; j++) {
 6:                  System.out.print(ary[i][j]);
 7:              }
 8:          }
 9:      }
10:  }
```

5行目にどのコードを挿入すれば「0123456789」と出力できますか。1つ選択して
ください。

A. 5   B. i
C. ary[i].length   D. ary[j].length
E. ary.length

次のコードを確認してください。

```
 1:  class Test {
 2:      public static void main(String args[]){
 3:          String str = "Hello";
 4:          System.out.print(-str.compareTo("Hella"));
 5:      }
 6:  }
```

このコードをコンパイル、および実行すると、どのような結果になりますか。1つ選
択してください。

A. 14
B. -14
C. コンパイルエラーが発生する
D. 実行時エラーが発生する

次のコードを確認してください。

bar モジュールの module-info.java

```
1:  module bar {
2:  requires foo;
3:  exports bar;
4:  }
```

bar モジュール内のクラス定義

```
1:  package bar;
2:  public class MyBar {}
```

foo モジュールの module-info.java

```
1:  module foo {
2:  requires bar;
3:  }
```

foo モジュール内のクラス定義

```
1:  package foo;
2:  import bar.MyBar;
3:  public class MyFoo {
4:      public static void main(String[] args){
5:          new MyBar();
6:      }
7:  }
```

このコードをコンパイル、および実行すると、どのような結果になりますか。1つ選択してください。

- A. fooモジュールはbarモジュールの前にロードされる
- B. fooモジュールはbarモジュールの後にロードされる
- C. アプリケーションはコンパイルされるが実行に失敗する
- D. アプリケーションはコンパイルに失敗する

次のコードを確認してください。

```
 1:   class ContinueTest {
 2:      public static void main(String[] args) {
 3:          int num = 0;
 4:          do {
 5:              if(num < 2) {
 6:                  continue;
 7:              }
 8:              System.out.print(num);
 9:          } while(num++ < 5);
10:      }
11:   }
```

このコードをコンパイル、および実行すると、どのような結果になりますか。1つ選択してください。

A. 234
B. 2345
C. 01234
D. 012345
E. 無限ループになる

次のコードを確認してください。

```
 1:   import java.util.List;
 2:
 3:   class Test {
 4:      public static void main(String args[]) {
 5:          Object[] o = new Object[3];
 6:          o[0] = new Integer[1];
 7:          o[1] = new String[1];
 8:          o[2] = List.of("J", "a", "v", "a");
 9:          for(Object l:o){
10:              for(Object v:l){
11:                  System.out.print(v);
12:              }
13:          }
14:      }
15:   }
```

このコードをコンパイル、および実行すると、どのような結果になりますか。1つ選択してください。

    A. OnullJava

    B. nullnullJava

    C. コンパイルエラーが発生する

    D. 実行時エラーが発生する

問題 77

次のコードを確認してください。

```
1:    import java.util.List;
2:
3:    class Test {
4:        public static void main(String args[]) {
5:            String[] list = {"J", "a", "v", "a"};
6:            List<String> vlist = List.of(list);
7:            vlist.add(4, "11");
8:            for(String str:vlist){
9:                System.out.print(str);
10:           }
11:       }
12:   }
```

このコードをコンパイル、および実行すると、どのような結果になりますか。1つ選択してください。

    A. Java

    B. Java11

    C. コンパイルエラーが発生する

    D. 実行時エラーが発生する

次のコードを確認してください。

```
1:  class Operator {
2:      public static void main(String args[]) {
3:          double dnum = 3.14;
4:          ++dnum;
5:          dnum %= dnum;
6:          System.out.print(dnum);
7:      }
8:  }
```

このコードをコンパイル、および実行すると、どのような結果になりますか。1つ選択してください。

A. 1   B. 0.0
C. 3.14   D. 4.14
E. コンパイルエラーが発生する

次のコードを確認してください。

```
1:  import java.util.*;
2:  class Test {
3:      public static void main(String[] args) {
4:          List<String> list = List.of("AA", "BB");
5:          func(list);
6:      }
7:      public static void func( /* insert code here */ ) {
8:          for(String s : col) {
9:              System.out.print(s + " ");
10:         }
11:     }
12: }
```

7行目に挿入することで、「AA BB」と出力できる引数の型はどれですか。1つ選択してください。

A. List col   B. List<Object> col
C. Collection col   D. Collection<String> col

次のコードを確認してください。

```
1:  class Customer {
2:      private String name;
3:      public Customer() {
4:          this.name = "unknown";
5:      }
6:      public Customer(String name) {
7:          this.name = name;
8:      }
9:      public void disp() {
10:         System.out.print(name);
11:     }
12: }
13: class WebCustomer extends Customer {
14:     private String pass;
15:     public WebCustomer(String pass) {
16:         this.pass = pass;
17:     }
18:     public void disp() {
19:         super.disp();
20:         System.out.print(" : " + pass);
21:     }
22: }
23: class Test {
24:     public static void main(String[] args) {
25:         WebCustomer wc = new WebCustomer("Java");
26:         wc.disp();
27:     }
28: }
```

このコードをコンパイル、および実行すると、どのような結果になりますか。1つ選択してください。

- **A.** null : Java
- **B.** unknown : Java
- **C.** null
- **D.** 25行目のオブジェクト生成でコンパイルエラーが発生する

模擬試験 2 | 解答と解説

問題 1

解説 break文、continue文についての問題です。

4行目の拡張for文により、変数iが配列aryの各要素の値を取得し、1、2、3、4、5と変化します。

5〜7行目のif文は、変数iが2未満のときにtrue判定となり、9〜11行目のif文は、変数iが3と等しいときにtrue判定となります。

「2345」と出力するには、変数iが2未満のときは出力されないようにする必要があります。6行目以降を実行しないようにするため、6行目にcontinue;を挿入し、4行目に処理を戻します。

変数iが3のときには、さらに4、5を出力する必要があるため、10行目にもcontinue;を挿入し、4行目に処理を戻します。

したがって、選択肢Dが正解です。

その他の選択肢の解説は、以下のとおりです。

選択肢A

変数iが3のときにbreak文によりループが終了するため、「23」と出力されます。したがって、不正解です。

選択肢B、C

変数iが1のときにbreak文によりループが終了するため、何も出力されません。したがって、不正解です。

解答 D

問題 2

解説 StringBuilderクラスについての問題です。

StringBuilderクラスのdeleteCharAt()メソッドの構文は、以下のとおりです。

構文

```
deleteCharAt(int index)
```

- index：削除されるcharのインデックス（先頭文字は0）

4行目のdeleteCharAt()メソッドで'S'はint型に変換すると83となり、83文字目の削除を指定しています。文字列は全体で7文字しかないため、実行時の例外として、StringIndexOutOfBoundsExceptionが発生します。したがって、選択肢Dが正解です。

解答 D

 問題 3

解説 **インタフェース**についての問題です。

インタフェースを実装するクラスTestはインタフェースに定義されたメソッドの実装をする必要があります。2行目のインタフェースAのdisp()メソッドと5行目のインタフェースBのdisp()メソッドは、それぞれ戻り値は異なりますが、引数が同じです。TestクラスはIFクラスを継承して、戻り値がint型のdisp()メソッドを継承します。また、Testクラスは自身で戻り値voidのdispメソッドを実装しています。しかし、引数が同じメソッドをTestクラスに同時に実装することはできません。コンパイルエラーが発生します。したがって、選択肢Cが正解です。

 解答 C

 問題 4

解説 オブジェクトにおける**==演算子**についての問題です。

3、5行目でTestオブジェクトを生成しています。また、4行目では、変数t1の参照情報をコピーしているため、変数t1とt2は同じオブジェクトを参照します。

6行目では、変数t1とt3のインスタンス変数noを比較しています。インスタンス変数noはint型データのため、==演算子で「同じ数値かどうか」を比較します。どちらも10のためtrueが出力されます。

7行目では、変数t2とt3のインスタンス変数idを比較しています。インスタンス変数idはString型データのため、==演算子で「同じ参照を保持しているか」を比較します。t2のインスタンス変数idとt3のインスタンス変数idは同じオブジェクト("100")を参照しているため、trueが出力されます。

8行目では、変数t1とt3を比較しています。変数t1とt3はTest型の変数のため、String型データと同様に「同じ参照情報を保持しているか」の比較です。つまりfalseが出力されます。

したがって、選択肢Aが正解です。

 解答 A

模擬試験 2　解答と解説

無名パッケージのクラスについての問題です。

クラス定義のときにパッケージ宣言を行わない場合、「無名パッケージ」のクラスになります。無名パッケージのクラスは、ライブラリのクラスや、他パッケージのクラスをインポートして参照することは可能です。

しかし、他のパッケージクラスから無名パッケージのクラスを参照することはできません。

したがって、選択肢Bが正解です。

 B

 参照型のキャストについての問題です。

16行目の変数poodleはPoodle型です。変数poodleへ参照情報を代入するには、Poodleクラスか、Poodleクラスのサブクラスである必要があります。

各選択肢の解説は、以下のとおりです。

選択肢A、D

Dogインタフェース型の参照を、インタフェース実装クラスであるPoodleクラス型の変数poodleへ代入しています。暗黙的な型変換が適用されないため、コンパイルエラーが発生します。したがって、不正解です。

選択肢B

PoodleクラスのサブクラスであるMediumPoodleクラスの型へキャストしてから、代入しています。サブクラスの参照情報を、スーパークラス型へ代入するため暗黙的な型変換が適用されます。したがって、正解です。

選択肢C

Poodleクラスの型へキャストしています。変数poodleの型と一致するため、代入できます。したがって、正解です。

したがって選択肢B、Cが正解です。

 B、C

問題 7

 パッケージのインポートについての問題です。

Test1.javaでTest2クラスを使用しているため、インポートが必要です。

import test2.*;と指定すれば、test2パッケージ内のすべてのクラスをインポートできます。

したがって、選択肢Bが正解です。

その他の選択肢は、import文の指定が誤っているため、不正解です。

 B

問題 8

 ＋演算子についての問題です。

＋演算子は「加算」と「文字列連結」の機能を持ちます。どちらの機能になるかは、演算を行う値によって決まります。

- どちらも「数値」の場合、「加算」機能
- どちらかが「文字列」、または両方の場合、「文字列連結」機能

また、演算の処理順序（結合順序）としては「左から右」となります。

3行目では、まず"result : "（文字列）と1（数値）が処理されます。つまり「文字列連結」となります。その後は"result : 1"（文字列）と2（数値）となるため、結果は「result : 12」が出力されます。

4行目では、まず1（数値）と2（数値）が処理されるため「加算」が行われ「3」となります。その後、" : Java"との「文字列連結」となり、「3 : Java」が出力されます。

5行目では、先頭に""という文字列が定義されていますが、文字列データとしては問題なく定義可能です。つまり、""（文字列）と1（数値）と2（数値）の演算なので「文字列連結」となり、「12」が出力されます。

したがって、選択肢Cが正解です。

 C

問題 9

 オーバーライドについての問題です。

FooIFインタフェースで定義されている2つの抽象メソッドをAbsBarクラスでオーバーライドしています。インタフェースやスーパークラスで定義される、throwsキーワードを持つメソッドのオーバーライドのルールは、以下のとおりです。

- サブクラスや実装クラスで同じthrowsキーワードを使用できる
- サブクラスや実装クラスでthrowsキーワードを省略できる
- インタフェースやスーパークラスで宣言される例外のサブクラス例外をthrows
  キーワードに指定できる

クラス間に継承関係や実現関係が存在する場合には、スーパークラスやインタフェースとの依存関係もそのサブクラスや実装クラスに引き継がれます。具体的なサブクラスや実装クラスを使用するよう変更した場合、依存元のプログラムコードを修正しなければならないようなメソッドのオーバーライドは許可されません。

したがって、選択肢Dが正解です。

解答 D

問題 10

参照型のキャストについての問題です。

3行目と4行目でTellオブジェクトを生成しています。

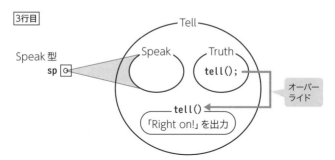

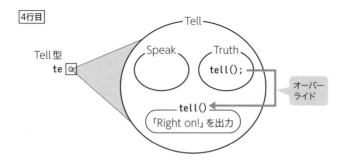

tell()メソッドが定義されているクラスは、TellクラスとTruthインタフェースです。そのため、9行目のtell()メソッドを呼び出すことができる参照はTellクラスか

Truthインタフェースの型であることが条件となります。

各選択肢の解説は、以下のとおりです。

選択肢A

Speak型の変数spを使用してtell()メソッドを呼び出しています。Speakクラスにtell()メソッドの定義がないため、コンパイルエラーが発生します。したがって、不正解です。

選択肢B

Speak型の変数spを使用してtell()メソッドを呼び出し、戻り値をTruth型へキャストしていますが、選択肢Aと同様にSpeakクラスにはtell()メソッドの定義がありません。

また、選択肢Bはメソッド呼び出しの戻り値をTruth型へキャストしています。tell()メソッドの戻り値の型はvoid型です。戻り値がない場合は、キャストできないため、コンパイルエラーが発生します。したがって、不正解です。

選択肢C

Speak型の変数spをTruth型へキャストしてから、tell()メソッドを呼び出しています。TruthクラスからTellクラスへオーバーライドされている9行目のtell()メソッドを呼び出すことができます。したがって正解です。

選択肢D

Tell型の変数teを使用してtell()メソッドを呼び出しています。TruthクラスからTellクラスへオーバーライドされている9行目のtell()メソッドを呼び出すことができます。したがって、正解です。

選択肢E

Tell型から変数teを使用してtell()メソッドを呼び出し、戻り値をTruth型へキャストしていますが、tell()メソッドの戻り値の型はvoid型です。戻り値がない場合、キャストはできずにコンパイルエラーが発生します。したがって、不正解です。

選択肢F

Tell型の変数teをTruth型へキャストしてから、tell()メソッドを呼び出しています。TruthクラスからTellクラスへオーバーライドされている、9行目のtell()メソッドを呼び出すことができます。したがって、正解です。

解答 C、D、F

問題 11

 コマンドライン引数についての問題です。

　コマンドライン引数は、入力されたデータはスペース（空白）で区切られてmainメソッドの引数に配列として格納されます。"Java World"は1つの文字列として扱われ、配列には「Hello」と「Java World」の2つの文字列が格納されます。4行目の出力で、それぞれが出力されるので、「HelloJava World」と出力されます。したがって、選択肢Bが正解です。

 B

問題 12

 例外をスローするメソッドのオーバーライドについての問題です。

　2行目では、Fruitクラスにfoo()メソッドを定義し、3行目でExceptionをスローします。

　7行目では、Orangeクラスでfoo()メソッドをオーバーライドしています。2行目で指定していたthrows Exceptionは7行目で指定していませんが、メソッド定義においてコンパイルエラーは発生しません。

　13行目では、Orangeオブジェクトを生成して、Fruit型の変数fへ代入しています。

　14行目では、f.foo();を実行すると、サブクラス側でオーバーライドしているメソッドが優先的に呼び出されるため、7行目のfoo()メソッドが実行されますが、14行目の呼び出しの時点では、Fruit型の変数fを使用してメソッドを呼び出しているため、throwsで指定しているExceptionに対する例外処理が必要になります。

　したがって、14行目でコンパイルエラーが発生するため、選択肢Eが正解です。

 E

問題 13

 オーバーロードについての問題です。

　メソッドをオーバーロードするには、メソッドの引数の型または数が異なる必要があります。6行目の可変長引数は、コンパイル時に配列の扱いとなるため、5行目と6行目の関係がオーバーロードの関係としては不適切であるため、コンパイルエラーとなります。したがって、選択肢Bが正解です。

 B

問題 14

解説　**モジュールシステムと既存のパッケージとの互換性**についての問題です。

Java SE 9以降のモジュールシステムには、旧バージョンからの移行のために、2種類の特殊なモジュールが存在します。**自動モジュール**（automatic module）と、**無名モジュール**（unnamed module）の2つです。

自動モジュールは、module-info.classを含まないJARファイルになります。JAR内のマニフェスト（META-INF/MANIFEST.MF）にAutomatic-Module-Name属性が存在する場合、その値が自動モジュールの名前となります。Automatic-Module-Name属性がない場合は、JARファイル名にしたがってモジュール名が決定されます。

自動モジュールのアクセス権は、以下のとおりです。

- 同一モジュール階層上のすべてのモジュールをrequiresする
- すべての無名モジュールをrequiresする
- すべてのパッケージをexportsする
- すべてのパッケージをopenする

無名モジュールは、モジュール階層に属さないモジュールです。クラスパス上のクラスファイルが無名モジュールに属します。

無名モジュールのアクセス権は、以下のとおりです。

- すべてのモジュールをrequiresする
- すべてのパッケージをexportsする

したがって、選択肢Dが正解です。

解答　D

問題 15

解説　**メソッドの引数と戻り値**についての問題です。

6行目では、2と20を引数に15行目のset()メソッドを呼び出しています。16～17行目で配列boxesの3番目の要素に、3回変数boxの値に渡されてきた20を代入しています。この時点で、配列boxesの要素は、[10, 10, 20,10 ,1]となります。

19行目では、配列boxesを戻り値として返しています。

6行目では、戻り値として返された配列boxesを変数boxes2へ代入しています。

配列も参照型（オブジェクト）であるため、配列boxesと配列boxes2は、同一の配列を参照することになります。

7行目、10行目のfor文で、それぞれの配列要素を順番に出力しますが、同じ配列

を参照しているため、[10,10,20,10,1]が2回出力されます。

したがって、実行結果は「101020101101020101」と出力されるため、選択肢Dが正解です。

 D

 Java言語の特徴についての問題です。

各選択肢の解説は、以下のとおりです。

選択肢A

パッケージにはクラスが1つだけ属する状態でも問題はありません。したがって、不正解です。

選択肢B

パッケージ宣言を行っていないクラスは「無名パッケージ」に属します。したがって、正解です。

選択肢C

main()メソッドは実行するクラス内に定義されていれば定義場所は関係ありません。したがって、不正解です。

選択肢D

すべてのクラスにmain()メソッドを定義する必要はありません。したがって、不正解です。

 B

 StringBuilderクラスとStringクラスのメソッドについての問題です。

StringBuilderクラスのappend()メソッドは、引数に渡した文字列を現在の文字列に追加します。

sb.append("ABC")のコードで、3行目で生成したStringBuilderオブジェクトに文字列"ABC"を追加し、格納文字列は"abcABC"となります。

Stringクラスのconcat()メソッドは引数の文字列を末尾に追加しますが、文字列自体に追加するのではなく、文字列を追加した新しい文字列を生成して返します。

s = s.concat("ABC")で、Stringオブジェクトのconcat()メソッドを呼び出し、返された新しいStringオブジェクトを変数sに代入します。文字列が追加されているた

め、格納文字列は"abcABC"となります。

したがって、選択肢Eが正解です。

 解答 E

問題 18

 解説 **抽象クラス**についての問題です。

2行目で宣言されているbark()メソッドは、abstract修飾子により抽象メソッドとして定義されているため、1行目のクラス宣言ではabstract修飾子を追加し、抽象クラスとして定義する必要があります。

4行目は、1行目で定義した抽象クラスをextendsキーワードで継承します。

したがって、選択肢Cが正解です。

その他の選択肢の解説は、以下のとおりです。

選択肢A

Dogクラスが抽象クラスとして宣言されていないため、コンパイルエラーが発生します。抽象メソッドは、抽象クラス内でのみ定義できます。

選択肢B

クラス定義にclassキーワードが指定されていないため、コンパイルエラーが発生します。

選択肢D

Dogクラスの継承にimplementsキーワードを指定しているため、コンパイルエラーが発生します。implementsキーワードは、インタフェースの実装時に使用します。

解答 C

問題 19

 解説 **配列の比較**についての問題です。

配列同士を==演算子で比較することはできますが、配列は参照型であるため、==演算子で比較した場合、参照情報が同じ配列の場合に限りtrue判定となります。

3〜8行目で生成した配列str1、配列str2、配列str3は、同一のデータ型で同一の値を保持していますが、異なる配列を参照します。配列は同一の要素を持っていても、再利用しません。

よって、10行目の判定はtrue、12行目の判定はfalse、14行目の判定はfalseと

なります。

　したがって、実行結果は「true：false：false」と出力されるため、選択肢Dが正解です。

D

 問題 20

 Local Variable Typeインタフェースの使用についての問題です。

　varはJava SE 10から追加された型推論機能で、予約された型名です。予約語とは異なり、変数名として使用できます。したがって、選択肢Aが正解です。

A

 問題 21

 配列の生成についての問題です。

　0個の配列を生成することは可能です。要素は0なので、データを格納することはできません。マイナス個の配列を生成したときは、NegativeArraySizeExceptionが発生します。ArrayIndexOutOfBoundsExceptionは用意された配列の要素外へアクセスした場合に発生する例外です。したがって、選択肢Aが正解です。

A

 問題 22

 メンバ変数についての問題です。

　スーパークラスで定義されたメンバ変数と同じ名前のメンバ変数をサブクラスで定義することは可能です。

　問題のコードでは、2行目と8行目でそれぞれ同じ名前のメンバ変数idを定義しています。また、メンバ変数の呼び出しについては、以下のようになります。

- スーパークラスで定義されているdisp()メソッド（3行目）
  - ➡ 4行目で出力される変数idは2行目のid
- サブクラスで定義されているdisp()メソッド（9行目）
  - ➡ 10行目で出力される変数idは8行目のid

このように、それぞれクラス内で定義されたメンバ変数が呼び出されます。

14行目では、オーバーライド側のdisp()メソッド（9行目）が呼び出されるため、

「11」が出力されます。

　したがって、選択肢Bが正解です。

 B

問題 23

 モジュール化されたアプリケーションのコンパイルについての問題です。

　各選択肢の解説は、以下のとおりです。

選択肢A、B

　-mおよび--moduleオプションは、指定したモジュールのみをコンパイルします。したがって、不正解です。

選択肢C、E

　--sourceおよび--module-sourceオプションは、存在しないオプションです。したがって、不正解です。

選択肢D

　-pおよび--module-pathオプションは、コンパイルに必要なモジュール検索パスを指定するためのオプションです。したがって、不正解です。

選択肢F

　--module-source-pathオプションは、複数のモジュールの入力ソース・ファイルの参照先を指定します。コンパイル時にのみ指定します。したがって、正解です。

 F

問題 24

 拡張for文と**var**についての問題です。

　3行目では二次元配列を生成しています（2×2の要素を保持しています）。また、生成した二次元配列はvar型の変数で参照しています。

　二次元配列の各要素は、二重ループで取り出しを行います。外側および内側のループで、次のようにデータを取り出します。

- **外側のループ文**：ベースとなる配列の要素から配列を取り出す（int型配列）
- **内側のループ文**：取り出した配列から各要素を取り出す（int型変数）

　各選択肢の解説は、以下のとおりです。

選択肢A

var型は型推論が可能なので、配列を参照する場合もvar型として定義します。var[]という定義はコンパイルエラーとなります。したがって、不正解です。

選択肢B

外側のループ、内側のループそれぞれで取得されるものは異なりますが、どちらもvar型で参照可能です。したがって、正解です。

選択肢C

4行目の外側のループで取得できるのは「int型の配列」です。つまり、var型以外の定義を行う場合は、「int[] n : v」という定義が適切です。したがって、不正解です。

選択肢D

どちらのループでも受取可能な型を定義しています。したがって、正解です。

 解答 B、D

問題 25

 解説 **配列**についての問題です。

3行目では、String型配列sを初期化しています。右辺に{ }を使用することで配列の要素を初期化できます。String型は参照型のため、nullも値として代入可能です。

4行目では、double型配列dを宣言していますが、直接nullを代入しているため配列自体の生成は行われていません。

4行目終了時のイメージ図は、以下のとおりです。

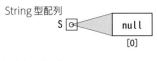

6行目では、配列sの0番目の要素を出力するため、「null」が出力されます。

7行目では、配列d自体を出力しているため、保持している配列がないことを表す「null」が出力されます。

したがって、選択肢Cが正解です。

 解答 C

解説 **throwキーワードとtry-catchキーワード**についての問題です。

9行目のbar()メソッドで、Exceptionをスローしています。よって、bar()メソッド内で発生した例外に対して例外処理を行う必要があります。

各選択肢の解説は、以下のとおりです。

選択肢A、B

メソッド呼び出し側のみをtry-catchブロックで囲んでも、bar()メソッド内に例外処理が定義されていなければ、例外が発生した時点でプログラムは強制終了となります。したがって、不正解です。

選択肢C

例外が発生する行をtry-catchブロックで囲むことで例外処理を行い、呼び出し元へ処理を移すことができます。コンパイル、および実行できるため、正解です。

```
try {throw new Exception();} catch(Exception e){};
```

選択肢D

foo()メソッドの定義にthrows指定を行っても、bar()メソッド内に例外処理が定義されていなければ、例外が発生した時点でプログラムは強制終了となります。したがって、不正解です。

選択肢E

bar()メソッドの定義にthrows指定を行っても、呼び出し元のメソッドに例外処理が定義されていなければコンパイルエラーが発生します。したがって、不正解です。

解答 C

解説 **モジュール記述子**についての問題です。

問題で定義されているモジュールは、my.fooモジュール、my.barモジュール、my.testモジュールです。MyTestクラスにおいてMyFooクラスおよびMyBarクラスのオブジェクトを生成していますが、それぞれ別モジュールに含まれるクラスになるため、my.testモジュールから見えるかどうか（可視か不可視か）を確認します。

各選択肢の解説は、以下のとおりです。

模擬試験2 解答と解説

選択肢A

MyFooクラスが含まれるmy.fooモジュールの定義において、fooパッケージはtestモジュールに公開されています。一方、MyTestクラスが含まれるmy.testモジュールは、my.barモジュールに依存します。my.barモジュールはjava.baseモジュールへの依存関係のみが指定されているため、my.testモジュールからmy.fooモジュールは不可視になり、コンパイルエラーになります。したがって、正解です。

選択肢B

MyBarクラスが含まれるmy.barモジュールの定義において、barパッケージは公開されています。MyTestクラスが含まれるmy.testモジュールはmy.barモジュールに依存します。したがって、my.testモジュールからmy.barモジュールは可視になり、コンパイルは成功します。したがって、不正解です。

選択肢C、D、E

上記解説より、行1でのコンパイルエラーが発生します。したがって、不正解です。

 A

 問題 28

 Java APIの利用についての問題です。

6行目でArrayListコレクションを生成して、7行目で1、8行目で2を追加しています。

9行目では、生成したArrayListのインスタンスをもとに、新規にHashSetコレクションを生成しています。保持されるコレクションの要素は、それぞれ別要素となります。HashSetは同じ値を複数保持できないので2の値が1つだけ保持されます。

10行目でArrayListコレクションのclear()メソッドですべての要素を削除しますが、HashSetのコレクションには影響ありません。

その後、11行目でArrayListコレクションに3を追加します。

12行目の拡張for文でHashSetコレクションを表示するため、保持されている要素12が表示されます。

したがって、選択肢Bが正解です。

 B

問題 29

解説　**java.util.functionパッケージにおける汎用関数型インタフェース**についての問題です。

　java.util.functionパッケージにはJDKで使用される汎用の関数型インタフェースが定義されており、任意のプログラムコードでも使用できます。

　代表的な汎用関数型インタフェースは、以下のとおりです。

Predicate<T>インタフェース

　引数として単一のオブジェクトを受け取り、booleanを返すtestメソッドを持つ関数型インタフェースです。オブジェクトの持つ属性が特定の条件を満たすか検証する際に用いられます。

Consumer<T>インタフェース

　引数として単一のオブジェクトを受け取り、戻り値を返さないacceptメソッドを持つ関数型インタフェースです。オブジェクトの持つ属性を表示したり、消費する処理に用いられます。

Function<T,R>インタフェース

　引数として、単一のオブジェクトを受け取り、任意の結果を生成して返すapplyメソッドを持つ関数型インタフェースです。引数のオブジェクトをもとに別のオブジェクトを生成するような変換処理に用いられます。

Supplier<T>インタフェース

　引数なしで、オブジェクトを返すgetメソッドを持つ関数型インタフェースです。一意のオブジェクトを生成するようなファクトリ機能を提供する際に用いられます。

　したがって、不適切な組み合わせはありません。選択肢Eが正解です。

解答　E

問題 30

解説　**インタフェースや抽象クラスにおける抽象メソッドの実装**についての問題です。

　通常のインスタンス化できるクラスのことを「具象クラス」と言いますが、インスタンス化できないクラスのことを「抽象クラス」と言います。また、具体的な処理内容を含むことができるメソッドを「具象メソッド」、具体的な処理内容を含まないメソッドを「抽象メソッド」と言います。

　この設問ではIFインタフェースにおける抽象メソッドがConClassクラスでオーバーライドされていないため、コンパイルエラーが発生します。

（※右側の縦書き）模擬試験2　解答と解説

各選択肢の解説は、以下のとおりです。

選択肢A

Line1にfunc()メソッドを抽象メソッドとして追加しても、依然としてサブクラスのConClassでオーバーライドされません。AbsClassは抽象クラスですが、定義の中に何も定義しないことは文法上妥当です。したがって、不正解です。

選択肢B

AbsClassに具象メソッドとしてfunc()メソッドをオーバーライドしていますが、インタフェースのメソッドは暗黙的にpublic abstractになるため、オーバーライドをする際にはpublicメソッドにする必要があります。AbsClassは直接IFインタフェースと関係を持ちませんが、publicメソッドとして定義した場合、結果的にConClassはインタフェースのメソッドをオーバーライドしたことと同義になります。したがって、不正解です。

選択肢C

ConClassを抽象クラスとして定義することになります。クラスの継承関係やインタフェースの実現関係とは関係なく、クラスは抽象クラスにすることができます。ConClassを抽象クラスにすることで、IFインタフェースのfunc()メソッドはオーバーライドする必要がなくなり、コンパイルが成功します。したがって、正解です。

選択肢D

選択肢Bと同様にConClassに具象メソッドとしてfunc()メソッドをオーバーライドしていますが、publicメソッドとしてオーバーライドしていないため、コンパイルエラーになります。したがって、不正解です。

 解答 C

 問題 31

解説 **パッケージ**と**インポート**についての問題です。

Access1クラスには、staticなgetMessage()メソッドが定義されています。

Access2クラスでは、5行目でAccess1クラスのgetMessage()メソッドを呼び出しています。

メソッド名のみでstaticメソッドを呼び出すには、静的インポートが必要です。

各選択肢の解説は、以下のとおりです。

選択肢A

utilsパッケージ以下のクラスやインタフェースをすべてインポートする記述ですが、staticメソッドであるgetMessage()メソッドを呼び出すためには、静的

インポートが必要です。したがって、不正解です。

選択肢B

Access1クラスをインポートしていますが、選択肢Aと同様に静的インポートが必要です。したがって、不正解です。

選択肢C、D

静的インポート時にstatic修飾子が先に宣言されていますが、このような指定はできません。構文の誤りにより、コンパイルエラーが発生します。したがって、不正解です。

選択肢E

staticキーワードがありません。import文のみでstaticなメンバをインポートすることはできません。したがって、不正解です。

選択肢F

正しい構文で静的インポートを行っています。したがって、正解です。

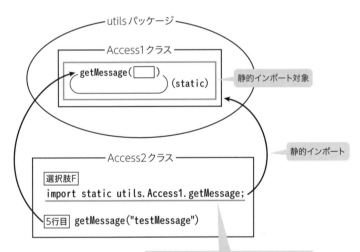

 F

 32

解説　**static変数**と**インスタンス変数**についての問題です。

static変数は、生成された各オブジェクトから共有される変数です。

インスタンス変数は、生成された各オブジェクト内で使用する変数です。

5〜6行目では、それぞれ変数test1と変数test2で、Testオブジェクトを生成しています。

7行目のtest1.numと9行目のtest2.numは、別々のオブジェクト内にある変数numを指します。test1.num++とtest2.num++によってそれぞれインクリメントされ、1となります。

8行目のtest1.snumと10行目のtest2.snumは、2行目で宣言したstatic変数snumを指します。よって、test1.snum++とtest2.snum++によって2回インクリメントされ、2となります。

したがって、11〜14行目では「1212」と出力されるため、選択肢Dが正解です。

 解答 D

 問題 33

 解説 **モジュール化されたアプリケーションの実行**についての問題です。

モジュール化されたアプリケーションを実行するには、モジュールの検索パスと、モジュール名を含めた実行クラス名を指定する必要があります。

モジュールの検索パスを指定する場合は-pまたは--module-pathオプションを指定します。--module-pathのように、ハイフンが2つ続くオプションはハイフンが1つのオプションの別名となります。

モジュールを含めた実行クラス名を指定する場合には、-mまたは、--moduleオプションを指定します。また、アプリケーションは1つ以上のモジュールを組み合わせて実行される可能性があるため、実行クラスを指定する場合には、「モジュール名/クラス名」で完全指定することができます。

したがって、選択肢Cが正解です。

 解答 C

 問題 34

 解説 **ラムダ式**についての問題です。

ArrayListコレクションのremoveIf()メソッドは引数に指定されたラムダ式によって返されたboolean値の結果がtrueならコレクション要素の削除を行い、falseの場合はコレクションを削除しません。21行目では、コレクションの要素Customerクラスのidが100より小さい場合はfalseが返されるので、要素の削除は行いません。逆にidの値が100以上の場合はtrueが返されるため、要素は削除さ

れます。したがって、選択肢Aが正解です。

（解答）A

（解説）**メンバ変数の初期化**についての問題です。

各選択肢の解説は、以下のとおりです。

選択肢A

コンストラクタ内で「this.変数」と定義した場合は、自オブジェクトのインスタンス変数を意味します。Customerオブジェクトのインスタンス変数はnoとnameのため、それぞれ代入が可能です。したがって、正解です。

選択肢B

コンストラクタ内で「this()」の呼び出しを行うと、クラス内の別のコンストラクタを呼び出します。this(101, "Duke"); と呼び出した場合はCustomerクラス内にint型とString型の引数を受け取るコンストラクタが定義されていないとコンパイルエラーとなります。したがって、不正解です。

選択肢C

オブジェクトのメンバ変数（属性）に外部からアクセスを行う場合は、「参照変数名.変数名」と定義します。また、2、3行目に定義されているメンバ変数には「省略」の修飾子が指定されているため、直接のアクセスが可能です。したがって、正解です。

選択肢D

static修飾子の指定されたmain()メソッドでthisキーワードを使用しています。thisキーワードは自オブジェクト内のインスタンス変数やインスタンスメソッドにアクセスするためのキーワードであるため定義できません。したがって、不正解です。

（解答）A、C

（解説）**基本データ型のキャスト**についての問題です。

数値を使用した演算の場合、演算に使用するデータ型によって結果の型も決まります。

模擬試験 2　解答と解説

- 「整数」と「整数」の演算結果は「整数」
- 「整数」と「浮動小数点数」の演算結果は「浮動小数点数」

　3行目は左辺にfloat型の変数fを定義していますが、あくまでも先に処理されるのは右辺の「10 / 4」となります。右辺は「整数と整数」の演算となるため、「10 / 4」の結果は「2」となり、その結果である「2」を左辺の変数fに代入しているため、4行目では「2.0」が出力されます。このとき3行目では、右辺のint型の結果を左辺の変数fに代入する際にfloat型へキャストされるため、「.0」がついた表記となります。

　5行目については、3行目の右辺と同じく「整数と整数」の演算となるため、小数部は切り捨てられ「2」の出力となります。

　6行目は、「4」に対してfloat型のキャストが適用されるので、演算式としては「10 / 4.0f」となり「整数と浮動小数点数」の演算となるため、結果は「2.5」となります。

　したがって、選択肢Eが正解です。

 E

 問題 37

解説 <u>**switch文のcase**</u>についての問題です。

　switch文のcaseに指定できる値は、「リテラル」または「定数」です。7行目の「3 | 5」は、ビット演算子となり、それぞれの値の「ビット単位での論理和」となります。「3」は2進数で「11」となり、「5」は2進数で「101」となります。「11」と「101」の論理和は「111」となり、10進数の「7」になります。

　つまり、7行目のcaseは、

```
7:                 case 7:
```

と定義した意味と同じになるため、caseの定義としては問題ありません。

　10行目は変数jをcaseに指定しています。caseでは「変数」を指定することはできませんのでコンパイルエラーが発生します。

　13行目の変数Zは、5行目の宣言時にfinal修飾子を指定し上書きのできない「定数」として定義しています。caseで「定数」を指定することに問題はありません。

　したがって、選択肢Cが正解です。

 C

問題 38

 解説　**StringBuilderクラスのreplace()メソッド**についての問題です。

　3行目では初期値10文字を管理できるStringBuilderオブジェクトを生成しています。作成したオブジェクトに対し4行目、5行目のappend()メソッドで文字列を追加しています。

　その後、6行目のinsert()メソッドで「4番目（先頭から5文字目）に半角空白」を挿入することで、"Java Silver"という文字列が生成されます。

　7行目で呼び出しているreplace()メソッドは指定した文字番号の範囲の文字列を置換します。

メソッド定義▶

```
public StringBuilder replace(int start, int end, String str)
```

- **第1引数**：置換開始文字番号（指定した文字は含む）
- **第2引数**：置換終了文字番号（ただし、指定した文字は含まない）
- **第3引数**：置換する文字列

　つまり、7行目では、「6番目～11番目の文字列を"E"に置換する」という意味になります。

　文字列「Java Silver」は11文字となり、文字番号で表現すると「0番目～10番目」の文字列となります。11番目の文字は存在しません。しかし、replace()メソッドの第2引数については該当する文字番号「以降」の文字番号を指定しても例外（実行時エラー）は発生しません。

※もちろん終了番号と開始番号が逆転している場合、指定した番号が負数の場合、実行時エラー（StringIndexOutOfBoundsException）が発生します。

　つまり、6番目の文字以降の文字列「ilver」を「E」に置換できるため、処理結果は「Java SE」となります。

　したがって、選択肢Bが正解です。

 解答　B

問題 39

 解説　**for文の条件**についての問題です。

　for文内の6行目の処理で、変数jをインクリメントします。変数jは0で初期化されているため、j＝3を満たすには6行目の処理を3回実行する必要があります。

5行目のfor文で3回ループするには、i = 7から処理を開始します。変数iが、7、6、5の間ループ判定がtrueになるため、変数jの値を3にすることができます。

したがって、選択肢Cが正解です。

 解答 C

 問題 40

 解説 **do-while文**と**ループ制御**についての問題です。

3行目で宣言されたカウンタ変数iは初期化された後、doブロックでは、5行目で「do-」の出力、6行目で1が加算されて10となります。

その後、7行目でcontinue文を呼び出していますが、continue文は「呼び出し以降の"ループ処理"をスキップ」するため、問題のコードのようにループ処理の最後にcontinue文を呼び出しても意味がありません（スキップされる処理はありません）。

その後、8行目の条件式がfalseとなりループが終了するため「while」が最後に出力されます。

したがって、選択肢Aが正解です。

 解答 A

問題 41

解説 **モジュール宣言**についての問題です。

モジュール宣言では、依存するモジュールや公開するパッケージを定義します。1文で指定できる依存するモジュールや、公開するパッケージは1つのみ指定することができます。to句を使用して公開するモジュールを指定する場合、複数のモジュールを指定できます。

各選択肢の解説は、以下のとおりです。

選択肢A

1文で複数のパッケージを公開することはできません。サブパッケージについても同様です。したがって、不正解です。

選択肢B

公開するパッケージは一文に一つですが、to句を使用した公開先のモジュールは「,」（カンマ）で区切って、複数列挙できます。したがって、正解です。

選択肢C

1文で複数のモジュールに依存する宣言は記述できません。したがって、不正解です。

選択肢D

モジュール宣言において、from句は存在しません。したがって、不正解です。

選択肢E

パッケージの公開と依存するモジュールは同時に指定できません。したがって、不正解です。

解答 B

問題 42

関数型インタフェースについての問題です。

Java SE 8で導入されたラムダ式では、「実装クラスでオーバーライドすべきメソッドが1つだけ」のインタフェースを使用します。このインタフェースを「関数型インタフェース」と呼びます。

各選択肢の解説は、以下のとおりです。

選択肢A、D

オーバーライドすべきメソッド（抽象メソッド）が1つだけのため、関数型インタフェースとして適切です。したがって、正解です。

選択肢B

Java SE 8よりインタフェースにstaticメソッドを定義可能となりました。しかしTestBインタフェースはstaticメソッド定義のみなので、抽象メソッドが定義されていません。したがって、不正解です。

選択肢C

TestAインタフェースを継承しているインタフェースです。TestAインタフェースには、抽象メソッドが定義済みにもかかわらず、TestDインタフェースでも別の抽象メソッドを定義しています。オーバーライドすべきメソッドが2つになるため関数型インタフェースではありません。したがって、不正解です。

選択肢E

Java SE 8で導入されたdefaultメソッドのみ定義しています。defaultメソッドは具象メソッド（処理を持つメソッド）となるため、オーバーライドを必ず行う必要はないメソッドです。抽象メソッドの定義はありません。したがって、不正解です。

したがって、選択肢A、Dが正解です。

（解答）A、D

（解説）**文字列の扱い（String クラスと StringBuilder クラス）**についての問題です。

3行目で、"Hello"の文字列をもとに新たにStringインスタンスを作成して変数str
に格納しています。"Hello"の文字列オブジェクトとstrは異なるインスタンスである
ため、4行目ではfalseが出力されます。

5行目で、intern()メソッドを使ってstr変数の正準表現を返し、str変数に格納し
ます。6行目で、"Hello"の文字列オブジェクトとstr変数のインスタンスを比較する
と、同じ文字列表現オブジェクトとなるため、trueが出力されます。

したがって、選択肢Dが正解です。

（解答）D

（解説）**コンストラクタ**についての問題です。

コンストラクタの呼び出し、this()とsuper()は必ずコンストラクタの先頭行に記
述する必要があります。11行目は1行で記述されていますが、命令文の区切りは；
（セミコロン）であるため2行分の命令となります。this(10);が2行目の扱いになる
ため、コンパイルエラーとなります。

したがって、選択肢Cが正解です。

（解答）C

（解説）**配列**についての問題です。

3行目では要素数4つのString型配列を生成し、4行目では、str[3]に格納されて
いる"DD"をstr[1]にコピーしています。

5行目で新しい配列名str2を宣言し、strを代入しています。

ただし、配列は参照型であるため、5行目で代入したものは「配列への参照情報」
となります。この結果、strとstr2は同じ配列を共有することになります。

6行目で、str2の要素に代入を行っていますが、strと配列を共有している点がポ

イントです。7行目からのループでstrの要素を出力する際は、6行目の処理が反映した結果となっています。したがって、「AA DD CC XX」と出力されるため、選択肢Cが正解です。

 解答 C

問題 46

 解説 **equals()メソッドと==演算子での文字列比較**についての問題です。

Stringクラスのequals()メソッドは、オブジェクトが保持する文字列の値が等しい場合にtrueを返します。

==演算子は、同一のオブジェクトを参照している場合にtrueを返します。

3行目では、String str1 = "abc"; でStringオブジェクトを生成し、4行目では、String str2 = new String("abc") でStringオブジェクトを生成しています。変数str1と変数str2は、同一の文字列を保持しますが、異なるオブジェクトが生成されます。

5行目では、変数str1と変数str2はそれぞれ異なるオブジェクトを参照しているため、「false」を出力します。

7行目では、同一の文字列"abc"を保持しているため、「true」を出力します。

9行目では、変数str2を変数str1へ代入し、同一のオブジェクトを参照するため、10行目で「true」を出力します。

したがって、実行結果は「false true true」と出力されるため、選択肢Dが正解です。

 解答 D

問題 47

 解説 **StringクラスとStringBuilderクラスのメソッド**についての問題です。

4行目でStringBuilderクラスのオブジェクトを生成しています。5行目と6行目でappend()メソッドを呼び出し文字列の追加を行っていますが、StringBuilderオブジェクトは保持している文字列自体に変更を行っているため、5行目や6行目のように、左辺で戻り値を必ず受け取る必要はありません（この点が、オブジェクトで保持している文字列に変更を加えられないStringオブジェクトとの大きな違いです）。

問題のコードを次のように変更しても結果は変わりません。

```
5:          sb.append("Java ");
6:          sb.append("Programming");
```

つまり、7行目のdelete()メソッドについても変数sbが参照しているString Builderオブジェクト自体に削除処理が行われます。

メソッド定義

```
public StringBuilder delete(int start, int end)
```

- 第1引数と第2引数で指定した範囲の文字番号の文字列を削除する
- 第2引数のend番目の文字は削除しない (end-1番目まで削除する)

5番目から15番目 (16番目-1) までの文字の削除となるため、「Java Program ming」から「Programming」を削除します。

その後、StringBuilderオブジェクトの文字列をStringオブジェクトへ変換し、trim()メソッドを呼び出しています。Stringクラスのtrim()メソッドは「文字列の先頭と末尾にスペースが存在していれば削除」するメソッドです。ここで変数strには「Java 」と末尾にスペースが含まれているので削除され、「Java」の4文字となります。

したがって、選択肢Aが正解です。

 解答 A

 問題 48

解説 **Java開発環境**についての問題です。

Javaの開発環境 (JDK) には開発で必要になるものが含まれています。以下のものがあります。

- JVM (Java Virtual Machine)
- コンパイラ (javac)
- デバッガ (jdb)
- 各種ツール (監視ツールや診断ツール、言語シェル、RMIなど)
- API (ライブラリ)

したがって、選択肢Aが正解です。

参考

Java DBはJava SE 8までバンドルされていましたが、Java SE 11には含まれなくなりました。

A

 変数のスコープについての問題です。

　宣言した変数の有効範囲はstatic変数を除き、宣言したブロック内でのみ有効です。

　5行目では、foo()メソッドの呼び出し時に、変数numを渡しています。

　8行目のfoo()メソッドへ変数numの値がコピーして渡されます。

　9行目では、変数numをデクリメントしてから出力するため「foo num = 0」と出力されます。

　次に、6行目で指定された変数numの値は変化していないため「main num = 1」と出力されます。

　したがって、実行結果は「foo num = 0 main num = 1」と出力されるため、選択肢Bが正解です。

 B

 Listコレクションの生成メソッドについての問題です。

　List.of()メソッド、Arrays.asList()メソッドはどちらもListコレクションを生成することができるメソッドです。共通点としては、生成後のListコレクションの要素の追加や削除ができません（たとえばadd()メソッド、remove()メソッドなどでは使用できません）。

　ただし、問題のコードのように要素数0のListコレクションを生成することはできます。size()メソッド呼び出しにより「0」を取得できます。

　したがって、選択肢Aが正解です。

 A

 変数のスコープについての問題です。

　2行目ではstatic変数i、5行目ではmain()メソッド内にローカル変数i、10行目ではset()メソッドの引数に変数iと、同名の変数iが3箇所で宣言されています。それぞれの有効範囲は、2行目の変数iはクラス全体、5行目の変数iはmain()メソッ

ド内、10行目の変数iはset()メソッド内です。

　同じ名前の変数が混在する場合は、最も内側のブロックで定義された変数が優先的に使用されます。

　5行目では、main()メソッド内で宣言した変数iに10が代入されます。

　6行目では、set()メソッドの呼び出し時に、5行目の変数iを渡します。

　処理が10行目に移ると、11行目のi = i;はset()メソッドの引数で宣言した変数iに渡されてきた10を、再び引数の変数iに代入しています。

　12行目では、変数iの値10を戻り値で呼び出し元に返した後、引数で宣言している変数iをインクリメントします。6行目に返された10は、5行目で宣言した変数iに再代入されます。

　7行目では変数iにget()メソッドの戻り値が代入されます。

　14行目のget()メソッドでは、変数iを戻り値として返してからインクリメントします。

　15行目の変数iは、2行目で宣言しているstatic変数iを指しています。

　つまり、初期値である0を戻り値として返した後に、static変数iをインクリメントするため、2行目の変数iの値は1になります。

　8行目では、println()メソッドを呼び出し、18行目で変数iを出力します。18行目の変数iは、2行目のstatic変数iを指しています。get()メソッドでインクリメントされた、変数iの値である「1」を出力します。

　したがって、選択肢Bが正解です。

 解答 B

問題 52

 解説　**Local Variable Typeインタフェース**についての問題です。

　3行目の型推論のvar型listが保持しているのはint[]配列型です。そのため、拡張forループで集合要素を取り出した値を格納する変数の型はint型に対応している必要があります。選択肢DのString型以外はint型に対応可能です。したがって、選択肢Dが正解です。

 解答 D

問題 53

 解説　**例外処理**についての問題です。

　3行目で、Stringの配列の変数を定義していますが、値はnullです。

　5行目の拡張forループで、String配列のlist変数にアクセスしますが、値がnull

のため実行時例外、NullPointerExceptionが発生します。NullPointerException
はRuntimeExceptionのサブクラスであるため、10行目のcatchで処理されます。
re.getMessage()メソッドでは文字列nullが取得されるため、nullが結果出力され
ます。

　最後に12行目が実行され、文字列「Java」が出力されます。したがって、選択肢C
が正解です。

 解答 C

問題 54

 解説 **戻り値の異なるメソッド定義**についての問題です。

　「戻り値の型が等しく、引数の型が異なる同名のメソッド」はオーバーロードとして
複数定義できますが、「戻り値の型が異なり、引数の型が等しいメソッド」を複数定義
することはできません。この場合はコンパイルエラーが発生します。

　Messageクラス内の11行目では、戻り値がString型のdisp()メソッドが定義さ
れMessageA、MessageBクラスに継承されています。

　16行目と21行目ではそれぞれのMessageAクラス、MessageBクラス内で、戻
り値がlong型のdisp()メソッドを定義しています。

　MessageAクラス、MessageBクラスは、同じMessageクラスを継承しているた
め、同一クラス内に戻り値の型がlong型のdisp()メソッド（引数なし）と、Mes
sageクラスで定義していた戻り値の型がString型のdisp()メソッド（引数なし）が
混在し、コンパイルエラーが発生します。

　同一の名前、同一の引数定義で戻り値の型のみが異なるメソッドは、複数宣言す
ることはできません。

　したがって、選択肢Dが正解です。

参考

正常にコンパイルするには、disp()メソッドの戻り値の型を統一してオーバーライドとして定義す
るか、引数の型を異なる型にしてオーバーロードとして定義する必要があります。

 解答 D

問題 55

 解説 **Listコレクションのsort()メソッド**についての問題です。

　Listコレクションに格納した要素をソートするためにsort()メソッドを利用します。

```
default void sort(Comparator<? super E> c)
```

- 引数には「ソートのルール」を定義したComparatorオブジェクトを渡す

Comparatorインタフェースは関数型インタフェースのため、ラムダ式を利用してソートのルールを定義することができます。
Comparatorインタフェースでオーバーライドすべきメソッドは、compare()メソッドです。

```
int compare(T o1, T o2)
```

- 第1引数の要素と第2引数の要素を比較し、第1引数のほうが小さい場合は、負数を返す。第2引数のほうが小さい場合は、正数を返す

ラムダ式を定義せずに、Comparatorインタフェースのオブジェクトを生成し、ソートのルールを定義する場合は、以下のようなコードになります。

```
 4:        List<String> list = new ArrayList<>(List.of("Silver", "SE",
    "Java"));
 5:        Comparator<String> c = new Comparator<>() {
 6:            public int compare(String o1, String o2) {
 7:                return o1.length() - o2.length();
 8:            }
 9:        };
10:        list.sort(c);
```

このコードをラムダ式で定義する場合は、処理の定義に必要になる次の2つを指定します。

- オーバーライドメソッドの引数定義
- オーバーライドを行って定義する処理

実際のコード (5行目) は次のようになります。

```
 5:        list.sort((o1, o2) -> o1.length() - o2.length() );
```

したがって、選択肢Cが正解です。

C

問題 56

 日時APIについての問題です。

DateTimeFormatterの事前定義されたフォーマッタは以下のとおりで、実際の出力結果は以下のとおりです。

- `BASIC_ISO_DATE`：基本的なISO日付。 例 20200724
- `ISO_LOCAL_DATE`：ISOローカル日付。 例 2020-07-24
- `ISO_DATE_TIME`：ゾーンID付きの日付および時間。 例 2020-07-24T20:00:00
- `ISO_WEEK_DATE`：年および週。 例 2020-W30-5

したがって、選択肢Bが正解です。

 B

問題 57

 ラベル、**break文**、**continue文**についての問題です。

ラベルは、繰り返し文に指定する名前です。break文やcontinue文でラベルを指定することで、対象の繰り返し文を制御することができます。

4行目のlabel:は、5行目のfor文に対するラベル指定です。

1回目のループでは、変数iが0、変数jが0で、7行目のif文がtrue判定となり、8行目のcontinue文が実行されます。処理が5行目に移り、変数iがインクリメントされ1に変わります。

2回目のループでは、変数iが1、変数jが0で、7行目のif文はfalse判定となり、10行目でary[1][0]にアクセスし、「4」が出力されます。

11行目のif文はfalse判定のため、処理が6行目に移り、変数iが1、変数jが1で、7行目のif文がtrue判定となり、8行目のcontinue文が実行されます。処理が5行目に移り、変数iがインクリメントされて2となります。

3回目のループでは、変数iが2、変数jが0で、7行目のif文がfalse判定となり、10行目でary[2][0]にアクセスし「7」が出力されます。

11行目のif文は2 == 2でtrue判定となり、12行目のbreak文により5～15行目のfor文を終了します。

したがって、実行結果は「47」と出力されるため、選択肢Cが正解です。

 C

模擬試験2 解答と解説

問題 58

 クラスとオブジェクトについての問題です。

4行目は、2行目で定義されているstatic変数のTestクラスのインスタンスを使ってdisp()メソッドを呼び出しているので問題ありません。

5行目はTestインスタンスを生成して、disp()メソッドの呼び出しをしているので問題ありません。

6行目は、Testクラスのstaticメソッドdisp()の呼び出しを行っています。しかし、disp()メソッドはstaticメソッドではないので呼び出せません。コンパイルエラーとなります。

7行目は、Testのインスタンス化されたstatic変数を使ってのdisp()メソッドを呼び出しているので問題ありません。

したがって、選択肢Cが正解です。

 C

問題 59

 if文と**インクリメント演算子**についての問題です。

4行目のif文の条件式では、インクリメント演算子を変数numの後ろに指定しています。つまり「num ＜ 5の条件判定が完了した後、変数numに1を追加する」という意味になります。

変数numの初期値は4であるため、4行目の条件判定はtrueとなり、5行目の出力が行われます。ただし、条件判定の後に変数numに1が追加されるため、出力結果としては「5true」となります。

したがって、選択肢Cが正解です。

 C

問題 60

 ポリモフィズムについての問題です。

ポリモフィズムを実現するには、クラス間に共通の型を実装する必要があります。各選択肢の解説は、以下のとおりです。

選択肢A

Dogクラスはインタフェースではないため、implementsキーワードを使用して実装すると、コンパイルエラーが発生します。Dogクラスを継承するには、

extendsキーワードを使用する必要があります。したがって、不正解です。

選択肢B

Pugクラスに Animalインタフェースを実装しています。正しい定義のため、正常にコンパイルできます。したがって、正解です。

選択肢C

PugクラスにDogクラスを継承し、かつAnimalインタフェースの実装も行っています。正しい定義のため、正常にコンパイルできます。したがって、正解です。

選択肢D

Animalインタフェースを継承してPugクラスを定義することはできません。インタフェースを継承したインタフェースを定義することはできますが、インタフェースはimplementsキーワードを使用してクラスに実装する必要があります。したがって、不正解です。

 解答 B、C

問題61

 解説 **Mathクラスのceil()メソッド、floor()メソッド**についての問題です。

java.lang.Mathクラスのceil()メソッドは「引数の小数部を切り上げる」メソッドです。また、floor()メソッドは「引数の小数部を切り捨てる」メソッドです。

メソッド定義

```
public static double ceil(double a)
```

- 引数aの小数部を「切り上げ」て、double型戻り値を返す

```
public static double floor(double a)
```

- 引数aの小数部を「切り捨て」て、double型戻り値を返す

つまり、5行目は4.0 + 4.0という式になり「8.0」、6行目は3.0 + 3.0という式になり「6.0」となります。

したがって、選択肢Aが正解です。

ポイント

ceil()メソッドの「ceil」は和訳すると「天井」という意味になるため、「切り上げる」、floor()メソッドの「floor」は「床」という意味なので、「切り下げる（捨てる）」というイメージで覚えるとよいでしょう。

解答 A

問題 62

 クラスと変数の定義についての問題です。

7行目のpug.eyes ＝ 2;を実行するには、Pugクラスの変数eyesが外部のクラスからアクセスできる状態で宣言されている必要があります。

各選択肢の解説は、以下のとおりです。

選択肢A

アクセス修飾子を指定していません。同パッケージ内に定義してあるクラス間でのアクセスを許可します。したがって、正解です。

選択肢B

final修飾子は変数を定数化するため、7行目で値を変更することはできません。コンパイルエラーが発生します。したがって、不正解です。

選択肢C

static変数を宣言しています。アクセス修飾子は指定していないため、選択肢Aと同様に同一パッケージ内で定義されたクラス間でのアクセスを許可します。したがって、正解です。

選択肢D

private修飾子を指定しているため、自身のクラスからのアクセスのみを許可します。7行目からはアクセスできないためコンパイルエラーが発生します。したがって、不正解です。

選択肢E

transient修飾子は、フィールドを永続的な状態に構成するものではない場合に、対象外とするための修飾子です。アクセス制限の修飾子は指定されていないため、アクセスできる範囲は選択肢A、Cと同一です。したがって、正解です。

解答 A、C、E

問題 63

 特殊文字についての問題です。

Java SE 11で使用できる特殊文字 (エスケープ文字) は、以下のとおりです。

- **有効なエスケープ文字**： ¥b　¥t　¥n　¥f　¥r　¥"　¥'　¥¥

存在しない¥sはコンパイルエラーになり、¥¥sは「¥s」が出力されます。したがって、選択肢Cが正解です。

解答 C

問題 64

 Mathクラスのround()メソッドについての問題です。

java.lang.Mathクラスのround()メソッドは「引数の小数部を四捨五入」するメソッドです。

メソッド定義

```
public static long round(double a)
```

- 引数aを戻り値となるlong型に丸める。その際、小数部は四捨五入する

つまり、変数d1の2.44は「2」、変数d2の2.64は「3」となるため合計は「5」です。したがって、選択肢Bが正解です。

参考

float型を引数に取るround()メソッドも用意されています。

メソッド定義

```
public static int round(float a)
```

解答 B

問題 65

 二次元配列と**拡張for文**についての問題です。

3行目で生成している配列aryは二次元配列です。ベースとなる要素が3つで、そ

模擬試験2　解答と解説

419

れぞれの要素が「2つ ("dog", "cat")」「3つ ("red", "blue", "white")」「4つ ("JP", "US", "UK", "NZ")」の文字列配列を保持 (参照) します。

二次元配列の全要素を取得するためには、二重ループ文が必要です。拡張for文の構文は、以下のとおりです。

構文

```
for (要素型の変数宣言 : 全要素取り出したい配列名) {
    上記宣言した変数を使って各要素に行いたい処理
}
```

動作イメージとしては、次のようになります。

- 外側のループ文 (7行目): 二次元配列から一次元配列を取得する
- 内側のループ文 (8行目); 上記取得した一次元配列から要素を取得する

7行目の拡張for文は、二次元配列から一次元配列を取得するため、次のように記述します。

```
for(String[] str1 : ary) {
```

- aryは二次元配列
- 宣言したstr1へaryから取得した一次元配列を代入

8行目も考え方は同じで、次のようになります。

```
for(String str2 : str1) {
```

- str1は前の行で取得した一次元配列
- str2は要素を代入するString型変数

したがって、選択肢Bが正解です。

 解答 B

問題 66

 解説 **モジュール型JDK**についての問題です。

Reliable configuration (信頼できる構成) はモジュール型JDKの重要な概念の1つです。モジュールシステム以前のクラスパスには、アプリケーションが必要とするライブラリを区別する仕組みはなく、適切な型の検索はすべてクラスパス内から行

われていました。そのため、ライブラリの単位で事前に不足があるかどうかを検出できず、また異なるライブラリに同じパッケージが含まれていても検知する仕組みはありません。

各選択肢の解説は、以下のとおりです。

選択肢A

モジュールシステムでは、モジュールのバージョン整合性の検証は行いません。通常、外部ツールを用いて検証します。したがって、不正解です。

選択肢B

モジュールシステムでは、複数の異なるモジュール内に存在する同一パッケージを認識しますが、使用するパッケージを選択することはできず、コンパイルおよび実行時エラーになります。したがって、不正解です。

選択肢C

モジュールシステムでは、コンパイルおよび実行に必要なモジュールの不足を検証することができます。したがって、正解です。

選択肢D

モジュールシステムでは、ランタイムに必要なモジュールを必要最小限のモジュールのみにしたカスタムランタイムを作成することが可能ですが、コンパイルや実行時に不必要なモジュールを除外することはできません。したがって、不正解です。

解答 C

問題 67

 Mathクラスについての問題です。

Mathクラスのround (double a)メソッドは引数に最も近いlong型の値を返します。例外として、引数がNaNの場合は、結果は0を返します。そのため、3行目では0が出力されます。4行目も0が出力されます。したがって、選択肢Bが正解です。

解答 B

問題 68

 ラッパークラスについての問題です。

ラッパークラスとは、基本データ型の値をオブジェクトとして扱うためのクラスです。

基本データ型と対応するラッパークラスは、以下のとおりです。

| 表 | ラッパークラス

基本データ型	対応するラッパークラス
byte	Byte
short	Short
int	Integer
long	Long
float	Float
double	Double
char	Character
boolean	Boolean

　設問では、3〜4行目でラッパークラスBoolean型のインスタンス化を行っています。

　Boolean型には2種類のコンストラクタが定義されています。

```
Boolean(boolean value)
```

- 引数にboolean型の値、trueまたはfalseを代入

```
Boolean(String s)
```

- 引数に"true"を代入した場合は、trueの値を保持するオブジェクトが生成される。"true"以外の文字列やnullを代入した場合は、falseの値を保持するオブジェクトが生成される（"true"は大文字小文字を区別しない）

　3行目では、BooleanクラスのstaticメソッドであるparseBoolean()メソッドを呼び出しています。parseBoolean()メソッドは引数の文字列データが"true"（大文字小文字区別しない）と等しければboolean型のtrueに変換します。

　つまり3行目では、

Boolean b1 = new Boolean(true);

という定義を行っています。

　4行目では、nullを引数にBooleanオブジェクトを生成しているので、

Boolean b2 = new Boolean(false);

という定義を行っています。

　5行目のBoolean型変数b3は参照型であるためnullが代入可能です。

　つまり6行目の出力では、true：false：nullという結果となります。したがって、

選択肢Bが正解です。

 解答 B

問題 69

 解説　**オーバーロードメソッドの呼び出し**についての問題です。

17行目のwalk()メソッドの呼び出しでは、引数に10L（long型の値）を渡しています。

long型の引数を受け取ることができるwalk()メソッドは、6行目のdouble型の引数を1つ宣言しているwalk()メソッドです。暗黙的な型変換により、long型はdouble型で受け取ることができます。したがって、選択肢Bが正解です。

 解答 B

問題 70

 解説　**多次元配列**についての問題です。

配列で範囲外のインデックスを指定した場合は、ArrayIndexOutOfBoundsException例外が発生します。

3行目で宣言した二次元配列は、array[3][2]は5ですが、array[2][3]は添え字の範囲外のため、5行目でArrayIndexOutOfBoundsException例外が発生します。

したがって、選択肢Dが正解です。

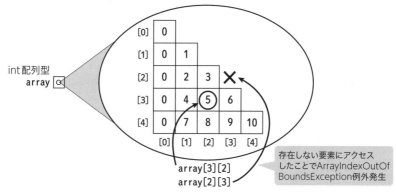

 解答 D

問題 71

 final変数の初期化についての問題です。

変数にfinal修飾子を指定すると「上書き禁止」の変数 (定数) となります。つまり、final変数は宣言時に初期化を行って値を代入しておく必要があります。しかし、final変数をメンバ変数として定義する場合、コンストラクタで初期化を行うのであれば2行目のように、初期値を代入せずに宣言が可能です。

final変数でもう1点注意が必要なのは、3行目のように初期化されたfinal変数は、たとえコンストラクタ内であったとしても「上書き」はできないということです。

したがって、選択肢Eが正解です。

 E

問題 72

 各要素でサイズの異なる二次元配列についての問題です。

「0123456789」と出力するためには、二次元配列の各要素を順番に出力します。3行目で生成した配列aryは、ary[i]がそれぞれの要素を持つ配列を参照します。ary[i]に生成される配列は、以下のとおりです。

```
ary[0]={0}
ary[1]={1, 2, 3}
ary[2]={4, 5}
ary[3]={6, 7, 8, 9}
```

4～8行目のfor文では、各ary[i]の要素を出力します。5行目のfor文の条件式は、各配列の要素数だけ繰り返し出力する必要があるため、ary[i].lengthと記述します。

したがって、選択肢Cが正解です。

 C

問題 73

 文字列の扱い (StringクラスとStringBuilderクラス) についての問題です。

StringクラスのcompareToメソッドは2つの文字列のUnicode値の差を計算して戻り値として返します。「Hello」と「Hella」はUnicode値で14違いがあります。4行目の呼び出しでは、compareToメソッドの戻り値として14が返り–(マイナス記号) が付与されているため、「–14」が結果として出力されます。したがって、選択

肢Bが正解です。

 B

問題 74

 モジュール定義にもとづくモジュールグラフについての問題です。

　問題に存在するモジュールは、barモジュールとfooモジュールになります。各モジュールの定義から、barモジュールはfooモジュールに、fooモジュールはbarモジュールに依存した定義になっており、依存関係が循環しています。コンパイル時にモジュールの定義にもとづく依存関係のチェックが行われ、循環する依存関係が確認されるとコンパイルは失敗します。したがって、選択肢Dが正解です。

 D

問題 75

 continue文についての問題です。

　6行目のcontinue文は以降の処理をスキップし、処理が9行目のループの条件に移ります。

　変数numが0または1のときは、6行目のcontinue文により処理が9行目に移ります。

　9行目の条件式num++ ＜ 5は、変数numが5未満か判別した後でnumをインクリメントします。よって、変数numが5未満の間、8行目で出力処理を行い、その後、9行目のループ条件がfalseになるため、ループを終了します。

　したがって、実行結果は「2345」と出力されるため、選択肢Bが正解です。

 B

問題 76

 拡張for文についての問題です。

　5行目でObject型の要素が3つの配列を作成します。6行目で配列の最初の要素にInteger型の配列を作成します。次に7行目でString型の配列を作成します。最後に8行目でListクラスのof()メソッドを使用してリスト要素を作成します。9行目以降で拡張for文を使い、要素を取り出しますが、拡張for文の構文は、以下のとおりです。

構文

```
for ( 型 変数名 : 配列またはコレクション )
```

9行目の変数oはObject配列であるため、構文は正しく問題ありません。10行目の変数lはObject型であるため、拡張for文の構文エラーとなりコンパイルエラーが発生します。したがって、選択肢Cが正解です。

 解答 C

問題 77

 解説　**Listコレクション**についての問題です。

Listクラスのof()メソッドは引数に指定された要素から不変のリストを作成します。7行目で要素の追加を行っていますが、of()メソッドで生成されたリストは不変のため要素追加はできません。UnsupportedOperationExceptionの例外が発生します。したがって、選択肢Dが正解です。

 解答 D

問題 78

 解説　**複合代入演算子**と**インクリメント演算子**についての問題です。

4行目では、変数dnumを3.14から4.14にインクリメントします。

5行目では、変数dnumを変数dnumで除算した余りを代入します。変数dnumを変数dnumで除算すると余りが0です。変数dnumはdouble型のため、「0.0」と出力されます。

したがって、選択肢Bが正解です。

 解答 B

問題 79

 解説　**コレクションの変数代入**についての問題です。

4行目では、Listインタフェースのof()メソッドを呼び出し、コレクションを生成し、5行目でfunc()メソッドに引数として渡しています。

問題のコードでは、8行目の拡張for文において、コレクションの要素を「String

型」で取得しています。つまり、7行目の引数では「要素がString型」である定義が必要です。

各選択肢の解説は、以下のとおりです。

選択肢A、C

コレクションの型を定義する際、ジェネリクスを指定していないため、要素をObject型として取得する必要があります。拡張for文の定義と一致しないためコンパイルエラーが発生します。したがって、不正解です。

選択肢B

ジェネリクスを指定していますが、Object型の定義のためString型の要素を保持するコレクションを扱えません。5行目の引数受け渡し、8行目の拡張for文定義でコンパイルエラーが発生します。したがって、不正解です。

選択肢D

生成されているコレクションはListコレクションですが、CollectionはListのスーパーインタフェース型となるため代入が可能です。また、ジェネリクスもString型で定義しているため拡張for文での取り出しも問題ありません。したがって、正解です。

 解答 D

問題 80

 解説 **スーパークラスのコンストラクタ呼び出し**についての問題です。

25行目では、サブクラスのWebCustomerオブジェクトを生成しています。右辺で呼び出しているコンストラクタは15行目の「String型1つを引数に取る」コンストラクタです。

15行目のサブクラスコンストラクタでは、必ず最初に「スーパークラスコンストラクタ呼び出し」を行わなければなりません。

スーパークラスコンストラクタの呼び出しを行う場合は、super()キーワードを定義します。もしsuper()キーワードを使った呼び出しが定義されていない場合は、「super();」がコンパイラによって「サブクラスコンストラクタの先頭」に挿入されます。

つまり、15行目のコンストラクタは、次のように定義したことになります。

```
15:     public WebCustomer(String pass) {
16:         super(); // コンパイラによって挿入
17:         this.pass = pass;
18:     }
```

3行目のコンストラクタが呼び出され、変数nameに"unknown"が代入された後、変数passに"Java"が代入されます。
　　したがって、選択肢Bが正解です。

B

索引

執筆者紹介

日本サード・パーティ株式会社（JTP）
日本に進出する海外のIT企業をサポートする会社として1987年に設立されました。
現在では、海外のIT企業だけではなく日本国内のユーザー企業にもITを活用した新しい選択肢を提供したいという想いで、サービスやソリューションを提供しています。

執筆者
坂本 浩之、松木 尚大、大西 俊維

本文・装丁デザイン：坂井 正規
編集・DTP：　　　　風工舎

オラクル認定資格教科書

Javaプログラマ Silver SE 11 スピードマスター問題集（試験番号：1Z0-815）

2020年　1月16日　初版　第1刷発行	
2024年　5月25日　初版　第3刷発行	

著　　　者	日本サード・パーティ株式会社
発　行　人	佐々木 幹夫
発　行　所	株式会社翔泳社（https://www.shoeisha.co.jp）
印　　　刷	昭和情報プロセス株式会社
製　　　本	株式会社 国宝社

ISBN978-4-7981-6203-4　　　　　　　　　　　　　　　Printed in Japan